"十三五"普通高等教育本科部委级规划教材

国家社会科学基金艺术学项目成果

"艺工商结合"纺织品设计学

周赳 著

中国纺织出版社有限公司

内 容 提 要

本书分为纺织品设计理论研究、纺织品设计方法论研究和纺织品设计实践研究三篇，共十章。第一篇从理论层面系统界定了纺织品设计学的基本概念、研究范围，纺织品设计的美学特征、基本要素，纺织品设计的流程与方法；第二篇从方法论层面详细分析了纺织品艺术设计、技术设计、营销以及流行设计的基本原理和方法；第三篇通过纺织品的数码创新设计实例详细描述数码提花产品的创新开发，为各类纺织产品的创意和创新提供设计理念、设计原理、设计方法上的实践参考。

本书可作为纺织院校相关专业的教材和教学参考书，也可供纺织品设计师、纺织企业工程师和纺织爱好者参考阅读。

图书在版编目（CIP）数据

"艺工商结合"纺织品设计学／周赳著 . -- 北京：
中国纺织出版社有限公司，2021.2（2023.12重印）
"十三五"普通高等教育本科部委级规划教材
ISBN 978-7-5180-8280-3

Ⅰ . ①艺… Ⅱ . ①周… Ⅲ . ①纺织品 – 设计 – 高等学校 – 教材 Ⅳ . ① TS105 . 1

中国版本图书馆 CIP 数据核字（2020）第 250980 号

策划编辑：沈 靖 孔会云 责任编辑：沈 靖
责任校对：楼旭红 责任印制：何 建

中国纺织出版社有限公司出版发行
地址：北京市朝阳区百子湾东里A407号楼 邮政编码：100124
销售电话：010—67004422 传真：010—87155801
http://www.c-textilep.com
中国纺织出版社天猫旗舰店
官方微博http://weibo.com/2119887771
北京虎彩文化传播有限公司印刷 各地新华书店经销
2021年2月第1版 2023年12月第2次印刷
开本：787×1092 1/16 印张：18.75
字数：397千字 定价：58.00元

前言

　　纺织品是人类最基本的生活物资，纺织与人类文明有着同样悠久的历史。纺织作为人类创造"纺织品"的行为，从早期的石器时代、农耕时代、工业化时代，到现在的信息化时代，都被赋予重要的意义。石器时代纺织工具的发明是人类文明发端的标志之一；农耕时代农业和手工业的发展，生活的需求是纺织生产重要的促进因素之一；纺织设备的革新成为工业化时代的标志；信息化时代的孕育是基于纺织提花技术的启迪。进入互联网时代，纺织已经与人类生活融为一体，成为人类文明不可或缺的一部分。

　　纵观人类社会的发展，在农耕时代及以前的手工作坊生产模式下，纺织属于纯手工艺的创造行为，纺织品是手工制品；到19世纪中叶，随着工业革命的来临，纺织业开启工业化大生产，纺织品成为大批量生产的工业品；到20世纪中叶，计算机技术的发明和应用，开启了人类社会的信息化时代（并不是工业化时代的简单升级），到20世纪末，英国提出了"创意产业"（creative industries）的概念，创意产业是信息化时代的产物，纺织成为创意产业中重要的组成部分之一。20世纪，随着纺织科学技术的发展，纺织品的产量和品类已非昔日可比，纺织品供大于求，同时随着卖方市场的确立，纺织品设计的重要性开始显现。

　　进入21世纪，纺织产业的全球化进程和产业转移格局基本确立。纺织科学技术进步带来的纺织品的丰富、纺织市场的繁荣、纺织消费观念的改变以及影响人类生存的环境污染问题交替出现。进入互联网时代，人类纺织生活的"大数据"化，基于网络的线上销售平台的普及应用，纺织品的创造与需求的关系呈现出一种新的模式，纺织品"设计营销一体化"（或称营商设计）趋势已初露端倪。综合考虑和平衡当前纺织文化艺术、纺织物化（工程）技术和纺织商品经济的各种影响因素，纺织品"艺工商结合"的整体设计思维将显现出极其重要的价值，为信息化时代的纺织品设计创造提供理论依据。

　　综上所述，以人类纺织生活的客观需求为基础，从历史、现状和未来的发展角度综合分析纺织品的基本特点、设计定位，以及纺织品在设计过程中表现出来的艺术、技术和营商之间的关系，从而准确把握纺织品设计中"艺工商"的关系，使纺织品设计、生产、销售和服务在充分满足人们纺织生活需要的同时，不断创新，促进纺织文化艺术、纺织物化（工程）技术和纺织商品经济的一体化发展。因此，纺织品设计的"艺工商结合"是当前信息化时代纺织品设计师需要遵循的基本原则，也是纺织品设计学研究和实践的基本方法。"艺工商结合"的纺织品设计方法论不仅适用于传统经济模式下各种纺织品的设计创新，同样也适用于数字经济模式下的纺织品创造。

　　本书是国家社会科学基金艺术学项目"信息化时代'艺工商结合'的纺织品设计理论与实践研究12BG064"的研究成果。本书内容所涉及的设计作品和技术产品均为作者及团队在多年的教学、研究实践中获得的原创成果，浙江巴贝集团、浙江凯喜雅国际股份有限公司给予产品生产协助，浙江理工大学纺织品设计研究所金子敏、王雪琴、张爱丹、苏淼、鲁佳亮、段怡婷、洪兴华、张红霞、汪阳子、张萌为本书撰写提供了支持，515纺织品设计工作室在读博士和硕士研究生彭稀、陆爽怿、胡伊丽、潘依雯等协助制图、校对文字和术语，在此一并致谢。本书内容可能有不够确切、完整之处，欢迎读者指正。

作者
2020年10月

目录

第一篇　纺织品设计理论研究

纺织与人类具有同样悠久的历史，从人类文明的发端起，纺织品就是人类不可或缺的物质，石器时代、农耕时代、工业化时代和信息化时代的纺织品设计有着不同的行为方式和设计理论。作为人类最具特色的设计行为之一，纺织品设计是一种融合哲学认知和科学实践的创造性活动，是人类智慧的具体体现。从学术规范看，纺织品设计属于设计学学科下的产品设计范畴，从手工艺制作到工业化生产，纺织品设计的实践积累为同时代设计理论的形成和发展提供了实践依据。传统手工的纺织品设计和制作方式（织染绣编印）为"工艺美术"设计理论的形成提供了依据；18世纪英国纺织飞梭技术和珍妮纺纱机的发明标志着工业化时代的到来，纺织品的"机器美学"设计思想和大批量生产方式为"工业设计"理论的孕育提供了依据；信息化时代以1946年计算机发明和应用为标志，而计算机技术正是源于纺织业的"贾卡"（Jacquard）提花机的工作原理，所以纺织与人类的技术进步和文明历程有着密切的关系。随着信息化时代发展到互联网阶段，从纺织品的工业化生产发展到数字化智造，纺织产业的传统经济模式向数字经济模式转型，因此，作为纺织品制造大国，我国将纺织品的设计创新已经提到"振兴传统优势产业"的高度，但适用于当前信息化时代数字经济模式下的纺织品设计理论却一直欠缺。

进入信息化时代以来，特别是数字经济模式的提出，"产业数字化、数字产业化"要求将人们的纺织生活需求以数字化信息的方式呈现，并通过数字化的智能制造来满足人们"美好生活"的需要，而当前的纺织品设计理论仍局限于"工业设计"思想。"工业设计"理论基于工业化时代的纺织生产条件，将纺织产品的设计、生产和流通分割成独立的环节，通过产品营销的中间环节来实现产品与消费者对接。在理论研究上，虽然科学与艺术结合的设计思想以及设计与营销结合的观点给产品设计界以启迪，但是研究纺织与人类文明发展的关系，以及数字经济模式下将迅猛发展的纺织营商内容融入纺织品设计本身的学术观点未见有文献报道。现有国内的纺织品设计理论都是从艺或工一个角度建立纺织品设计的理论构架，而相关的纺织品设计方法只针对单一类型产品的设计开发；国外的纺织品设计理论尝试将纺织品市场营销作为设计行为的补充，而不是一体化的设计理论。当前信息化时代进入互联网阶段，数字经济模式取代传统经济模式成为产业创新的主流，人类的纺织生活方式正在发生革命性变化。随着信息化时代的深入，特别是互联网和大数据的应用已将纺织品设计、生产和消费整合成一个没有间隙的整体，使纺织品设计师能够直接面向消费者完成产品设计、制作和流通三位一体的广义设计工作，即"C to D to M"模式，完全超越了工业化时代和信息化时代初期"工业设计"理论下的纺织品设计狭义工业产品的"物"的设计思想能够诠释的范围。另外，"消费大数据"的即时呈现、"奢侈品牌"的价值凝聚、"快时尚"的快速崛起和"创意产业"的迅猛发展，标志着纺织品供大于求的卖方市场已经成型，"个性化定制"和"网络营销"的快速崛起和价值凝聚特点，体现了营商设计（或称设计营销）的重要性，纺织品高附加值的实现已经逐步从工业化时代的机械化大规模的制造向信息化时代的"艺工商"融合的"智造"发展。但是，纺织产业的快速发展始终缺乏纺织品设计理论的诠释和支撑，设计理论的欠缺严重影响了当代纺织品设计创新的实现。

在数字经济迅猛发展的今天，从理论的高度重新界定纺织品、纺织品设计、纺织品设计学概念的内涵和外延具有非常现实的意义。

第一章　纺织品设计学概述

　　本章包括纺织品设计学基本概念和纺织品设计学研究范围两节内容，通过对纺织品、纺织品设计、纺织品设计学、纺织品设计史、纺织品设计理论、纺织品设计批评等纺织品设计学相关概念的分析和界定，来了解纺织品、纺织品设计对人类纺织生活的重要性，掌握纺织品、纺织品设计的基本特征，重新审视纺织品、纺织品设计的历史与现状，为新时代的纺织品创造奠定理论基础。

关键问题：

　　1. 纺织品设计学基本概念：纺织品、纺织品设计、纺织品设计学。
　　2. 纺织品设计学研究范围：纺织品设计史、纺织品设计理论、纺织品设计批评。

第一节　纺织品设计学基本概念

　　纺织可以说是人类文化长河的一种璀璨文化，也是人类文明历程中的一种以物质为显性的文明。如今的人类生活已经离不开纺织品，没有纺织品人类的日常生活将寸步难行。

一、纺织文化

　　从人类的起源起文化就伴随着人类生活而存在。纺织文化是人类最重要的文化之一，是作为社会成员的人在纺织生活中所习得的一切能力和习惯，也包含人类所创造的纺织品。纺织文化与其他文化的差异由纺织生活的特殊性决定。从文化认知的角度来看，纺织文化是一种针对纺织生活的习俗性的态度，是人类协调纺织生活行为与生存环境之间关系的思想；从文化行为的角度来看，纺织文化就是习俗性的纺织生活本身，包括纺织生活行为、纺织生活观念制度和人类制造的纺织生活的物品（纺织品）。从文化传播的角度来看，纺织文化是一套纺织生活的象征性符号体系，通过这套由历史沿袭下来的、由象征符号来表达的概念体系，人们可以针对纺织生活的知识和态度进行沟通、交流、传承和传播。

　　根据人类纺织生活的特殊性，纺织文化既是具有自然属性的物质文化，又是具有社会属性的制度文化，同时还是具有人文属性的精神文化。纺织生活的物质文化偏重实用性，纺织生活的制度文化偏重规范性,纺织生活的精神文化偏重审美性。

纺织文化是一种物质文化,通过纺织品的创造和使用来揭示人与自然的关系,促进人类认识自然、改造自然甚至战胜自然,偏重纺织品的功能实用性(功用性)。纺织文化研究不仅要研究纺织品这一人造制品本身,还要研究纺织品所映射出来的人的纺织文化行为和认知状况,也就是纺织品及其创造过程中静态和动态的技术和艺术的关系。不同时期,纺织文化以不同的纺织品创造方式来处理人与自然的关系,表现出不同功用性纺织品的技术性和艺术性。石器时代的狩猎采集和纺纱织布,农耕时代的畜牧植棉和种桑养蚕,工业化时代的机械化纺织生产,信息化时代的数码纺织,都创造了不同形式的纺织品,不仅营造出不同的纺织文化,而且满足了不同时期人类纺织生活的需求。

纺织文化是一种制度文化,通过纺织品的规范使用来揭示人与社会的关系。人类采用群居的社会化生活方式,人是社会的组成要素,社会结构的基本单位是家庭,再是族群和国家,人类社会有一套规范的制度来协调和处理社会中人与国家、人与族群、人与家庭、人与人的关系。纺织生活是人类社会生活的重要内容之一,所以纺织文化在人类不同时期的社会生活中起到规范社会与人的关系的辅助作用。例如,中国古代舆服制度形成于西周,起初是规范贵族各阶层按等级使用车上的旗帜和穿戴服饰的制度,之后历代都有类似规定,自上而下成为舆服文化惯制;同样,明代和清代文武官服"补子"(前胸和后背均缀有一块绣有飞禽或猛兽的绣片)的图案亦有差别,以此来作为品级官位的区别。随着社会文明的发展,社会结构越来越复杂,社会分工越来越细,纺织文化辅助协调社会与人关系的作用也越来越重要。

纺织文化是一种精神文化,通过人的自我实现来揭示人与自我的关系。精神文化是意识形态领域的文化形态,相对于物质文化而言属于非物质文化,是文化的最高级形式,处于上层建筑的位置。纺织文化需要体现人类在纺织生活过程中的生命本质和精神体验。人的纺织精神活动首先是人本的,是生命本质的反映,是生命活动的最高形式;其次是人文的,是一种非物质的精神体验,是表达生命本质的最佳模式;最后是人性的,纺织文化精神体验的目的是帮助人类在纺织生活中获得所期待的个性化精神感受。所以,纺织文化强调的是:通过纺织生活的个体精神体验和情感陶冶来感悟生命本质的真、善、美,来实现人本、人文、人性三合一中的自我价值。

在纺织文化体系中,精神文化是最富活力的核心,虽然没有物质形态却能引导和外化成纺织品的物质文化和纺织生活的制度文化;制度文化是纺织文化体系中的中间层次,受精神文化的指导和制约,同时又指导、制约和规定着物质文化的创造方向;物质文化是纺织文化体系中的终端,由品种繁多的纺织品,即人工制品的物质形态,来表现纺织物质文化的重要性,满足和调节人类对美好纺织生活的需求。纺织文化概念如图1-1-1所示。

二、纺织文明

在地球上,文明是专属于人类这一生命体的特征,而纺织是人类文明起源的标志之一,纺织文明也是人类文明的重要组成部分。从概念上看,纺织文明源于人类纺织生活,是纺织文化的进步状态,是人类区别于其他动物的最显著特征之一。从静态的角度看,纺织文明是

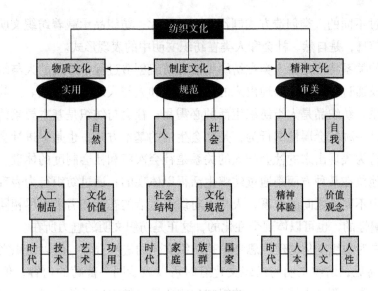

图1-1-1 纺织文化概念

人类在纺织生活过程中创造的一切纺织品，既纺织品承载着纺织文明；从动态的角度看，纺织文明是人类社会不断发展的创造纺织品的行为过程，这一过程需要融合纺织哲学的认知与纺织科学的知识，共同推动纺织文明的不断发展。因此，人类的纺织文明可以说是人类纺织生活到一定阶段、纺织文化发展到一定水平、纺织哲学认知和纺织科学知识体系建立后的必然产物。纺织文明是一个过程，源于纺织生活，是纺织文化进步的结果，因此，纺织文明与人类的社会实践关系密切，具有社会属性和实践属性。纺织生活的社会属性和纺织创造的实践属性到达一定高度后才能说纺织文明已经形成或到来。

从纺织文明的基本特征看，纺织文明具备人类文明的所有特征，即由意识特征、行为特征、物资特征、关系特征四个部分构成。纺织文明的意识特征是人的主体特征，是人区别于动物的最本质特征，表现在人类针对纺织生活需求所进行的有意识、有目的的创造行为中，这一过程体现出人类纺织生活的文化特性和纺织品创造的知识主导。在纺织生活中有意识地创造物质、制定制度和审美享受；在纺织创造过程中有意识地认知自然和形成知识体系，有目的地运用纺织知识去发明纺织技术和创造纺织品去满足纺织生活的需要。纺织文明的意识特征是促使人类不断发现纺织生活的潜在需求、通过持续的创新来创造纺织品的原动力。

纺织文明的行为特征是指人类在有意识的纺织生活和有目的的纺织品创造实践过程中体现出来的行为特征，包括纺织生活的方式、纺织创造的方式以及相关的行为管理方式等，是纺织意识实现所必需的行为方式。人类纺织生活和纺织创造的行为具有显著的社会属性和实践属性，纺织生活的行为特征是追求美好的社会生活，而纺织创造的行为特征是追求实践效率，更快、更好、更多地创造纺织生活所需的纺织品。因此纺织文明的行为特征以人生幸福为根本目的。

纺织文明的物资特征是指承载纺织文明的物质媒介，是纺织创造行为的客体，也就是纺织品，包括纺织品的自然形式利用比和利用程度、人创形式的方法和水平，既是人类纺织生活的需要，也是纺织文明的表现形式。例如，纺织材料就包括来自自然的天然材料和人类创造的材料，通过不同的人类创造方式制作成型，因此，纺织品承载着纺织文明与自然、社会和人类的关系信息，是自然、社会和人类在纺织文明中的表现形式。

纺织文明的关系特征是指人类在纺织生活和纺织创造过程中形成的人与纺织、社会与纺织的关系，以及通过纺织行为表现出来的社会与人和人与人之间的关系。人与纺织的关系是基本的物质关系，纺织品是人类纺织生活的必需品；社会与纺织是基本要素的关系，纺织生活和纺织创造是一种社会属性的行为，是社会生活的基本方式，也是促进社会发展的一种形式；通过纺织行为表现出来的社会与人的关系是社会次序和社会制度的体现，不同的人在社会中的角色和地位在某种方面是通过纺织生活得以体现的；通过纺织行为表现出来的人与人的关系是社会中不同人之间的关系，人与人对纺织生活的态度和需求不尽相同，所以这种关系可以体现普遍性的，也可以体现个性化的，这正是纺织文明的魅力所在。

纺织文明是对纺织文化的理性思考，是纺织文化的进步升华，所以纺织文明与纺织文化的关联性显而易见，纺织文明与纺织文化有时可以表示同一范畴的内容，但两者还是存在一定的区别。首先，两者内涵差异，纺织文化主要针对纺织生活的方式，是纺织生活习俗化的特色凝练；纺织文明是纺织文化发展进步、脱离蒙昧纺织生活方式的结果，用于体现人类与其他动物在行为上的差异。其次，两者内容不同，纺织文化的内容是纺织生活的多样化的方式，是纺织生活中习俗化的物质文化、制度文化和精神文化的具体体现；而纺织文明是纺织文化发展进步到一定程度而形成的，纺织文明除了纺织文化还包括源于人类理性思考的纺织哲学认知和社会实践的纺织科学知识，以体现人类区别其他动物的意识和行为。最后，两者区域差异，纺织文化是一个地域限制概念，不同地区人们的纺织生活方式不同，纺织文化的表现形式也不同，因此文化交流和传播是纺织文化的基本特征，而纺织文明是某一区域各种相近纺织文化的概括，具有更广泛的区域概念，如四大文明古国中中国、印度、巴比伦、埃及就具有不同的纺织文明，中国是丝绸文明，印度是棉纺织文明、巴比伦为毛纺织文明、埃及为麻纺织文明，而在中国各地就存在多种丝绸文化来体现区域特色。纺织文明概念如图1-1-2所示。

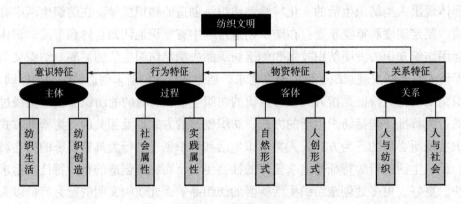

图1-1-2　纺织文明概念

三、纺织品

人类生活中纺织品的类型很多，如服装服饰类的服装、领带、围巾、披肩等；家纺装饰类的床上用品、沙发椅垫、窗帘、桌布等；工艺品类的纤维壁挂、织锦、刺绣工艺品等；不同生产方式类的机织物、编织物（经纬编）、非织造布等；不同产品形态类的纤维艺术品、面料产品、面料造型产品等。

纺织品设计学研究的第一个关键问题是掌握纺织品的基本概念，只有精准掌握了纺织品概念的内涵和外延，才能真正做好纺织品设计。从人类学的角度看，纺织品源于人类的纺织生活，纺织品是人类"衣食住行"日常生活中最基本的物质需求，从一个人的出生到死亡，都离不开纺织品的呵护；除了人类最基本的物质保障需求，纺织品还是人类个性化生活中必不可少的物质需求。因此，人类生活离不开纺织品，人类纺织生活需求的不断变化推动了纺织品的不断推陈出新。

1. 纺织品的基本概念

根据《中国大百科全书》和《辞海》的解释，纺织是将天然纤维和化学纤维加工成纱、丝、线、绳、织物及其染整制品的生产劳动。纺织生产的劳动对象是纤维，如棉、毛、麻、丝等动植物纤维，以及现代化学工业生产的化学纤维。纺织生产约始于新石器时代，差不多和农业同时发生。原始农业从采集、狩猎活动中孕育产业，而后发展成以种植业和畜牧业为主体的农业，这正是获得纺织原料的途径。中国封建帝王一直把纺织生产作为立国之本，以"天子躬耕、皇后亲桑"来鼓励农业和纺织生产。封建社会，男耕女织的传统绵延了上千年，纺织生产长期被纳入农村经济范畴中。产品除自给自足外，还作为实物赋税上缴官府，或作为商品流入市场。从商周始，中国就有官办纺织作坊的建制。官府集中天下的能工巧匠，为王公贵族提供高质量的服饰，或作为贡品、礼品、馈赠品，其生产数量不多，在制作技术上具有先导作用。至明清，出现制丝、织绸工场集中的地区。这些工场不仅脱离农村，而且彼此脱离，丝和绸都已商品化。如当时著名的湖丝（产于浙江）远销江西、山西、福建、广东诸省，以及福建、广东的绸缎远销海外。

除了中国，世界各地的先民，就地取材，勤奋劳作，各自摸索出一套纺织技术，然后又交流融合。世界上几个文明发祥地在开发主要纤维原料及其纺织技艺方面，都有突出贡献。如中国长江、黄河流域的居民在利用麻、葛纤维的同时，创造出蚕丝的纺织工艺（现在发现的最早的丝织物距今约5000年）。地中海南岸和东岸的居民首先利用亚麻和羊毛，古埃及在公元前4000多年已能生产出亚麻织物，同一时期两河流域有毛织物；南亚印度河流域曾出土公元前3000年的棉织物；公元前200年左右，中国的丝织物就沿着"丝绸之路"向西传播。公元4世纪，中国蚕桑技术传到印度。6世纪，波斯派遣使者来中国学习丝绸技术。后来这种技术又传到拜占庭、阿拉伯和西欧地区，促使当地的纺织生产日渐繁荣，造就了一批新兴城市。到18世纪末的产业革命，纺织生产进入更迅速发展的时代。一般来说，纺织生产技术的发展，可划分为三个时期：原始手工的纺织时期、手工机器纺织时期和大工业化纺织时期。

纺织品在工业革命前一直被认为是手工艺品，而工业革命后纺织品又认为是纺织工业产品，包括各类机织物、针织物、编织物及非织造布、线、绳类、带类等。纺织品是人类最基本的生活物资，纺织生产的最早产品是蔽体御寒的衣服，随着社会进步，纺织品已广泛应用于工农业生产、军事以及与人类生活有关的各个方面，纺织生产历来受到社会的关注。中国是世界上纺织品生产发展最早的国家之一。湖南长沙马王堆汉墓出土的纺织品中，有一件素纱衣是用蚕丝制成的丝织品，净重仅49克，表明在2000多年前中国纺织品已具有高超的工艺技术水平。公元前后，中国丝织品经过著名的"丝绸之路"辗转传到欧洲及世界各地，对沟通东西方经济和文化起着积极作用。纺织品广泛应用于服装、装饰、产业三大领域。随着经济生活的发展，产业用纺织品的范围逐渐扩大，所占地位日益重要，在纺织品中所占比例不断上升。

综合上述文献内容，纺织品的概念可以这样理解：纺织品是纤维材料经纺织原料的线状加工、纺织面料（织物）的片状加工和纺织造型（服装服饰品、家纺装饰品、产业功用品）的体状加工方式制成的可做进一步加工的制品或可直接应用的成品。

纺织品主要包含线状的纺织原料制成品、片状的纺织面料（织物）制成品及体状的纺织面料造型制成品。其中纺织原料制成品是纤维材料经过纺织原料的线状加工方式制成的线状制品或成品，如短纱、长丝、绳、带等纺织原料制成品，如毛线、丝线、纱线、缆绳、电缆、光缆等，纤维材料包括棉、毛、丝、麻等天然纤维和仿/超天然纤维性能的人造纤维；纺织面料（织物）制成品是纺织原料经片状加工方式制成的纺织面料（织物）制品或成品，如机织面料、针织面料、编织面料和非织造布等一次成型的纺织面料（织物）制成品，以及印花、绣花、剪花、轧花、烂花、镂花等在一次成型的纺织面料上进行二次加工；纺织造型制成品是纺织原料和纺织面料经体状加工方式制成的纺织造型制品或成品，包括针对人类身体造型需要的服装服饰类纺织造型制成品、针对室内外环境造型需要的家纺装饰类纺织造型制成品和针对农业、工业、航空航天等不同产业需要的产业功用类纺织造型制成品。图1-1-3所示为纺织品概念。

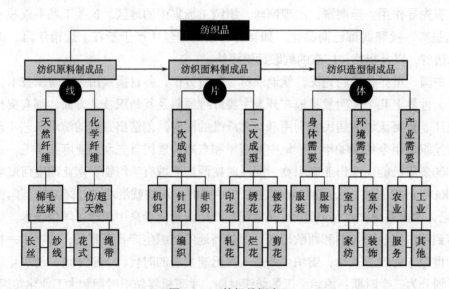

图1-1-3 纺织品概念

2. 纺织品的主体特征

纺织品满足了人类纺织生活最基本的物质需求和精神需求，以纺织品生产加工为主体的纺织产业有着与人类文明同样悠久的发展历史，如今人类纺织品生产加工能力已经超出纺织生活的需求，目前通过纺织品设计来调节纺织品生产的品种是最有效的手段。

纺织品的价值包含物质价值和精神价值两部分。物质价值是指纺织品在生产加工过程中所投入的各种生产要素的物化成本，精神价值是纺织品通过其美学特征体现出来的附加在物质价值上的增加值，即纺织品附加值，纺织品设计是提升纺织品附加值的主要手段。

四、纺织品设计

生活中的设计很多，而且发展迅猛，如属于实用设计大类下的工艺美术设计、工业设计、产品设计等设计分支，图案设计、服装设计、染织设计、室内设计、建筑设计、包装设计、汽车设计、家具设计等具体的设计工作。而人们熟知的与纺织品相关的设计有布料设计、染织图案设计、花样设计、纺织材料设计、织物工艺设计等。真正理解纺织品设计的概念和特征是纺织品设计师做好纺织品设计工作的关键。

1. 设计的概念

"设计"是双音词，是西语DESIGN在现代汉语中的反映，在古代中国的文献中有春秋时期《周礼·考工记》对"设"的描述："设色之工，画、缋、锺、筐、㡛"，而现代汉语中对"设"的字意解释是"布置，安排，设立，设置，筹划"；《管子·权修》中对"计"的描述："一年之计，莫如树谷，十年之计，莫如树木，终身之计，莫如树人"，现代汉语中对"计"的字意解释是"主意，策略，商议，谋划，打算，计划"。因此，设计可以理解为设想、运筹、计划、预算以及实施的综合行为，它是人类为实现某种特定目的而进行的创造性活动。

2. 纺织品设计的基本概念

综合纺织品和设计的基本概念，纺织品设计的概念可以解释为：纺织品设计是针对纺织产品的构思、规划、预算和实施的行为过程，它是一种目的明确的创造性活动。同时纺织品设计行为过程需要结合必要的设计管理。纺织品设计的目标是通过纺织品的创新来满足人类在纺织生活中的物质和精神需求，包括基本物质保障需求和个性化精神享受需求，并通过纺织品设计展示和应用来影响人类纺织生活的方式。

纺织品设计的动力来自纺织生活需要，纺织品设计构想的依据是纺织哲学，纺织品设计规划、预算、实施的基础是纺织科学，所以纺织品设计是将纺织品的哲学思辨和科学实践进行统一的过程。纺织品设计的主体是设计师，在整个纺织品设计行为过程中，纺织品设计构思是纺织品的构想和思辨行为，是纺织品设计师在孕育纺织品过程中的思维活动，亦指构想和思辨的结果；纺织品设计规划是在纺织品设计设想基础上进一步制订的纺织品设计整体实施计划和具体的行动方案；纺织品设计预算是针对纺织品设计行为过程制订的经费需求和开支、产品成本计算和控制的总体计划；纺织品设计实施是指纺织品设计行动方案的具体实施过程，包括纺织品设计实施的结果。

纺织品设计的内容包括各类型纺织产品（纺织原料制成品、纺织面料制成品及纺织造型制成品）的设计原理和方法，以及与纺织产品生产相关的加工制作工艺和与纺织产品流通相关的商务和营销策略等。纺织品设计行为从构思满足人类纺织生活需求的纺织产品开始，经过纺织产品设计规划制订、纺织产品的设计制作成本预算，直到纺织产品加工制作成型，并通过产品流通环节实现其价值，整个纺织品设计行为过程融合了纺织文化艺术、纺织物化（工程）技术和纺织商品经济三个知识层面的基本内容，所以，纺织品设计行为是一种"艺工商结合"的创造性活动过程。纺织品设计过程凝聚了纺织品设计师的劳动和情感。纺织品设计不仅具有设计学的共性特征，而且又具有丰富的纺织产品的个性特征。

在当前市场经济背景下，纺织品设计的价值由纺织品在消费市场中的接受程度决定，即纺织品设计通过营造和强化纺织品的美学特征来提高纺织品的附加值，从而提升纺织品的消费接受程度，促进纺织品的价值实现，同时实现纺织品设计的价值。

纺织品设计的目标是实现纺织品的功能性和审美性。纺织品的功能性是指纺织品的实用性，就功能性而言，纺织品设计需要掌握相关的数学、物理学、材料学、机械学、工程学、电子学、经济学等自然科学知识；纺织品的审美性是指纺织品的美观性，就审美性而言，纺织品设计需要掌握美学、色彩学、构成学、民俗学、心理学、传播学、伦理学等。

所以从纺织品设计的概念本质和内容看，纺织品设计是一项技术与艺术相结合的创造性活动，其核心是纺织产品。由于纺织品现阶段是商品，所以，纺织品设计是一个"艺工商结合"的产品创新过程。图1-1-4所示为纺织品设计概念。

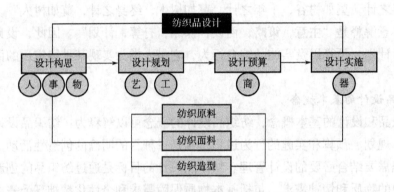

图1-1-4　纺织品设计概念

五、纺织品设计学

在人类纺织文化、纺织文明的发展历程中，纺织品是满足人类生存和生活需要的基本物质条件之一，纺织作为一种人类创造物质的行为，从人类出现以来就一直存在，并贯穿了人类社会的整个发展历程。因此，纺织学包含纺织哲学和纺织科学两个部分。纺织哲学和纺织科学统一在纺织生活中，是纺织生活这枚"硬币"无法分割的两个面，而纺织品设计学研究要解决的问题是：如何将纺织哲学和纺织科学这两个面进行融合，进而实现纺织品创造。

1. 纺织生活

纺织生活泛指人类在日常生活（学习、工作、休闲、社交、娱乐等）过程中与纺织/纺织品相关的所有活动和体验的总和，包含物质生活和精神生活两个层面。纺织生活的物质需求推动纺织品的实用性发展，而纺织生活的精神需求推动纺织品的美观性发展，纺织品的实用性和美观性通过纺织品设计来实现。

纺织生活是人类日常生活的最基本组成部分，因人类的出现及其生存、活动的需要而产生，与人类文明的进程同步发展，最终也将随着人类的消亡而消失。因此，纺织生活与人类、自然和社会（人造自然）的关系密切。人类是纺织生活的主体；自然界是人类纺织生活的第一客体；社会是人造的自然，是人类纺织生活的第二客体。人类通过纺织生活来适应自然、改善社会，实现美好生活的愿望。

人类纺织生活的方式演变由人类的人本属性（即生物本质）所决定，同时受到其自然属性和社会属性的制约。因此，纺织生活与人文哲学/科学、自然哲学/科学、社会哲学/科学有着密切的联系，人类对纺织生活的需求是推动纺织哲学和纺织科学发展的原始动力。

人类在不同历史发展时期有着不同的纺织生活需求，具有时代性特征。从石器时代、农耕时代、工业化时代到信息化时代，随着人类对隶属自然范畴的物质与规律、隶属人文范畴的体质与文化、隶属社会范畴的人理与事理的认知的不断完善，在第一产业农业、第二产业工业和第三产业信息服务业上不断取得发展成就，使纺织哲学和纺织科学的内容得以不断充实，使人类纺织生活的方式始终处于精彩纷呈的发展过程中。图1-1-5所示为纺织生活的概念。

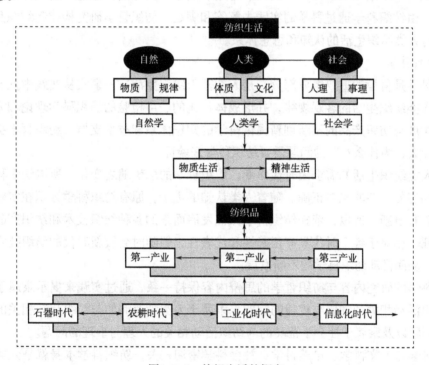

图1-1-5　纺织生活的概念

2. 纺织哲学

纺织哲学是哲学的重要组成部分，是对人类纺织生活这一现象的认知，体现人类在纺织生活上的思想和智慧。纺织哲学需要回答"纺织生活是什么、为什么？"的问题，经过纺织哲学意义上的思考和反思的纺织生活才是理智的，否则就是盲目的。

纺织哲学以"真、善、美"为目标对人类的纺织生活进行思辨，包括对人类纺织生活的历史进行回想和发掘，对人类纺织生活的现状进行规范和调节，对人类纺织生活的未来进行预测和畅想。

纺织哲学的核心思想是通过创造和使用纺织品来满足人类生活中最基本的一种物质和精神需求，即纺织生活的要求，所以纺织哲学是一种针对纺织生活的需求的哲学。纺织哲学思辨的核心"纺织品"是满足人类纺织生活的"必需品"；纺织品的不同"用途"满足人类不断变化的对纺织生活的具体要求，既包括纺织品物质层面的"需求"，也包括纺织品精神层面的"需求"；纺织品的创新要以纺织品的"需求"为先导，并服从于满足人类美好纺织生活这一最高利益。

纺织哲学的研究内容包括隶属于自然学范畴的与纺织活动相关的物质与规律的研究，即对纺织活动中的数学、物理和化学等问题进行思辨；隶属于人类学范畴的与纺织活动相关的人类体质与文化的研究，即对纺织活动的主体（人类）的生物体本质和纺织活动产生的文化进行思辨；以及隶属于社会学范畴的与纺织活动相关的人理与事理的研究，即对纺织活动的社会问题进行思辨。

纺织哲学与人文哲学、自然哲学、社会哲学密切相关，为了营造"真、善、美"的纺织生活，纺织哲学不断以纺织品的"真需、善用、美享"为原则，通过思辨提出新的纺织生活需求问题，由纺织科学通过科学的实践去解答和满足，纺织哲学研究构建起纺织品创新所必要的、针对人类纺织生活的认知和思想体系。

3. 纺织科学

纺织科学是科学的重要组成部分，是人类基于纺织生活这一事实从实践中推导出来的知识，揭示人类纺织生活的客观规律，并形成体系化的、可检验的纺织科学理论和方法，为纺织技术的发展与纺织产品的不断创新提供科学的知识体系和技术支撑。纺织哲学提出的"纺织生活是什么、为什么？"的问题需要纺织科学来验证。

由于人类纺织生活的需求因时代而变，纺织哲学的思辨随之变化，所以纺织科学的知识体系也是动态的，并非绝对正确。随着人类认知的进步，原有纺织科学知识在实践中可以被废弃、修正和更新，所以，依托纺织科学知识发展而来的各种纺织技术和纺织产品具有鲜明的时代特征，相对于各个时代具有正确性和代表性，但随时会被新时代的纺织技术和纺织产品所替代，从而推动纺织科学的不断发展。

纺织科学的研究内容与纺织哲学的思辨内容保持一致，通过实践来揭示隶属于自然学范畴的与纺织活动相关的物质与规律的问题、隶属于人类学范畴的与纺织活动相关的人类体质与文化的问题以及隶属于社会学范畴的与纺织活动相关的人理与事理的问题。

纺织科学与人文科学、自然科学、社会科学密切相关，纺织科学本身就是人类的一种社会性实践活动，纺织科学以实现人类"真、善、美"的纺织生活为目标，以"纺织品"为核心，不断通过科学的实践获得新的纺织知识和发展新的纺织技术用于满足纺织生活的需求，并构建起纺织品创新所必要的纺织科学知识体系。

纺织哲学和纺织科学围绕"真、善、美"的人类纺织生活的不断思辨和实践，创造出新的"纺织品"，是推动人类纺织生活方式变迁和纺织产业发展的原始动力。图1-1-6是统一在纺织生活中的纺织哲学和纺织科学的知识体系。

4. 纺织品设计学

从研究内容上看，纺织品设计学以纺织产品创造为核心，研究用于指导纺织品设计的基

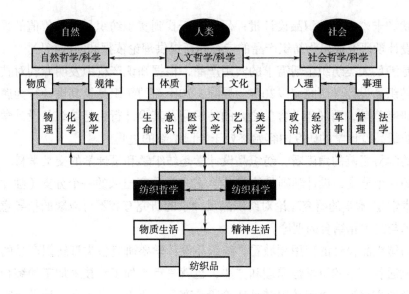

图1-1-6 纺织哲学/科学概念

础理论和实践方法论。主要包括本质论（溯源和特征）、方法论（创造和接受）和发展论（现状和未来），以及在基础理论和实践方法论上发展而来的各类型纺织产品的设计方法论。其成果用于指导纺织产品这一特定领域的创造性活动。纺织品设计学研究需要以纺织生活需求为基础，结合纺织工程、纺织历史、纺织艺术、纺织经济的专业知识来研究纺织品的创造。纺织品"创"的思辨基础来源于设计学，纺织品"造"的物化基础来源于纺织学，因此，纺织品设计学研究需要掌握工学、历史学、艺术学、经济学、社会学的基本知识，是一门综合性极强的学科。

从学科特征上看，纺织品设计学是基于纺织哲学和纺织科学研究纺织产品创新的一门学科，主要是纺织学科和设计学科的交叉学科。根据纺织学（纺织哲学和纺织科学）和设计学的基本理论，纺织学（纺织科学与工程）隶属工学；设计学是从美术学/艺术学分离出来的一个分支（独立学科），艺术学和工学的基本理论、设计学和纺织学的各种原理对纺织品设计学的研究有着指导意义。纺织学历史悠久、积淀丰富；而设计学则是产生于西方20世纪初的一门新兴学科，根据现代设计理论，设计不仅与特定社会的物质生产与工程技术有着密切的联系，具有自然科学的客观性特征，也与特定社会的意识形态与文化艺术存在明显的关系，具有社会科学的主观性色彩，设计学就是关于设计这一人类创造性行为的理论研究。

综合学科研究内容和学科特征，从概念上看，纺织品设计学可以定义为是基于纺织哲学思想和纺织科学知识，研究人类纺织生活需求、纺织品本身、纺织品设计行为和设计价值实现过程的学科，是纺织学和设计学科的交叉学科。纺织品设计学以实现人类美好纺织生活为目的，以纺织品创新为手段，研究从纺织品设计构思、规划到其价值实现的整个过程，主要研究内容包括纺织品设计史、纺织品设计理论以及纺织品设计批评三个部分。

纺织品设计史研究在于揭示是纺织品设计的历史流变；纺织品设计理论研究在于解决纺织品设计区别其他设计的核心问题，获得指导纺织品设计的基础理论和实践方法论，主要包括纺织品设计的本质论（溯源和特征）、纺织品设计方法论（创造和接受）和纺织品设计发展论（现状和未来）；纺织品设计批评研究在于找到实现纺织品设计价值的最优路径和方法。纺织品设计学研究成果为纺织产品的持续创新提供理论依据和实践指导。

纺织品是满足人类纺织生活需求的实用产品，根据知识产权中发明专利对技术和产品保护的年限，纺织品设计学研究应以20年为界限，20年前的纺织品及其设计行为属于纺织品设计学的历史研究范畴，而20年（含）之内的纺织品及其设计行为是纺织品设计学的当代研究对象，所以纺织品设计学的研究内容始终处于吐旧纳新的过程中。

从宏观的学科规范的角度看，纺织品设计学是纺织学和设计学的交叉学科，而纺织学是隶属于工学的一个分支，设计学则是从美术学/艺术学分离出来的一个分支（独立学科），所以工学和美术学/艺术学的研究理论对纺织品设计学的研究有着不可或缺的指导意义，即科学与哲学、技术与艺术相结合的理论。

从微观的纺织品设计的应用领域看，纺织品设计学要研究各类型纺织产品的设计、加工制作、销售流通各环节的科学性原理和方法，也就是审美加工和技术加工的综合体，即科学与艺术相结合的方法论，由于纺织产品现阶段是商品，所以，纺织品设计学研究必须结合经济学理论，是一个"艺工商结合"的理论和方法论研究领域。图1-1-7所示为纺织品设计学概念。

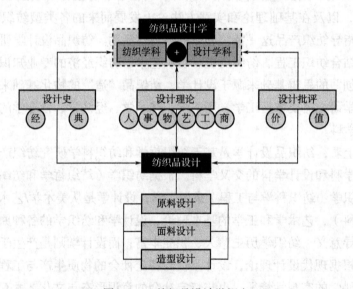

图1-1-7　纺织品设计学概念

第二节　纺织品设计学研究范围

纺织品设计学是一门多学科交叉的边缘学科，体现出纺织学和设计学知识融合的特征。人类的纺织和设计行为具有悠久的历史，作为人类自然性和社会性的生存方式，其伴随着"制造工具的人"的产生而产生。但是，纺织学和设计学具有不同的历史，纺织学具有7000年的历史，而设计学作为一门研究和应用的学科，是20世纪的产物，随着工业革命的冲击和现代设计理论的兴起而产生。纺织和设计与特定社会的物质生产与科学技术有着密切的联系，具有自然科学的客观性特征，同时纺织和设计与特定社会的政治/文化/艺术存在明显的关系，具有特殊的意识形态色彩。

纺织品设计行为过程是纺织学和设计学研究的主要内容之一，具有纺织学和设计学学科交叉的显著特征，综合纺织学和设计学的学科研究范围，纺织品设计学的研究范围主要包括三个方面：纺织品设计史、纺织品设计理论（基本原理和方法论）和纺织品设计批评。

一、纺织品设计史

纺织品设计史隶属历史学研究范畴，是一门研究纺织品及其设计行为产生、发展及其流变规律的科学，时间上以20年为界限，20年前的纺织品及其设计行为都属于纺织品设计史研究的内容。纺织品设计史需要客观展现不同历史时期纺织品及其设计行为的历史事实，为纺织品创新设计提供理论和实践的历史依据。

纺织品设计史是设计史和纺织史的重要组成部分，随着设计史和纺织史的发展而发展，体现出纺织学和设计学科交叉的研究特征。设计史先从美术史/艺术史中独立出来，然后向专门的设计史发展。除了纺织品设计史，其他相近的专门设计史有建筑设计史、工业设计史、室内设计史、家具设计史等，彼此可以相互借鉴。纺织史包含纺织技术史、纺织艺术史、纺织商品史三个相互关联的内容，其中纺织技术史和纺织艺术史是贯穿纺织史始末的核心部分，而纺织商品史随着商品经济的发展而发展，也将随着商品经济的消亡而中断。纺织技术史、纺织艺术史和纺织商品史为纺织品设计史提供了最真实的历史史料，为纺织设计史的发展奠定了基础。

纺织设计史在形式上有通论和专论之分。纺织设计史通论以纺织技术史、纺织艺术史和纺织商品史研究为基础，揭示各历史时期的纺织产品及其设计艺术、设计技术、生产技术和设计营销的普遍性特征和流变。纺织设计史专论收录各类型纺织产品设计艺术、设计技术、生产技术和设计营销的特殊性特征和流变，纺织设计史专论包括丝绸设计史、麻纺织设计史、毛纺织设计史、棉纺织设计史、服装设计史、家纺设计史、印染设计史、刺绣设计史、纹样设计史等。

纺织品设计史的研究成果将为纺织品设计师发掘和分析历史经典的纺织品设计案例、用于创新再设计提供源源不断的历史知识和史料宝库。

学习纺织品设计史的主要目的在于发掘纺织品设计历史中的成功范例，通过分析经典来实现纺织品的再设计，实现历史优秀纺织品的当代价值转化。图1-2-1所示为纺织品设计史概念。

二、纺织品设计理论

1. 纺织品设计理论基本概念

纺织品设计理论是纺织品设计师在长期的设计实践中概括出来的相关纺织品设计行为系统性的专业知识和规范化的基本原则。纺织品设计理论研究在于解决纺织品设计区别其他设计的核心问题，获得指导纺织品设计的基础理论和实践方法论，主要包括纺织品设计的

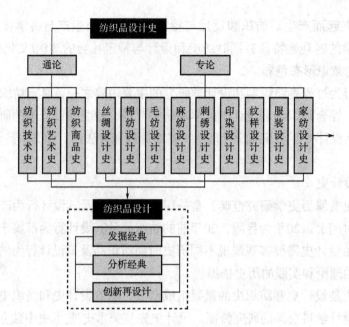

图1-2-1 纺织品设计史概念

本质论（溯源和特征）、纺织品设计方法论（创造和接受）和纺织品设计发展论（现状和未来）。

纺织品设计的本质论是基于客观存在的纺织生活现象和纺织品设计行为，研究并揭示纺织品设计起源和区别其他设计的主体特征的基本理论，回答纺织品设计是什么（what）的问题；纺织品设计方法论是基于历史和当代的纺织品设计实践案例，从一系列具体的纺织品设计方法中凝练出来的指导纺织品设计实践的知识体系和一般性原则，回答纺织品设计怎么做（how）的问题；纺织品设计发展论是基于当前纺织生活的现状，根据纺织品设计的主体特征，在思想观念层面对未来纺织生活进行憧憬和对纺织品设计怎样发展的总体看法和基本理论，回答纺织品设计未来往哪里发展（where）的问题。

纺织品设计理论具有时代特色，随着时代的变迁不断增添新的内容。在早期手工作坊的生产模式下，纺织品是手工制作的工艺品，传统的工艺美术设计理论和制作技巧是其产品开发的基础；到19世纪初，随着工业革命的来临，工业化大生产的兴起，纺织产品的机器化生产使纺织品设计理论倾向指导工业化产品的开发，促使现代设计理论的发展成型，并成为现代设计理论的重要组成部分；在20世纪中期，随着信息化时代的开启，纺织产品开发的数码化、快捷化、全球化标志着纺织品信息化设计时代和理论研究的到来；到20世纪末期，随着化纤工业和材料科学的快速发展，纺织品设计理论又受到纺织材料技术进步和纺织新材料不断涌现的影响；到21世纪初期，随着创意产业的兴起与时尚产业的快速发展，纺织品设计理论又受到时尚化创意设计的影响，提高纺织品设计的附加值成为纺织品设计理论研究的核心问题。

从纺织品设计理论出发，要求纺织品设计师在纺织品设计过程中要根据人类纺织生活的现实需求，通过理论与实践结合、技术与艺术的方法进行纺织品设计创新，在现阶段还要充分考虑纺织品的商品属性，发挥消费市场的调节作用，设计开发适销对路的纺织品。

当前纺织品设计理论研究需要三个结合，即理论与实践结合、技术与艺术结合、产品与市场（需求）结合。图1-2-2所示为纺织品设计理论概念。

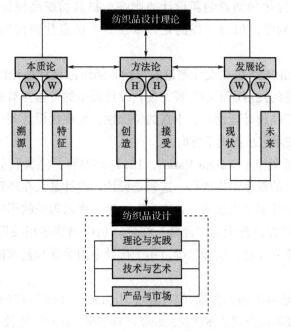

图1-2-2 纺织品设计理论概念

2. **纺织品设计理论发展**

（1）纺织品设计理论的发展历程。从历史上看，纺织品设计理论的提出具有时代特色，随着时代的变迁纺织品设计理论需要不断增添新的内容。人类的纺织品设计理论从启蒙到发展经历了三个时期，形成三种代表性的设计理论：农耕时代理论启蒙阶段的手工艺制作理论；工业化时代理论建立阶段的现代设计理论；信息化时代对现代设计理论进行发展完善，形成创意/创新相结合的设计理论，见表1-2-1。

表1-2-1 纺织品设计理论发展三阶段

时代	农耕时代	工业化时代	信息化时代
理论思想	手工艺制作理论	现代设计理论	创意/创新设计理论
阶段特征	理论启蒙阶段	理论建立阶段	理论发展完善阶段

第一个阶段，在农耕时代手工作坊的生产模式下，纺织品是手工制作的工艺品，传统的手工艺制作理论（又称工艺美术设计理论）及其制作技巧是其产品开发的基础；第二个阶段从18世纪中开始到19世纪初，随着工业革命的来临，工业化大生产兴起，纺织产品的机器化生产使纺织品设计理论倾向指导工业化产品的开发，促使现代设计理论的发展成型，并成为现代设计理论的重要组成部分，并影响至今；第三阶段始于20世纪中期，随着信息化时代的开端，纺织产品开发的数码化、快捷化、全球化标志着纺织品信息化设计时代和理论研究的到来；到在20世纪末期，随着信息化时代的发展，纺织化纤工业和材料科学的快速发展，纺

织品设计理论又受到纺织材料技术进步和纺织新材料不断涌现的影响；到21世纪初期，信息化时代互联网阶段的到来，推动了时尚产业与文化创意产业的快速发展，纺织品设计理论又受到时尚个性化的创意创新设计的影响，提高纺织品设计的附加值成为纺织品设计理论研究的核心问题。值得一提的是，真正属于信息化时代的纺织品设计理论目前仍然欠缺。

（2）现代设计理论对纺织品设计理论的影响。纺织品设计理论的发展随着纺织科学技术进步和现代设计理论的发展而不断完善，现代设计理论的普遍性对纺织品设计理论的建立具有指导意义，而纺织品设计理论具有丰富的特殊性，为现代设计理论的完善提供了重要依据，为推动纺织科学技术进步提供了方向。

西方美术史之父瓦萨里（Giorgio Vasari，1511~1574年，意大利）提出"事物在人的心灵中所有的形式通过人的双手制作成形，这就是设计，设计是人在理智上具有的，在心里所想象的，建立于理念上的那个概念的视觉表现"。第一次以理论的形式对设计进行解释。同样，在古代中国，称谓设计理论为"经营"法则，引申出许多相关设计原则："宾主、呼应、开合、虚实、藏露、疏密、动静"等，用于指导中国绘画和艺术创作，是设计意识的具体表现。

最早的设计专著是英国的荷加斯（Willian Hogarth，1697~1764年）的著作《美的分析》。最早的设计学校英国皇家艺术学院School of Design（1837年伦敦），现名 Royal College of Art。现代设计之父是英国的威廉·莫里斯（Willian Morris，1834—1896年），他是工艺美术运动 The arts and crafts movement 代表人物，强调提高设计的地位，设计师要融入社会，通过设计来改造社会。

最著名的设计教育学校是包豪斯设计学院，其前身是1919年由沃尔斯·格罗皮乌斯（Walter Gropius）在德国魏玛建立的魏玛建筑学校（Das Statlich Bauhaus Weimar），由原来一所工艺学校和一所艺术学校合并而成的培养新型设计人才的学校，简称包豪斯。包豪斯设计学院为代表建立了现代设计教育体系，学校设有纺织、陶瓷、金工、玻璃、雕塑、印刷等学科。学生入学后先学半年初步课程；然后边学理论课，边在车间学习手工艺；三年以后，考试合格的学生取得"匠师"资格。实际的工艺训练、灵活的构图能力、同工业生产的联系，这三者的结合在包豪斯产生了一种新的工艺美术风格，其主要特点是：注重满足实用要求；发挥新材料和新结构的技术性能和美学性能；造型简洁，构图灵活多样。概括起来包豪斯现代设计教育思想有：①设计中强调自由创造，反对模仿因袭，墨守成规；②将手工业同机器生产结合起来；③强调各门艺术之间的交流融合；④学生既有动手能力又有理论素养；⑤将学校教育同社会生产挂钩。

包豪斯现代设计教育思想为工业化时代设计人才培养提供了最基本的教育原则，工程与艺术结合成为现代设计教育的主要特征。

经历了现代设计思想的形成和发展，在当前的信息化社会，纺织品设计理论仍然受现代设计普遍理论支配，同时受信息化设计方法的影响，具有丰富的特殊性，表现出各种新颖的特征。

而"艺工商"结合的纺织品设计理论提出第一次基于"宏观设计学"思想，将产品设计的理念与人类文明发展结合，从"物"的设计延伸到"事"的设计，以纺织品设计为典型，从静态的产品和动态的设计过程两个角度，客观分析纺织艺术、纺织技术和纺织营商在纺织品设计中的美学特征，提出适用于信息化时代数字经济模式下的纺织品设计理论，也就是"艺工商结合"的纺织品设计理论和方法，用于指导当代纺织产品的设计创新和价值实现。

（3）现代设计理论对中国纺织品设计教育的影响。当今世界的高等教育和人才培养模式源于西方，1977年我国高等院校恢复高考招生时，并没有"纺织品设计"这一专业。随着全国纺织工业的发展，特别是浙江省丝绸工业的快速发展，社会对纺织品设计人才需求非常迫切。浙江丝绸工学院（现浙江理工大学）的领导和专家及时洞察了这一需求，于1979年首先开设了"纺织品设计"本科专业（当时称"丝绸美术与品种"），在全国范围内开始艺术类招生，艺、工结合培养，并将其称为"艺、工结合模式"。1982年起，中国纺织大学（现东华大学）、西北纺织工学院（现西安工程大学）、苏州丝绸工学院（现苏州大学）、天津纺织工学院（现天津工业大学）、武汉纺织工学院（现武汉纺织大学）等纺织高等院校，也陆续开设了纺织品设计专业，按理工类招生，采用"工程类模式"进行培养。至1989年，全国纺织工业部所属高等院校基本上都开设纺织品设计专业，而且还有一批地方纺织院校也开设了这个专业。生源遍及全国二十九个省、直辖市和自治区。这些院校大都以"工程类模式"培养。在此期间，一方面受兄弟院校影响，另一方面艺术类学生文化课成绩较薄弱，学习纺织品设计的工科内容较为困难，浙江丝绸工学院于1987年开始将纺织品设计改为理工类招生，工程结合艺术培养，也就是"工、艺结合模式"，这一模式得到校际同行和专业教育委员会的赞赏和肯定，并称为"浙丝模式"。

进入90年代后，我国的纺织业进入结构调整，各纺织院校为了改善纺织类的生源，在本科之外普遍开设了大专层次的纺织品设计专业。1985年由于高等教育目录的调整，原"纺织材料""纺织工程"专业相继开设"纺织材料与纺织品设计"专业，或将原"纺织品设计"专业改名为"纺织材料与纺织品设计"，实施统一招生。到1998年，国家教育委员会再次进行本科专业的调整，在同年新颁布的本科招生目录中，将丝绸工程、纺织材料与纺织品设计、针织工程合并为纺织工程专业进行统一招生。

经历上述专业调整和合并，浙江理工大学纺织品设计专业作为纺织工程专业的一个专业培养方向进行招生和培养，30多年来一直坚持以"工、艺结合模式"培养学生。随着全球纺织工业向发展中国家转移，我国纺织工业得到快速发展，特别是浙江省已经成为全国乃至全球的纺织制造业集聚地，根据国家纺织工业发展"十二五"规划精神，我国纺织工业由纺织制造业大国向纺织创造业大国转型升级，其中对纺织产品创新设计人才的培养对于该目标的实现至关重要。根据"中国制造2025、国家'一带一路'建设和浙江省时尚产业发展规划"精神，将引导传统纺织业向"时尚产业"转型升级，从纺织产业链的低端制造迈向高端智造，从贴牌加工迈向以创意创新设计为核心的时尚产业。要引导传统纺织产业向"时尚产业"转型，人才培养是关键，因此，通过与时俱进地创新纺织品设计理论，构建起"艺工商结合"的纺织品设计理论，用来培养能够通过纺织品的创意创新设计来引领时尚消费的纺织品设计人才成为纺织教育的迫切任务。

三、纺织品设计批评

纺织品设计批评是通过分析纺织品设计的背景和纺织产品的特点，对当代纺织产品进行价值判断的一种行为。纺织品设计批评是中性和客观的，纺织品设计批评具有形式多样的必需环节。纺织品设计批评与纺织品设计史是不可分割的，纺织品设计史研究的是设计和产品的历史背景，而纺织品设计批评研究的是纺织品的当代价值，包括历史纺织品的当代再设计价值和当代纺织品的价值。纺织品设计史家重点关注的是设计和产品的历史背景，纺织品设计批评家重点关注的是发现当代设计中最有价值的纺织产品。根据学科研究范围划分，距当代20年以前设计的纺织品为设计史的研究对象，而当代20年内设计的纺织品则是纺织品设计批评的研究对象。所以，纺织品设计批评的主要任务是研究纺织品设计和产品的历史和当代背景，对纺织产品的当代价值进行判断（20年内）。另外，纺织品设计批评过程需要以独立的表达媒介描述、阐释和评价具体的纺织产品。因此，纺织品设计批评是一种多层次的行为，包括历史的、再创造性的和批判性的三种设计批评方式，追求的是准确判断设计的纺织品的真实价值。

1. 历史的设计批评

历史的设计批评是针对历史各阶段设计的纺织品，与设计史的任务相似。也可以将当代设计的纺织品放入某个历史阶段的框架中去阐释和比较，并提出其当代价值，这也是纺织品设计批评的一种主要形式。

2. 再创造性的设计批评

再创造性的设计批评针对历史设计的纺织品的当代再设计，与设计史的任务不同，再创造性的批评追求设计产品的创新程度和独特价值，并将其特质与历史和当代消费者的需求相联系。20年前设计的历史纺织品通过再设计可成为纺织品设计批评的研究对象。

3. 批判性的设计批评

批判性的设计批评是设计批评的主要形式，是将设计作品与自然、社会、人文相联系，通过消费价值分析，对设计的纺织品本身做出评价，并制订一种标准对设计产品评价进行约束。标准包含：形式的完美性、功能的适用性、传统的继承性和艺术的美观性等。这种标准注重产品和需求统一，现实和超现实并举，理性和非理性兼顾，但必须合乎时宜，这种标准具有普适性，可以用于其他类似设计产品的评价。

（1）形式的完美性。纺织品设计形式的完美性是纺织产品造型与视觉元素的安排（线条、形体、色彩、肌理、光线、空间），以及设计的纺织品的应用造型和装饰效果（构图和布局）的完美表达，"有意味的形式"是纺织产品设计价值的高层次体现。从纺织品设计的角度来解释，"有意味的形式"就是从纺织品线状的原料设计、片状的面料设计到体状的面料造型设计都具有明确的、深层次的美学特征。

（2）功能的适用性。纺织品设计功能的适用性需要遵循实用艺术设计"形式永远服从功能"的功能主义设计理论，强调设计的纺织品严谨、规正和适用，满足人们纺织生活对纺织品功能的具体消费要求，也就是通过设计来实现纺织品具体的、适用的功能。

（3）传统的继承性。对传统产品艺术风格的传承，基于"经典"尊崇的历史主义和折中主义理论，复古情怀和复古频率是纺织品设计界永恒的话题。传统的继承性与设计的历史主义理论相似，以尊崇传统为特征。传统继承的主要途径是整理传统产品设计资料（素材和工艺）用于当代设计，所以复古情怀和复古频率逐渐成为纺织品设计界永恒的主题。

（4）艺术的美观性。艺术的美观性由艺术的"趣味"来体现，而艺术的"趣味"由深厚的文化背景决定，无论是高雅还是通俗文化衍生而来的设计产品，只要体现当代社会环境、迎合当代大众美学的趣味，都是艺术美观性良好的纺织品设计作品和产品。

除此之外，纺织品设计批评可以通过各种渠道来完成，其中纺织品设计批评的阐释文字是不容忽视的重要内容，需要做到表达精美，设计批评的文字内容重在设计说明和设计价值评论，但设计批评的文字本身需要具有文学和艺术的双重价值，与设计产品融为一体，起到相得益彰的作用。

综上，针对人类的纺织品设计行为而言，"为创造价值而设计，为实现价值而批评"是纺织品设计批评最为形象的写照。所以纺织品设计学研究需要跨越历史和当代、技术与艺术的界限。图1-2-3所示为纺织品设计批评概念。

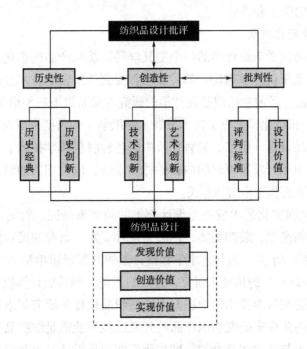

图1-2-3　纺织品设计批评概念

四、纺织品设计学研究现状

纺织具有与人类同样悠久的文明历程，纺织品是人类生活中不可或缺的物质需求，纺织品设计目的是创造纺织品来满足人类纺织生活的需求，纺织品设计学则是一门研究纺织品创造的多学科交叉的边缘学科，体现出纺织学和设计学知识融合的特征。因此，需要从纺织学和设计学的研究中分析纺织品设计学的研究现状，并提出纺织品设计学的研究方向。

1. 纺织学和设计学的研究现状

进入21世纪以来，纺织学和设计学的研究都进入了新的阶段，从纺织产业发展的趋势看，纺织技术进步与纺织产品创新将成为时代主流，而纺织学和设计学的融合与交叉研究将更加密切，设计的重要性将进一步体现，表现在对于设计的基本看法趋于一致：设计的终极目的是以环境、工具和产品的改善来满足人类自身生存、生活的需求。设计的经济性质和意识形态性质，即社会性质得到重视。纺织学和设计学研究已经成为两个开放的系统，除了从自己的两种学科（工学和艺术学）继承的一套完整的理论体系外，还从相关的学科广泛得到启发，包括自然科学、社会科学和人文科学范畴下其他学科，如历史学、理学、哲学、经济学、管理学、农学、文学、医学等。纺织学和设计学的研究都从单一的传统继承向综合研究发展。纺织品设计学理论研究的文理结合和纺织品设计学应用研究的艺工结合得到彰显，各种设计理论和设计思维的涌现伴随着优秀设计产品的成功一次次带给社会大众视觉的惊艳、物质的享受和精神的愉悦。梳理当代西方设计思潮，具有代表性的有符号学理论、结构主义、解构方法、混沌理论、绿色设计、信息技术、材料艺术等。随着20世纪末流行（时尚）设计的提出和应用大大丰富了纺织品设计学的内涵和外延，给纺织品设计学的建立、应用和发展提供了取之不尽的沃土和养分。

2. 纺织品设计学研究现状

纺织品设计学是纺织学与设计学的一个交叉学科，纺织产品的物化基础来源于纺织学，纺织品设计理论基础源于设计学理论，其发展历程受到纺织科学技术进步的巨大影响，根据纺织品设计的本质特征，目前对纺织品设计学的研究主要有以下三种形态。

（1）从纺织科学和物化（工程）技术发展（纺织学）的角度来研究。围绕纺织产品的内在物质特征，从纺织品设计、生产、销售环节中的各种材料科学技术、工程制造技术以及后整理技术等来揭示纺织品开发和流通的内在的物质创造，以及相关的纺织科学技术的发展规律，这与自然科学的研究和进步密切相关。

（2）从纺织哲学和文化艺术发展（设计学）的角度来研究。针对纺织产品外在的精神特征，以纺织品的结构造型、装饰图案、色彩为设计要素，研究和揭示纺织品外在的审美特征，也就是纺织品的精神享受，这与艺术学和设计学的发展密切相关。

（3）从"艺工商结合"的角度来研究。进入21世纪，随着以计算机和网络应用为标志的信息化时代的到来，纺织科学技术的快速发展给纺织品设计学研究带来新的挑战，先前单从纺织技术或纺织艺术的角度来研究纺织产品的开发已经不能满足纺织品消费市场对纺织品快速创新的需求。以技术与艺术相结合的角度来研究纺织品设计过程和设计产品中的动态和静态的技术与艺术的关系是进行纺织品设计学研究的新课题。所以艺工结合并兼顾当前纺织品的经济特征是纺织品设计学研究的指导思想。以纺织品设计为典型代表的"艺工商结合"设计理论的建立和应用是信息化时代纺织品设计学研究的首要任务，其理论和实践依据将对纺织学原理和设计学理论的发展和完善起到积极的推动作用，而"艺工商结合"的纺织品设计理论对顺应纺织新经济、新业态发展，指导当前数字经济模式下的纺织品创造具有非常现实的时代意义。

第二章 纺织品设计的美学特征

纺织品设计美学特征的分析是提升纺织品及其设计行为附加值的重要环节。走过手工作坊时期、机器化生产时期、材料变革时期，进入信息化时代，纺织产品的创新需要从纺织品设计的美学特征中去把握规律。纺织品创新设计，要求纺织科学和物化（工程）技术支持人们对纺织产品实用性（物质性）的最大需要；要求纺织哲学和文化艺术支持人们对纺织产品美观性（精神性）的最大追求，而且这种要求随着社会需求环境的变化而变化。于是，满足人类的需求，成为纺织品设计研究的原动力和终极目标。由于人类的需求没有止境，需求变化从不停止，纺织品作为人类基本生活需求"衣食住行"中不可或缺的重要物品，其设计文化之深厚、新技术运用之快速，充分体现了纺织品产品异彩纷呈的时代特色，所以以纺织品创新设计研究是一个充满生命活力的研究领域，从远古到现在，伴随着人类的生存、生产、生活条件的变化，不断面临来自哲学艺术与科学技术的双重挑战。而通过纺织品设计美学特征的分析可以帮助我们提升纺织品设计的附加值。

本章包括纺织品的基本特征、纺织品设计的美学特征分析和纺织美学三节内容，通过纺织品的基本特征、纺织品设计的美学特征和纺织美学的理论分析，来掌握纺织品创新设计和优秀纺织品的基本特征，为新时代的纺织品创新设计奠定理论基础。

关键问题：

> 1. 纺织品的基本特征和属性。
> 2. 纺织品设计的美学特征。
> 3. "艺工商结合"的纺织品创新设计理论。
> 4. 纺织美学的理论体系和主要研究内容。

第一节 纺织品的基本特征

纺织品的风格特征决定了纺织品设计的趋向，纺织品是纺织技术和纺织艺术相结合的产物，其产品属于实用艺术品（传统称为工艺美术品）范畴，纺织品的主体特征是：在生活领域中以功能为前提，通过纺织技术的物化手段对纺织材料进行审美加工的一种美的创造，纺织品的主体特征中显然具有物质和精神的双重属性，通俗讲就是实用性和美观性。其实用性由纺织品的物质价值来体现，是产生社会经济效益的基础，体现在纺织品的生产、流通和消费环节中；而美观性就是纺织品精神价值的反映，具体表现在纺织品的造型、装饰和色彩上。纺织品的物质价值和精神价值构成一个完整的价值体系，适用于各种类型的纺织产品，其中物质价值是产生精神价值的前提，而精神价值又提升了纺织品的物质价值，所以，对于纺织品的美学特征分析一定要结合产品的物质价值和精神价值的主体特征，即表面的美学特征：造型美、装饰美和色彩美，以及深层次的美学特征：材质美和技术美（制造和加工），这也是纺织品创新设计研究应遵循的基本原则。

一、纺织品的特征和属性

从纺织技术层面，根据加工成型的特征看，纺织品可以称为纤维制成品，分为三大类，即纺织原料制成品（线状）、纺织面料制成品（片状）、纺织造型制成品（体状），而从纺织艺术层面，即艺术创作的角度看，纺织品又可称为纤维艺术品。纤维制成品是工业革命后对纺织品的定义，但纺织品作为纤维艺术品具有悠久的历史，可以溯源到西方古老的壁毯艺术，纤维艺术在发展过程中又融合了世界各国优秀的传统纺织文化，吸纳了现代艺术观念、现代纺织科技最新成果的艺术形式。狭义上的纤维艺术（传统）概念是指以纤维为主要材料的手工编织艺术作品，属于纯艺术的范畴；广义上的纤维艺术（现代）概念指以纤维为主要材料所建构而成的作品，包括手工或机器加工的艺术作品，属于实用艺术范畴，不受纯艺术范畴的限制。纤维艺术设计的主要特征是以纤维材料来表现凹凸起伏的肌理质感、色彩变化、空间状态等。纤维艺术在材料的运用上具有无限的开放特质，在多元化的纤维材料试验、探索的同时也为艺术家们拓展思路，并在创作形式上提供了各种可能性。自20世纪上半叶以来，纤维艺术在不同国家、不同地域呈现出现代艺术互动的繁荣景象，形态的多元化、艺术风格的多样性、材料的综合性等诸多因素构成了现代纤维艺术的基本特征。通过在纤维艺术中使用各种材料可以创造崭新的艺术形式和样式，这从本质上突破了传统艺术形式中材料处于隶属地位的观念束缚，也在无形中促进了纤维艺术家对传统纤维艺术观念、形式认识上的深化，同时也促使纤维艺术家对现代纤维艺术独特语言进行广泛的探索、大胆的开拓和试验，使纤维艺术构成形式呈现出开放的、多元化的风貌。现代纤维艺术的纤维材料包括各种天然纤维和化学纤维，可运用的纱线材料包括棉、毛、丝、麻、纸、竹、草、藤、皮、玻璃丝、鱼线、金属丝、锦纶绳、光纤等；固态、液态材料有布类材料、皮毛、衣物、硅胶、白胶、树脂、橡胶、纸浆、树枝树皮、蜡、陶土、水泥、玻璃、铁管、包装袋、塑料、黏合剂等。现代纤维艺术的设计手法包括编、结、缠、绕、贴、扎、缝、染等技法。现代纤维艺术的设计作品可以是软、硬、二维、三维等形式的编织物、装置、雕塑，既具有装饰美观性，又具有功能实用性。

因此，综合考虑纺织品既是纤维制成品又是纤维艺术品的本质特点，纺织品的基本特征和属性如图2-1-1所示。纺织品是在纺织生活领域中以功能为前提，通过纺织技术的物化手段对纺织纤维材料进行审美加工的一种美的创造，纺织品的基本特征中具有物质和精神的双重属性，现阶段还具有商品属性。纺织品的基本特征可以用实用性、美观性、经济性来概括。纺织品的实用性由纺织品的物质价值来体现，是产生社会效益的基础，体现出纺织品从设计、生产、流通和消费环节中的物质加工特征，是纺织品的物质属性；纺织品的美观性就是纺织品精神价值的反映，是提高附加值的基础，具体表现在纺织品的造型、纹饰和色彩上，体现出纺织品从设计、生产、流通和消费环节中的艺术加工特征，是纺织品的精神属性；纺织品的经济性就是纺织品经济价值的反映，是实现纺织品及其设计价值的基础，具体表现在人们对纺织品的真实需求上，纺织品价值的高低由人们对纺织生活的需求程度决定，是纺织品的商品属性。

图2-1-1　纺织品的基本特征和属性

从纺织品的基本特征和属性来看，纺织品的价值体系由纺织品的物质价值和精神价值组成，纺织品的物质价值是产生精神价值的前提，而纺织品的精神价值是提升纺织品附加值的必需。纺织品设计解决的是提升纺织品的精神价值（即附加值）的问题，而如何通过纺织品设计来提升纺织品的精神价值，需要掌握纺织品设计的美学特征。

二、纺织品设计的美学特征

掌握纺织品的基本特征是纺织品设计获得成功的基础，理清纺织产品的基本特征不仅是正确认识纺织品的需要，更是纺织品设计学研究的需要。纺织品是纺织技术和纺织艺术相结合的产物，纺织品的三大应用领域是服装服饰领域（服用）、家纺装饰领域（装饰用）和其他产业应用领域（产业用）。从人类学的角度看，纺织品属于生活必需品，现阶段从物质生产的角度看，纺织品可以分为纺织原料、纺织面料和纺织造型产品三大类；从艺术学角度看，纺织品属于实用艺术品（传统称为工艺美术品）范畴，现阶段从艺术创作的角度看，纺织品可以分为纤维艺术品、面料艺术品和面料造型艺术品三大类。

纺织品设计美学特征是从哲学层面来凝练纺织品和纺织品设计行为的主体特征，纺织品设计美学特征决定了纺织品的市场价值和纺织品创新设计的趋向。纺织品具有物质和精神的双重属性，通俗讲就是实用性和美观性，同时，在现阶段纺织品又是遵循市场经济特征的商品，纺织品消费具有经济性特征，所以，纺织品具有实用性、美观性和经济性三个主体特征；纺织品的实用性由纺织品的物质价值来体现，是产生社会效益的基础，体现出纺织品从设计、生产、流通和消费环节中的物质特征；纺织品的美观性就是纺织品艺术价值的反映，具体表现在纺织品的造型、装饰和色彩上，体现出纺织品的精神属性。因此，纺织品的价值体系由纺织品的物质价值和精神价值组成，物质价值是产生精神价值的前提，而精神价值又提升了纺织品的物质价值。纺织品的物质价值和精神价值构成一个完整的价值体系，适用于各种类型的纺织产品，所以，对于纺织品设计的审美分析一定要结合纺织品的物质价值和精神价值的主体特征，同时也要关注纺织品附加的特征，即经济性，这也是纺织品设计研究应遵循的基本原则。而要实现纺织品的实用性、美观性和经济性这三个主体特征，纺织品设计必须通过"艺工商结合"的方式来完成。

根据纺织品的实用性、美观性和经济性特征和纺织品设计行为"艺工商结合"的特征，纺织品设计的美学特征包括三部分：即表面的艺术美特征、内在的技术美特征和附加的商品美特征。纺织品设计的艺术美特征包括造型美、纹饰美和色彩美三个层面，是纺织品美观性的决定因素；纺织品设计的技术美特征包括材质美和工艺美两个层面，是纺织品实用性的决定因素；纺织品设计的商品美特征包括需求美和价值美两个层面，是纺织品经济性的决定因素。任何优秀的纺织品都是经历纺织品设计行为后，通过"艺工商"的完美结合，使纺织品的美学特征达到最优化的产物。图2-1-2所示为纺织品设计美学特征概念。

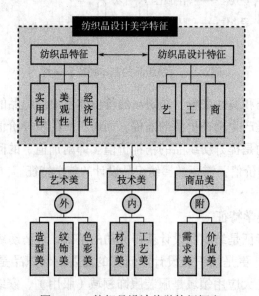

图2-1-2　纺织品设计美学特征概念

三、纺织艺术、纺织技术和纺织经济的关系

哲学艺术是人类对客观自然的主动性认识，是从一般中发现个别，从共性中求异、求新、求创造。也就是说，艺术可以不拘一格，不限其手段、形式、材料，创造比真实世界更完美和谐的世界。在创造的过程中，表现出的是人类的精神世界。

科学技术是人类对自然规律的不断揭示、发现和描述，是从个别中揭示一般，从个性中抽象出共性，并且是永远无止境地探索、发现、描述，但永远是人对客观物质及其规律认识的进程描述，而技术是人类运用科学知识去揭示、发现和描述自然规律的有效方法。

虽然技术与艺术的方法论也不尽相同。但设计可以将两者有机地结合在一起，从本质上看，设计是人类把自己的意志施加在自然界之上，用以创造人类文明的一种活动。设计需要科学技术的支持，同时又需要文化艺术来表达情感，所以设计是文化艺术与科学技术的共同载体，在创造设计的过程中，科学技术和文化艺术自觉与不自觉地就统一在创造物中。

纺织品设计学研究，要求纺织科学技术支持人们对纺织产品功能特性（物质性）的最大需要；要求纺织文化艺术支持人们对纺织产品美学特征（精神性）的最大追求，而且这种要求随着时代变迁、社会需求环境的变化而变化，因此，满足人类不断变化的需求，是纺织品设计研究的原动力和终极目标。在市场经济的当下，纺织品又是商品，纺织商品的营商贸易需要遵循市场经济的规律，与纺织艺术、纺织技术一样成为影响纺织品设计的重要因素。从纺织品及其属性、纺织品设计及其美学特征出发，来把握纺织艺术、纺织技术和纺织经济的相互关系，如图2-1-3所示。通过分析和精准把握纺织品设计的美学特征，来提升纺织品设计的价值。

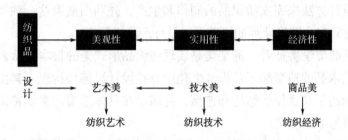

图2-1-3 纺织艺术、纺织技术和纺织经济的关系

第二节 纺织品设计的美学特征分析

纺织品设计的美学特征包含三个部分七个层面。纺织品设计表面的美学特征：造型美、纹饰美和色彩美，构成了纺织品设计的艺术美特征主体；纺织品设计深层次的美学特征：材质美和工艺美（加工制造工艺），构成了纺织品设计的技术美特征主体；纺织品设计附加的美学特征：需求美和价值美，构成了纺织品设计的商品美特征主体，是纺织品经济性的决定因素。

一、纺织艺术

1. 纺织艺术的基本概念

根据现代设计理念，纺织艺术属于设计艺术中的一个分支，是为了满足一定的实用需要而进行生产创造的艺术。按照传统的艺术分类法则，设计艺术归属于实用艺术（applied art）门类，与美的艺术（fine art）有着本质区别。所以纺织艺术就是一种与人类的利益直接相关的实用艺术，与没有功利只存在启示的纯艺术不同，在纺织品设计研究中"纺织艺术"的表现形式有着明确的目的性。该目的通过纺织产品表面的美学特征得以直接体现，即造型美、纹饰美和色彩美。

2. 纺织艺术在纺织品设计中的具体表现

（1）纺织品设计的造型美。利用纺织原料，以结构造型这一独特的艺术语言表现出来的纺织产品的艺术形象和意味，就是纺织品的造型美。

纺织品是一件有着明确造型的视觉艺术作品，根据不同的艺术加工方式，纺织品具有线状、平面和立体的造型结构。纤维艺术品直接利用纤维材料通过工具或手工的编、织、结等方法，以特定的结构设计来完成线状结构为主的纤维艺术品的加工制作；纺织面料艺术品则综合利用纺织原料，采用织染绣编印等方法，通过手工或生产设备来完成面平面结构为主的面料艺术品加工制作；纺织造型艺术品是纤维艺术品和面料艺术品的再设计，主要是针对纺织品终端应用进行的应用设计，是一种以纺织原料和面料为主要材料，通过造型设计完成的以立体结构为主的纺织造型艺术品，纺织服装造型设计和家纺装饰造型设计是其主要形式。虽然纺织品的造型方法不尽相同，但其表现出来的造型美特征是相同的，即利用纺织纤维材料通过各种结构设计方法来完成纺织品的制作和生产，并利用造型这一独特的艺术语言来表现纺织艺术作品的意味，即设计师的情感通过设计产品进行表达。

从纺织艺术品的美学特征看，造型美是表现纺织品形式美的根本，从艺术与科学的关系上看，由于纺织艺术品的造型除了从设计文化中寻找设计灵感和构思，其生产工艺条件和产品的实用功能都制约了其具体的结构和造型，并暗示在具体造型的美学特征中，用于彰显特色，以区分其他的艺术品形式。

（2）纺织品设计的纹饰美和色彩美。纺织品的纹饰美和色彩美是指在具体的结构造型之上，纺织产品表现出来的产品表面的图案、纹理的装饰形态和色彩装饰效果。

纺织品的造型美特征能体现出具体的生产工艺条件和产品的实用功能，而纺织品的纹饰美和色彩美特征表现需要以纺织品的结构造型为基础，在明确的造型结构中，纺织艺术品的纹饰美和色彩美设计将尽可能发挥，来表现以该造型为基础的美的表达，更多地来反映设计师的个人情趣，即设计师对设计文化的理解和设计表达，达到提升纺织品艺术价值的目的。

抛开复杂的审美主观因素，单从客体来看，其纹饰美和色彩美的表达具有鲜明的特点。首先是自身的装饰和色彩效果，即纺织材料自身材质的肌理和色彩效果；其次是配套的纹饰和色彩效果，即除自身外，将各种相似或相近的装饰效果集中使用，形成统一和谐的装饰风格，又称环境风格，如可营造古典、现代、巴洛克样式、洛可可风格等；最后是提示或暗示的装饰和色彩效果，即隐含在直接的审美感受下的间接的或启发性的审美感动，由于纺织艺术品是艺术与技术的结合体，这种暗示显然具有艺术和技术两个层面，所以纺织品纹饰美和色彩美体现出"美的感受"和"美的感动"同时存在的特点。就是由于这种暗示的审美感动的存在，才使纺织艺术品在具有普通艺术品的审美感受的同时，还具备了特有的审美情趣，这种审美情趣可以激发消费者在使用纺织品的同时产生一种艺术联想或是一种美好的艺术期待。正是这种预期的联想和期待，推动纺织品在技术和艺术两个方向的不断发展。

从纺织品表面的美学特征看，造型美是表现纺织品形式美的根本，纺织品的纹饰美和色彩美特征只有建立在明确的造型的基础上才能得以进一步表现。从艺术与技术的关系上看，由于纺织品的艺术特征除了从设计文化中寻找设计灵感和构思，其生产工艺条件和产品的实用功能不仅制约了其具体的结构和造型，同时制约了其纹饰美和色彩美的表达形式，在不同结构造型的纺织品中，其纹饰美和色彩美的表达方式不同，需要设计师根据个人情趣，将自己对设计文化的理解通过纺织品来进行表达，并暗示在具体纺织品的美学特征中。

因此随着纺织科学技术的发展，纺织艺术品的造型美、纹饰美和色彩美特征与内在的技术美特征有着无法分割的密切关系。

二、纺织技术

1. 纺织技术的基本概念

纺织技术是纺织科学的具体表现形式，是自然科学的一个分支，属于自然科学中的应用技术门类，纺织技术有着十分明确的研究和应用对象，即纺织产品。在纺织品设计、制作、流通环节中表现出来的科学原理和技术特征都是纺织技术研究的范畴。纺织技术与相关学科交叉融合，满足产品设计创新的要求，在具体产品中表现为应用材料的变迁和产品加工技术的进步，即纺织品内在的材质美和工艺美特征。

纺织品表面的艺术美特征在给人以视觉审美享受的同时，其内在的技术美特征也不容忽视，技术美特征能从深层次体现出纺织科学发展带来的创新魅力。在现代纺织与近代纺织历史上的每次纺织产品的大革新都具有相同的特点：在适应当时社会经济需要的同时，通过与先进科学技术的交叉融合来推动。

19世纪中叶英国的工业革命引发了工艺美术运动，继而在20世纪初催生了包豪斯"现代设计"的美学思想，"艺术与技术结合"成了现代设计的开端。其中，纺织科学技术的变革因素不可忽视，纺织生产技术的突破引发纺织产品设计理念的更新，以具体的设计变革事例促进和推动现代设计思想的形成。随着科学技术的高速发展，现代纺织科技已经从满足穿衣的低级要求向生活享受的高要求转化，纺织科学技术也更多地与相关学科进行交叉融合，满足产品设计创新的要求，具体反映在创新产品中就是应用材料的变迁和产品加工技术的进步，即产品内在的材质美和工艺美特征。

2. 纺织技术在纺织品设计中的具体表现

（1）材质美。纺织品通过纺织材料的本质特性表现出来的美的感受和美的感动就是纺织品的材质美。纺织品是纺织材料的进一步加工和美化，区别于其他材料，纺织材料是一种以纤维为主的材料，纺织材料就是纺织品设计创新的基础，整个纺织艺术史就是一部纺织材料（即纤维材料）被发现、发明、创造和利用的历史。与纺织品的实用性能一致，纺织材料的使用体现了装饰性和功能性的双重特点，其功能性建立在材料科学进步的基础上，从天然纤维到仿/超天然的化学合成纤维，从单一性能纤维到多重性能纤维，以至于特殊性能的纤维和智能纤维，纺织材料的变迁极大地影响了纺织品的设计和产品的实用功能，继而影响人们的生活方式，如美国DuPont公司于1939年开发了尼龙，到1958年发明了莱卡（LYCRA），创新了纺织产品，更多的是改变了人们生活方式和审美情趣，其美观性和实用性完美地统一在以尼龙原料为主的纺织面料和纺织成品的创新设计中，引导着从纺织原料、纺织面料及纺织造型的流行趋势。所以在纺织品材质美的背后有着深刻的纺织材料科学发展进步的痕迹。虽然纺织品的材质美特征没有纺织品表面的艺术美特征那种强烈的视觉冲击，但其激发的深层次的思考同样魅力非凡，面对如今科技进步的背景下涌现出的越来越多的纺织材料，如何合理地从技术与艺术的角度来因材施艺，显瑜掩瑕，确实是纺织品创新设计中一个不小的挑战。

（2）工艺美。在纺织品的加工制作环节中表现出来的工艺特征是一种间接的美的感动和美的感动，就是纺织品的工艺美。纺织品的工艺美特征主要表现在不同类型和不同时期纺织产品加工生产的设备及其相关的产品工艺技术的特征上，纺织品工艺技术是纺织材料的物化工艺技术，是纺织材料加工和美化的直接手段，也是创造纺织品艺术价值的最直接途径。在工业革命之前，手工生产的纺织产品突出表现在精致的手工制作技巧上，常用"巧夺天工"来评价其产品制作工艺；机械化生产后纺织品的工艺美特征表现在依托加工设备的进步，通过产品的精美外表来体现产品加工技术的进步，从原始腰机、斜织机到如今的机电一体化织机，为纺织品生产带来了翻天覆地的变革，这种变革以技术美的特征隐含在各个时期的纺织产品中。美轮美奂的纺织品，其色彩、图案和纹理需要特定的制作方法才能实现，精美的产品背后不可或缺的是各种类型的加工技术，所以，纺织品的艺术价值中隐含着的科学技术进步，正是纺织品内在工艺美的特征所在。

三、纺织经济

1. 纺织经济的基本概念

随着市场经济的兴起和发展，纺织品的商品属性得到重视，纺织品在其设计、生产和流通环节的经济特征和经济价值逐步被消费者认同。各时期纺织品设计的主要任务和目的各有不同，史前，纺织品设计为了满足人们日常生活的各种实用功能；到了手工艺时期，纺织品设计除了满足人们日常生活的实用功能外，纺织品的装饰效果和象征意义越来越被人们所关注，纺织品的消费要受社会等级的制度约束；到工业化时期，技术因素成为关注重点，纺织品机械化生产的高效率和高质量为纺织品的艺术价值的创造奠定基础，当纺织品的生产能完全满足人们最基本的物质生活需求后，纺织品的商品属性被进一步发掘；进入信息化时代后，纺织品的经济特征随着市场经济的深入发展而越来越被设计师所重视，成功的纺织品设计的基本特征是：实用、美观、经济，流行（时尚）设计成为提高纺织品艺术价值的最有效手段。而不同时期纺织品设计的目标要求不断迎合市场消费者的纺织生活需求。各时期纺织品设计的需求特征变迁见表2-2-1。

表2-2-1　各时期纺织品设计的需求特征变迁

时期	史前	手工业时期	工业化时期	信息化时期
纺织品需求特征	实用功能	实用和装饰	技术/艺术	艺术/技术/经济

2. 纺织经济在纺织品设计中的具体表现

纺织经济在纺织品设计中的具体表现通过纺织品设计的需求美和价值美来体现。纺织品设计的需求美和价值美是表现纺织品附加商品美特征的两种主要形式。纺织品设计的需求美特征是实施纺织品设计行为的先决条件，而纺织品设计的价值美特征是评判纺织品设计行为成效的标准。两者相辅相成，使纺织品设计为人类的纺织生活服务。

（1）需求美。纺织品是产品，产品的需求来源于消费者实际的纺织生活需要，具有朴素的需求美特征，即纺织品设计应根据人们对纺织生活的不同需求来制订纺织品开发计划，做到针对性设计，并保持设计和生产的纺织品处于供需平衡的状态。人们对纺织生活的消费需求客观存在，纺织品消费需求可分为基本物质需求和个性化精神需求两个层面。纺织品基本物质需求具有普遍性、趋同性，满足人们纺织生活中最基本的以纺织品物质保障为主的消费要求；纺织品个性化精神需求具有特殊性、排他性，满足人们纺织生活中个性化的以纺织品精神享受为主的消费需求。

（2）价值美。纺织品在当前的市场经济背景下又是商品，纺织品的价值需要通过商品交换的货币价格来体现，纺织品的货币价格随着消费需求的变化而波动，这种波动体现在纺织品的附加值上，纺织品物质价值由"最基本的以纺织生活物质保障为主"的基本需求来决定，其特征是需求稳定而价格波动小；纺织品精神价值由"个性化的以纺织生活精神享受为主"的特殊需求来决定，其特征是需求易变而价格波动大。

因此，纺织品设计的价值美除了创造纺织品稳定的物质价值外，更体现在通过纺织品设计来提升纺织品的精神价值，即附加值上，通过增加纺织品的附加值来提升纺织品的货币价格。

3. 纺织品设计与纺织经济的关系

成功的纺织品设计通过消费者的接受来实现其价值，并通过影响纺织企业、纺织行业、纺织产业、纺织经济等中间环节，间接成为撬动国家经济的重要因素之一。具体看纺织品设计与纺织经济的关系表现在以下四个层面。

（1）纺织品设计是纺织经济发展的推动力，是一种战略层面的推动力。纺织品设计通过纺织产品创新为纺织企业带来经济和社会效益，提振整个行业，进而带动整个纺织产业的兴旺，达到推动纺织经济发展的目的，所以纺织品设计从宏观的角度看，是推动纺织经济发展的战略层面的推动力。

例1："二战"后的日本，20世纪50年代引入现代设计，将产品设计作为国家基本国策和经济发展战略，实现了70年代的经济腾飞，成为经济大国。日本的经验是"设计治厂""设计立国"，将设计视为提高产业经济效益和企业形象的根本战略和有效途径，并提出"产业经济=设计力"。

例2：20世纪80年代亚洲四小龙崛起与设计理念的更新密切相关。中国香港地区20世纪70年代成立设计学院和设计创新公司；中国台湾从日本引入现代设计，设立专款奖励设计和创新；新加坡开办设计培训中心和设计展览中心，资助设计推广；韩国通过鼓励设计来实现劳动密集型产业向高科技开发型企业的转型。

例3：纺织经济是英国的支柱产业，在20世纪70~80年代，英国政府（撒切尔夫人）组织企业家、高级管理人员、设计人员参加"产品设计和市场成功"研讨班，奠定了英国经济从纯生产到产品创新的战略转型。产品设计不仅推动了英国的工业，而且挽救了英国的商业。1997年英国首相托尼·布莱尔将文化创意产业作为国家重要产业加以重点政策支持，成立了英国"创意产业特别工作小组"，1998年出台的《英国创意工业路径文件》中更明确地提出了"创意工业"（creative industries）的概念。提出把文化创意产业作为英国振兴经济的聚焦点。

创意产业提出十年间，根据美国的统计，设计投入1美元，产出2500美元；日本通过设计创新创造的产值占51%，通过技术改造创造的产值占12%。

（2）纺织品设计是纺织经济体的管理手段之一，纺织品设计通过塑造企业文化来参与管理。纺织品设计是塑造企业文化的重要手段，企业识别系统CI设计（corporate identity）和企业文化塑造，对于企业管理，特别是跨国企业集团的管理起到积极的作用。服装与家纺企业需要强调产品与企业形象的统一，促进企业的产品设计管理，生产管理、产品销售管理。著名奢侈服饰品牌CHANEL的成功就是有效地将企业的形象设计与产品形象有机结合，通过产品设计的成功推动企业形象的建立，企业形象的建立又对产品开发起到积极的促进作用。CHANEL产品与企业形象如图2-2-1所示。

图2-2-1　CHANEL产品与企业形象

（3）纺织品设计是增加附加值的有效方法，高附加值一直是纺织产品设计的目标。

商品的附加值是指企业得到劳动者协作而创造出来的新价值。它由销售金额中扣除原料费、劳动力费、设备折旧费等后的剩余费用及人工费、利息、税金和利润组成。纺织品的价值体系中产品的经济价值是稳定的，附加值的实现需要提高产品的艺术价值来完成。高附加值是追求"稀有价值""设计价值""心理价值""信息价值"，追求"功能""材料""感性"的三者统一，附加值的提升需要通过产品设计来完成。

人的三类消费层次：第一层次是衣食住行，生存需要；第二层次是追求共性，流行和模仿，满足安全和社会需要；第三层次是追求个性，前两个层次满足人有我有的需求，是物的需求和低附加值产品为主第三层次满足人有我优，人无我有的愿望，是"知"的满足和高附加值产品。社会发展进步的必然规律是"物"的经济向"知"的经济发展，产品设计是促使"物"的经济向"知"的经济转化的有效手段之一。中国品牌服装与PRADA、CHANEL国际奢侈品牌时装的价值差异正是"物"的经济向"知"的经济的价值差异的体现。

以中国香港服装设计和需求为例，对比20世纪50年代和90年代的服装消费趋势，随着社会经济发展，作为日常生活必需物质消费的服装的需求变化体现了追求个性是纺织品消费的趋势，纺织品设计是满足这一需求变化的唯一手段：①趣味（个性）大幅增长；②悠闲（舒适）大幅增长；③炫富（奢侈）平稳；④正统（正规）大幅下降；⑤功能（特殊）平稳。

（4）纺织品设计与生产和消费的关系密切，纺织品设计为生产服务，通过设计来创造纺织品消费。

首先，纺织品设计为生产服务。设计是生产的组成部分，是生产的前导，设计是纺织产品生产流程的第一环节；设计为生产服务，为工厂建设发展，纺织产品改良和创新服务；纺织品设计师要学习生产流程，与生产者的交流和沟通；生产部门必须认识设计，参与设计的审定并给予高效率的支持。总之，设计通过生产得以实现，使经济关系具体化，使产品的经济价值得以高效率实现。

其次，纺织品设计创造消费。消费是产品的消费，更是设计的消费；设计为消费服务，满足各消费层消费者的各种消费需求；设计创造消费，通过"流行"推销设计。例如，服装是服装设计师的成果，是物化的设计，消费者在消费服装时，同时消费了面料设计、包装设计、展示设计、广告设计、售后服务。总之，设计是最有效的推动消费的方法，它触发消费的动机。

从石器时代、农耕时代、工业化时代到如今的信息化时代，纺织都是国家经济的最重要组成部分之一，纺织品设计以满足消费需求为目的，通过创造纺织产品的附加值来决定纺织企业、纺织行业、纺织产业，以至于纺织经济的发展趋势，间接影响整个国家的国民经济，这正是纺织品设计经济特征的具体表现，纺织经济发展离不开纺织品设计的创造性活动。

四、"艺工商结合"的纺织品设计思想

纺织品设计的目的在于实现纺织品的高附加值，这是一种典型的创造性活动。纺织品的附加值的提高具体表现在如何有效提升纺织品表面的美学特征（造型美、纹饰美和色彩美）以及内在深层次的美学特征（材质美和工艺美）上，而附加的商品美特征是通过纺织品附加值的实现进而实现纺织品设计价值的必要条件。

具体分析：纺织品设计属于应用学科，体现了应用技术和实用艺术的基本特征，其产品设计是纺织科学技术和纺织文化艺术的共同载体，两者的交融既体现在动态的纺织品设计过程中也蕴含在静态的具体的纺织产品中，所以在追求纺织品的艺术美和艺术价值的同时，需要兼顾其内在的技术美特征，当这种艺术与技术的交流、融合，达到统一的时候，一件艺术上美丽、技术上合理的纺织产品便产生了，这就是纺织品设计获得成功的指导思想，也就是艺术与技术相结合的研究方法论。

通过纺织产品表现出来的纺织艺术与纺织技术的关系是一种静态的美学特征。通过对这种静态的美学特征的把握，在创新设计实践中，纺织艺术与纺织技术的关系将融合在整个设计过程中，反复地发展和交融，形成一种动态的纺织艺术与纺织技术相互作用、交融的关系，直至创新设计过程的完成。所以从广义看，在纺织产品这一个共同体中，纺织艺术与纺织技术虽然演绎着各自平行的发展轨迹，但又相互关联和影响，不断地寻找交融的契机，每一次完美的结合交融就会引发一次纺织产品的变革，而带来这种契机的正是纺织艺术与纺织技术的共同载体，即纺织产品的创新设计，所以利用艺术与技术相结合的方法论是进行纺织品设计研究的最佳选择。该方法论适用于一种产品、一类产品到相同性质的所有产品的创新设计。

艺术与技术相结合的方法论认为合格的纺织品设计师应该具有艺术家和科学家的双重身份，这样才能在设计过程中找到艺术与技术结合的切入点，使纺织品设计创新的研究和实践更具有生命力。

另外，纺织品现阶段是商品，纺织品设计创新必须遵循其经济特征，即纺织品附加的商品美特征（需求美和价值美），虽然纺织品设计的经济特征是相对的，只存在于某个历史时期，但在市场经济的现阶段，纺织品也是商品的一种，"技术与艺术"结合虽然可以设计出完美的纺织品，但把握设计与生产、设计与消费的基本关系对于现阶段实现纺织品的经济价

值，提升其附加值至关重要。所以，纺织品设计创新需要在纺织品设计过程中同步强化其艺术特征、技术特征和经济特征的表现形式，从而有效提升设计产品的物质价值和精神价值，即"艺工商结合"的设计方法论是现阶段纺织品设计创新获得成功的基础。

由于纺织品设计体现了实用艺术与应用技术结合的基本特征，而且现阶段纺织品是商品，纺织品设计必须遵循其经济特征，把握纺织品设计与生产、设计与消费的基本关系。

综上所述，纺织品设计的美学特征由表面的艺术美特征、内在的技术美特征和附加的商品美特征组成。纺织品设计的艺术特征、技术特征和经济特征是提升纺织品附加值决定因素，也是推动纺织经济发展的重要因素。任何优秀的纺织品都是在纺织品设计行为过程中，通过"艺工商"的完美结合，使凝结在纺织品上的三个部分（艺术美、技术美、商品美）七个层面（造型、纹饰、色彩、材质、工艺、需求、价值）的美学特征达到最优化的产物。

第三节　纺织美学

美学的诞生源于人类对美的现象的认知和对美的现象的研究所形成的知识体系，研究美的学科随着产生，也就是美学。由于人类生活中的艺术审美活动是美学诞生的主因，因此艺术与美学是同源的。

美学自诞生以来发展非常迅猛，美学第一阶段发展动力源于生活中的艺术审美，艺术美学在艺术创造中的价值被发现；美学第二阶段发展动力源于生活中的技术审美，技术美学在物质创造中的价值被发现；美学第三阶段发展动力源于生活中的商品审美，商品美学在时尚引领中的价值被发现。如今艺术美学、技术美学和商品美学已经成为美学研究最重要的三部分内容。

一、概述

在美学发展的各个阶段，纺织是一直是最重要的影响因素之一。在美学发展的第一阶段，7000年前纺织品已经成为人类生活的必需，纺织品成为艺术审美的对象，艺术美学在艺术创造中的价值被发现；在美学的第二阶段，由于工业革命带来产业变革，现代设计技术美学在物质创造中的价值被发现，而纺织技术发展是工业革命开始的标志；在美学的第三阶段，第三产业特别是创意产业异军突起，使商品美学在时尚引领中的价值被发现，纺织产业也从传统制造业向时尚产业发展。

（一）纺织美学的概念

1. 纺织美学的定义

纺织美学是美学的一个研究分支，是人们在纺织生活（物质生活与精神生活）的基础上产生和发展起来的，是研究纺织美的本质、美感、美的创造及美育规律的一门学科。

纺织品创造离不开美学的指导，因此，纺织美学可以说是纺织品设计的人文基础。在纺织品设计过程中的审美包括设计作品（产品）静态的和设计行为动态的艺术美、技术美、商品美特征。

2. 纺织美学的历史

纺织美学与美学具有相同的历史。7000年前，自人类纺织活动发端起，原始的纺织美学就已经存在。1750年，美学成为独立学科后，纺织美学就是其中重要的组成部分。纺织美学经历了三个阶段，分别是纺织艺术美学研究阶段，纺织艺术美学和纺织技术美学二合一研究阶段，纺织艺术美学、纺织技术美学和纺织商品美学三合一研究阶段。

工业革命前纺织品艺术设计创造研究是纺织美学发展第一阶段研究的主要内容；工业革命后"艺工结合"的纺织品设计创造研究是美学发展第二阶段研究的主要内容；创意产业提出后"艺工商结合"的纺织品时尚设计创造研究是美学发展第三阶段研究的主要内容。图2-3-1所示是纺织美学的发展沿革。显然，纺织美现象是美学产生和发展的主要动力，纺织美学是美学研究的重要组成部分。

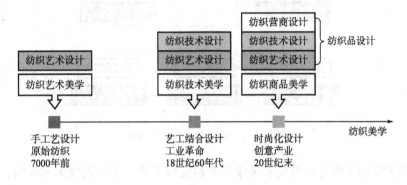

图2-3-1 纺织美学的发展沿革

（二）纺织美学研究的对象和定位

1. 纺织美学研究的对象

纺织美学研究的是人类在纺织生活中的审美（现象、活动），即人类在纺织产品及其创造过程中具体的审美对象和审美体验，审美对象包括纺织品外在的艺术美、内在的技术美和附加的商品美及其创造过程的审美；从纺织审美体验的客观到主观。图2-3-2所示是纺织美学的研究对象，包括纺织艺术美、纺织技术美和纺织商品美，而三者的结合是优秀设计的基础，也是创造优秀纺织品的必要条件。

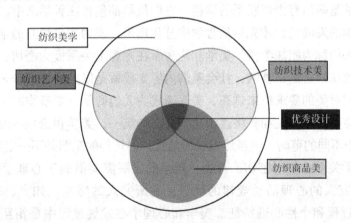

图2-3-2 纺织美学的研究对象

2. 纺织美学的学科定位

从学科上看，纺织美学是美学的重要组成部分，隶属人文学科，是一门交叉学科，以研究人类纺织生活和纺织创造过程中的审美现象和审美活动为核心内容。

美的表现形态：自然美现象、社会美现象和艺术美现象。纺织美学具有纺织人文哲学思辨和纺织人文科学实践的双重属性，解决与美学相关的理论问题。纺织美学与美学一样，从纺织的自然美现象、社会美现象中提炼出纺织艺术美学的主要特征，并逐步发展出纺织技术美学、纺织商品美学。目前纺织艺术美学、纺织技术美学和纺织商品美学已经成为纺织美学研究的主要内容，如图2-3-3所示。

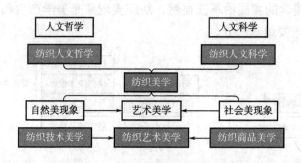

图2-3-3　纺织美学的研究内容

分析纺织美学的学科定位需要从美学的学科定位开始。美学隶属人文学科，是一门交叉学科，以研究人的审美现象和审美活动为核心内容的学科。从学科上分析，美学不隶属于自然学科，美有自然属性；美学不隶属于社会学科，美有社会现象；所以，美学隶属于人文学科，即哲学范畴下的人文哲学（形而上学），科学范畴下的人文科学（精神现象）。美学具有人文哲学思辨和人文科学实践的双重属性。美学的学科定位需要从美学与哲学的关系、美学与伦理学的关系、美学与心理学的关系、美学与艺术理论的关系入手分析。

美学与哲学的关系最直接、最密切，哲学是美学的基础，美学是人文哲学下的一个分支。哲学一般原理（真）可以指导美学对审美现象这一特殊规律的研究，但它不能代替美的具体研究。

美学和伦理学是两门有密切联系的学科。它们最早都包含在哲学之中，是哲学的有机组成部分。随着科学的发展它们才先后从哲学中分化出来，成为各自独立的学科。因此，美学和伦理学常常被人们称为姐妹学科。美学和伦理学在内容上关系极为密切。因为美是以善为基础的，凡是美的东西必定是善的，社会美的内容实质就是以美的形式来表现善。而且随着社会的发展，人们对美的要求越来越高，美逐渐成为人们衡量一切事物的一个重要尺度。从长远来看，在社会生活中，美和善将逐步达到高度的统一，美学和伦理学的联系将进一步加强。美和善是两个不同的范畴，美虽然以善为前提，但是善的东西并不一定都是美的。

美学和心理学关系也相当密切。首先，美学的发展需要借助于心理学研究的材料和成果。心理学是研究人的心理活动规律的科学，它研究人的感觉、知觉、表象、情感、意志、理性等心理过程和个性心理特征。美学和心理学在发展过程中是相互促进的，但二者又有各自的研究对象和范围。因此，不能把美学归结为心理学，也不能用美学代替心理学。审美心理学也仅是美学研究的部分内容，而不是全部，而且审美心理学也不能等同于一般的心理学。

美学与艺术理论主要不同点：一是研究对象不同，艺术只是审美领域的一个典型，美学不仅研究艺术，也研究一般的审美活动，艺术学研究对象主要是艺术；二是研究角度不同，美学曾经叫艺术哲学，可见美学主要是从哲学角度研究艺术，而艺术学则比较侧重现实层面。

纺织美学作为美学的重要分支，是纺织品设计的人文基础，纺织艺术美学、技术美学、商品美学的兴起有其历史的必然，1750年美学成为独立学科后迎来大发展，纺织美学在纺织品设计创造中的作用也越来越大。纺织美学在美学中的学科定位如图2-3-4所示。

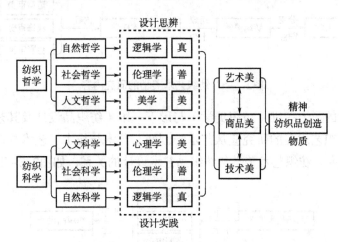

图2-3-4 纺织美学在美学中的学科定位

二、纺织艺术美学

艺术美学与美学同源，艺术美是最基本的审美标准，纺织艺术美学是纺织品艺术设计的人文基础与理论依据。

（一）纺织艺术美学的概念

1. 纺织艺术美学的定义

纺织艺术美学是纺织美学的重要组成部分，纺织的艺术美是纺织美学最早的表现形式和审美标准。

纺织艺术美学研究纺织艺术的审美对象和审美体验，是研究人们纺织生活中艺术美的审美本质、审美对象、审美体验以及纺织艺术美创造的一门学科。

纺织艺术美学研究的目的是揭示人们在纺织生活中的艺术审美规律，用于指导纺织品艺术设计，创造具有艺术美特征的纺织产品。

2. 纺织艺术美学的产生与发展

自从有了人类社会，美就开始萌芽，继而产生、发展，历经万年。从原古人的刀伤剑痕、泥土文身、兽皮裹身，到颈部挂满了贝壳、兽齿，头上插满了野鸡翎，都表明人们是在生产劳动和社会实践中创造了美，或为了生存和劳动的需要，或成为原始部落的装束需要。

所以，纺织艺术美学的产生源于人们纺织生活的审美需要，可以具体进行分类，如生理和心理的需要，以及游戏、祭祀和劳动的需要。

（二）研究内容和基本特征

1. 纺织艺术美学的研究内容

纺织艺术美学是纺织美学的重要组成部分，隶属人文学科，是一门交叉学科，以研究人类纺织生活过程中纺织艺术的审美现象和审美活动为核心内容。

纺织艺术美学的研究内容如图2-3-5所示，包括纺织造型、纹饰、色彩的审美规律，以及纺织艺术美的创造方法。

图2-3-5 纺织艺术美学的研究内容

纺织艺术美学的形上一维（纺织美学）与形下一维（纺织品设计及其艺术美特征）存在着相互关系。对纺织艺术美的研究应从艺术与创造、艺术与技术、艺术与产品（商品）三个维度多层面加以研究。纺织艺术美学与纺织品艺术设计的关系，如图2-3-6所示。

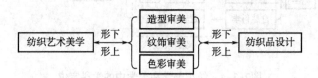

图2-3-6 纺织艺术美学与纺织品艺术设计的关系

纺织艺术美学（纺织造型、纹饰、色彩）的审美规律包括静态的纺织产品和动态的纺织品艺术设计过程中的审美规律。纺织品艺术设计内容如图2-3-7所示。

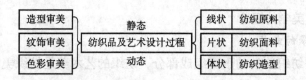

图2-3-7 纺织品艺术设计内容

2. 纺织艺术美学的基本特征

纺织品的艺术美学研究纺织品和纺织品设计环节中外在的艺术审美特征，它决定了纺织品外在视觉艺术和装饰艺术的美感的实现。

纺织艺术美学具有静态的纺织艺术审美（产品）特征，包括纺织品外在的造型美、纹饰美和色彩美，是一种直观的视觉艺术效果和审美体验。

纺织艺术美学具有动态的纺织艺术审美（设计过程）特征，即纺织品在造型设计、纹饰设计和色彩设计中表现出来的、能动的艺术美的创造，是一种在纺织品艺术美创造过程中获得的独特的审美体验。

纺织艺术美学具有静态和动态纺织艺术审美相结合的特征。静态的纺织品审美体验和动态的纺织品设计的审美体验统一在整个纺织品设计的设计流程中。纺织品设计师的艺术认知、意志和情感综合体现在纺织品的艺术价值中。

综上所述，纺织艺术美学是纺织美学的最重要组成部分，纺织艺术美学属于人文学科，是纺织学、艺术学和美学的交叉学科。纺织艺术美学是纺织品设计实现艺术美的人文基础，纺织艺术美学研究纺织品及其创造过程中的艺术审美现象、审美活动、审美规律和审美价值。

三、纺织技术美学

技术美学是在现代人文基础上研究人、技术和自然之间审美关系的一门学科，它关注人类在实践活动中对技术非人性的遏制，并非美学简单地应用于技术，而是着重于更为根本的人类技术活动的审美化，即人类生存状态的审美化。技术美学改变人们唯艺术美的审美习惯和标准，侧重于美学的应用。纺织技术美学是纺织品技术设计的人文基础和理论依据。

（一）纺织技术美学的概念

1. 纺织技术美学的定义

纺织技术美学是纺织美学的重要组成部分，纺织的技术美是纺织技术发展的必然结果，是纺织美学重要的表现形式和审美标准，纺织技术美学研究纺织技术的审美对象和审美体验。

纺织技术美学是研究人们纺织生活中技术美的审美本质、审美对象、审美体验以及纺织技术美创造的一门学科。

纺织技术美学研究的目的是揭示人们在纺织生活中的技术审美规律，用于创造具有技术美特征的纺织产品。

2. 纺织技术美学的产生与发展

技术美学产生源于18世纪中叶的工业革命，工业革命的标志是珍妮纺纱机。工艺美术革命是技术美学诞生的基础，工艺美术革命运动的发起人威廉·莫里斯是纺织美术设计师，纺织美术设计创新是主要内容。

纺织技术美学与技术美学的产生与发展同步，且是技术美学的代表性内容，纺织技术美学的产生源于18世纪中叶的纺织行业技术革命，人们在纺织生活中越来越感受到技术进步对纺织品美的创造的重要性。纺织材料、纺织面料和纺织造型的材质和加工工艺的技术进步为纺织美学的发展增添了新的内容。

人类生存的第一个前提是要从事生产劳动，以获取维持生存的物质资料。物质生产活动是人类最基本的行为方式，它是具有明确目标的创造性活动。西方古希腊时期，人们对审美现象的研究，与科学和技术活动结下了不解之缘。人类学表明：人类物质生产活动就是改造自然，必须凭借一定的技术和工具。公元前6世纪由一批数学家和天文学家等所组成的毕达哥拉斯学派，他们提出"美是和谐和比例"的观点，这对于整个西方美学思想的发展具有重大影响。毕达哥拉斯学派认为圆形是体现和谐与比例关系的最美的图形，并且揭示了音阶构成中数的比例关系。毕达哥拉斯学派研究天体运行，认为圆是最理想的型，并发现了著名的"勾股定理"（勾3股4弦5）和黄金分割（1：0.618）。

工业革命后，现代设计之父莫里斯有一句名言："不要在你的家里放一件虽然你认为有用，但并不美的东西"。这给当时的设计师、建筑师、艺术家们以重大的影响。1888年伦敦一批艺术家与技师成立了"英国工艺美术展览会"，出版《艺术工作室》（STUDIO）杂志，广泛宣传莫里斯技术与艺术结合的思想，这就是著名的英国工艺美术运动。技术美学作为一门独立的新兴科学诞生，并影响整个欧洲。1957年于日内瓦成立了国际技术美学协会，标志着技术美学已步入由兴起走向快速发展，从发达国家走向全世界。

（二）研究内容和基本特征

1. 纺织技术美学的研究内容

纺织技术美学是纺织美学的重要组成部分，隶属人文学科，是一门交叉学科，以研究人类纺织生活过程中纺织技术的审美现象和审美活动为核心内容。

纺织技术美学的研究内容如图2-3-8所示，包括纺织品材质、加工工艺和功能的审美规律，以及纺织技术美的创造方法。

图2-3-8　纺织技术美学的研究内容

纺织技术美学的形上一维（纺织美学）与形下一维（纺织品设计及其技术性因素）存在着相互关系。对纺织技术美本体的研究应从技术与创造、技术与艺术、技术与产品（商品）三个维度的审美关系加以研究。纺织技术美学与纺织品技术设计的关系如图2-3-9所示。

图2-3-9　纺织技术美学与纺织品技术设计的关系

纺织品设计为纺织技术美学提供形下的直接经验，纺织技术美学的形上价值又为之提供审美规范和人文导向。

纺织技术美学以纺织美学为学科基础，以形上价值的人文内涵为根基背景，使其不断受到纺织美学的规范（若纺织品设计缺乏形上规范将日益狭隘化、失去方向）。

纺织技术美学（纺织品材质、加工工艺）的审美规律包括静态的纺织产品和动态的纺织品技术设计过程中的审美规律。纺织品技术设计内容如图2-3-10所示。

2. 纺织技术美学的基本特征

纺织品的技术美学研究纺织品和纺织品设计、生产环节中内在的技术美特征，它决定了纺织品外在美学特征和内在实用功能的实现。

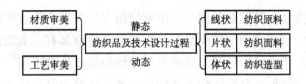

图2-3-10 纺织品技术设计内容

纺织技术美学具有静态的技术美（产品）特征，包括纺织品内在的材质美、工艺美（加工技术）和功能美，是一种间接的美学因素和美的感动。

纺织技术美学又具有动态的技术美（生产过程）特征，即纺织品在材料应用、产品技术加工过程和产品功能技术实现中体现出来的、能动的技术创新。

纺织技术美学还具有静态和动态的技术美结合的特征。静态的、动态的技术美特征统一在纺织品设计的整个设计流程中，综合体现纺织品的经济价值，是实现纺织品艺术价值的基础。

纺织技术美学诞生的初期，诸如纺织"生产美学""劳动美学""工艺美学"的称谓，急需研究和解决的主要问题是纺织劳动生产中的技术与艺术的结合。纺织技术美学成型后，要求人类在纺织生活的设计、生产、流通、消费、服务领域中所有的纺织产品，都要在实现最大的实用价值的基础上，赋有最大的审美功能。因此，纺织技术美学有效推动了工业革命后的纺织产品创造。

四、纺织商品美学

随着信息化时代的来临，人们生产工具的改进、新的原材料的开发、工艺技术的改进影响到产品材料的质地，工艺技术的精巧直接影响产品的艺术风格，一流设计已经不能只注重功能，在具备了基本功能的基础上，各种各样的新材料、新造型在产品上的运用已经成为现在消费者的焦点。同时，随着社会政治经济的发展，消费者的审美观念已经有了很大的改变，这主要表现在：一是对现代先进科学技术的崇尚；二是对现代材质美的向往；三是审美的自我意识的增强。消费者审美自我意识的特点表现在产品审美趣味的差别性、多样性以及对于其追求的强烈性与日俱增。这导致时尚个性化消费成为当今的主流，纺织品营商设计与纺织品艺术设计和纺织品技术设计并重。

商品美学侧重于美学的应用，是除艺术美、技术美外附加的审美标准，纺织商品美学是纺织品营商设计的人文基础和理论依据。

（一）纺织商品美学的概念

1. 纺织商品美学的定义

纺织商品美学是纺织美学的重要组成部分，纺织的商品美是纺织经济发展的必然结果，是纺织美学附加的表现形式和审美标准。

纺织商品美学研究纺织商品美的审美对象和审美体验，是研究人们纺织生活中商品美的审美本质、审美对象、审美体验以及纺织商品美创造的一门学科。

纺织商品美学研究的目的是揭示人们在纺织生活中的商品审美规律，用于创造具有商品美特征的纺织产品。

　　纺织品是典型的商品，纺织商品美学是研究纺织商品美学价值的学科，研究怎样在纺织品设计过程中按照美的规律来创造纺织品。纺织商品的价值具有三重功能，一是实用功能，二是美观功能，三是经济功能。纺织商品美学指导纺织品设计将实用、美观、经济的功能进行统一。纺织商品的美学价值是在纺织品的物质价值和精神价值的基础上体现出来的纺织品的商品价值，即人们对纺织品的需求和纺织品价值实现的统一。

　　纺织商品的造型、纹饰、色彩是艺术审美因素，材质、工艺是技术审美因素，而需求、价值（消费、服务）是商品审美因素。

2. 纺织商品美学的产生与发展

　　工业革命、工艺美术革命、纺织材料创新使纺织产品从短缺到供大于求，从而纺织品的

需求内涵、消费模式发生根本变化，纺织品的商品属性被重新认识。1997年英国著名经济学家、设计师约翰·霍金斯（John Howkins，图2-3-11）提出创意产业，使纺织产品的时尚个性化设计成为主流，约翰·霍金斯也成了世界创意产业之父。

图2-3-11　约翰·霍金斯

（二）研究内容和基本特征

1. 纺织商品美学的研究内容

　　纺织商品美学研究内容是影响纺织品设计构思的需求审美和实现纺织品设计价值的价值审美规律，价值审美包括消费价值和服务价值。

　　纺织商品美学的研究内容如图2-3-12所示，包括纺织商品的需求和价值的审美规律，以及纺织品消费与服务价值的营造方法。

　　纺织商品美学的形上一维（纺织美学）与形下一维（纺织品设计及其商品美特征）存在着相互关系。对纺织商品美的研究应从产品（商品）与创造、产品（商品）与技术、产品（商品）与艺术三个维度多层面加以研究。纺织商品美学与纺织品营商设计的关系如图2-3-13所示。

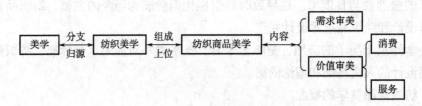

图2-3-12　纺织商品美学的研究内容

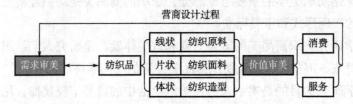

图2-3-13　纺织商品美学与纺织品营商设计的关系

2. 纺织商品美学的基本特征

随着创意产业的发展，人们对纺织品的消费需求从基本物质需求转向时尚个性化消费需求，纺织商品美学研究应运而生，纺织品设计从"艺工"结合发展到"艺工商"结合。纺织商品的美学价值是在纺织品的物质价值和精神价值的基础上体现出来的纺织品的商品价值。人们对纺织品的需求预期通过艺术设计、技术设计完成纺织品的设计创造，并通过营商设计实现纺织品的商品价值的过程审美。纺织商品美学与纺织品设计的关系如图2-3-14所示。

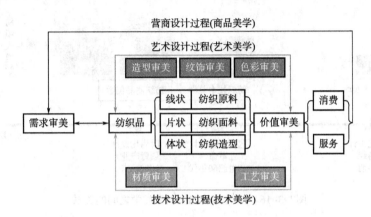

图2-3-14 纺织商品美学与纺织品设计的关系

纺织商品的造型、纹饰、色彩是艺术审美要素，纺织商品的材质、工艺是技术审美要素，纺织商品的需求、价值是商品审美要素，这里的价值包括消费价值、服务价值。

纺织商品美的研究对纺织品流行设计提供必要的理论依据，帮助纺织品从业人员正确看待纺织品的商品属性，减少纺织品开发中的功利性；帮助消费者正确认识纺织品的消费价值，减少纺织品消费中的盲目性。

综上所述，纺织美学的发展和纺织艺术美学、纺织技术美学、纺织商品美学的成型经历长期的过程。图2-3-15所示是纺织美学及其各分支的发展成型历程。

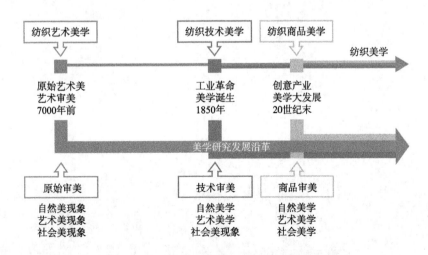

图2-3-15 纺织美学及其各分支的发展成型历程

从纺织美学所涉及的学科分析，纺织艺术美学与艺术学发展密切相关；纺织技术美学与艺术学和工学发展密切相关；而纺织商品美学与艺术学、工学和经济学发展密切相关。在国务院学位委员会、教育部印发的2011年版《人才培养学科目录》中，艺术学类中的设计学、工学类中的纺织科学与工程以及经济学类中的应用经济学是与纺织美学发展直接相关的三个一级学科，如图2-3-16所示。因此，纺织美学的理论体系和主要内容研究不仅具有多学科交叉的特点，同时体现了纺织美学特有的"艺工商"逐步发展到完美结合的历程。

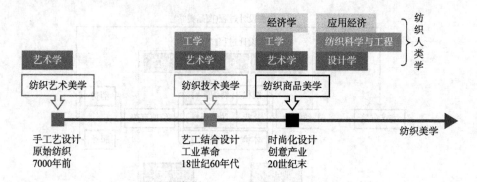

图2-3-16　纺织美学与纺织人类学之间的关系

从纺织与人类的历史渊源、当代现状和未来发展看，纺织美学研究与纺织生活一样将伴随人类文明的发展而不断增添新的内容，不仅为纺织品设计提供必要的人文基础，而且作为纺织人类学的重要组成部分，纺织美学将引导人们纺织生活方式的变迁。

第三章 纺织品设计的基本要素

信息化时代，要成为一名优秀的纺织品设计师首先要了解和掌握纺织品设计的基本要素。纺织品设计的基本要素是指纺织品设计行为实施过程中所必需的主客体组成部分，包括纺织品设计师和纺织品设计作品（产品）两个基本要素。纺织品设计师是从事纺织品设计的主体；纺织品设计作品（产品）是纺织品设计行为创造的客体。纺织品设计的两个基本要素需要通过纺织品设计批评环节来实现其价值，而纺织品设计批评需要对纺织品设计的行为过程和作品（产品）进行客观分析。纺织品设计的基本要素构成如图3-0-1所示。

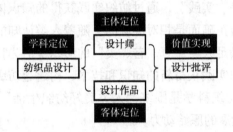

图3-0-1 纺织品设计的基本要素

本章包括纺织品设计的学科定位、纺织品设计师、纺织品设计批评三节内容，鉴于纺织品设计学是纺织学和设计学的交叉学科，在"艺工商结合"纺织品设计理论的构架下，可以从纺织品设计的主观要素（纺织品设计师）和客观要素（纺织品）出发，以"人""物"和"事"结合的宏观设计思想来研究信息化时代纺织品设计行为特征，探讨纺织品设计学的学科定位、纺织品设计师的素质要求、纺织品设计批评的价值实现的三个关键问题。

关键问题：

1. 纺织品设计的学科定位。
2. 纺织品设计师的素质要求。
3. 纺织品设计批评的价值实现。

第一节 纺织品设计的学科定位

人类的生产和活动产生经验，经验的积累形成认知，在哲学层面形成认知体系，是人类生活思辨的基础，认知经验证后上升为知识，在科学层面形成知识体系，是人类实践创新的基础，知识体系归纳划分成学科。

一、纺织品设计的学科特点

1. 纺织品设计的学科溯源

纺织哲学以"真、善、美"为目标对人类的纺织生活进行思辨，纺织哲学的核心思想是"用"，纺织品是人类生活必需的"用品"，纺织品的不同"用途"满足了人类不断变化的纺织生活需求，纺织品的创造要以纺织品的"应用"为先导，纺织哲学构建起纺织品创新所必要的纺织认知和思想体系。纺织科学是人类基于纺织生活这一事实从纺织实践中推导出来的知识，纺织科学的核心是"实践"，通过纺织实践获得的知识体系是动态的，知识及衍生出的各种纺织技术不是绝对正确而是相对准确的，随着人类认知的进步，知识可以被废弃、修正和更新。纺织科学以满足人类"真、善、美"的纺织生活为目标，以"纺织品"创造为核心，不断通过科学的纺织实践获得新的知识和技术，构建起纺织品创新所必要的纺织知识和技术体系。纺织哲学和纺织科学是围绕"人类美好纺织生活"的不断认知思辨和创新实践，是推动人类纺织产业发展的原始动力。

纺织品设计学是纺织学和设计学的交叉学科，正确认识纺织品设计的学科定位是做好纺织品设计研究的基础。正确认识纺织品设计的学科定位需要从零开始，也就是从人类纺织品设计行为的发端开始分析。纺织与人类有着同样悠久的历史，人类从纺织劳动中产生经验，经验的积累和消化形成认识，认识通过思考、归纳、理解、抽象而上升为纺织知识，纺织知识在经过运用并得到验证后进一步发展到科学层面上形成纺织知识体系，处于不断发展和演进的纺织知识体系根据某些共性特征进行划分而成为纺织学科。而设计学则是从美术学/艺术学分离出来的一个分支，在20世纪，随着现代设计理论的形成，设计学才成为一门独立的学科，在国务院学位委员会、教育部印发的2011年版《人才培养学科目录》中，知识体系被分为13个学科门类和110个一级学科，纺织学是工学大类下的纺织科学与工程（0821），一级学科，设计学第一次成为独立的一级学科，即艺术学大类下的设计学（1305）。由于纺织品设计学是基于纺织学知识的产品设计，所以纺织品设计学研究必须将纺织学与设计学研究有机融合，即除了要掌握纺织学的基础知识外，设计学的能力外延也必不可少。

2. 纺织品设计的学科关系

纺织品设计的学科特点如图3-1-1所示，从纺织科学与工程一级学科看，纺织品设计与纺织科学与工程一级学科下的二级学科（或方向）纺织工程、纺织材料与纺织品设计、纺织化学与染整工程和服装设计与工程密切相关；从设计学一级学科看，纺织品设计与设计学一级学科下的二级学科（或方向）视觉传达设计、产品设计、环境设计、工艺美术设计、服装

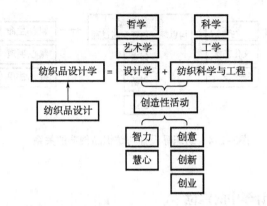

图3-1-1 纺织品设计的学科特点

与服饰设计、数字媒体艺术密切相关。

纺织品设计的方案中需要将纺织文化艺术融入纺织品设计的创造性活动中，也就是构思、规划、预算的过程，来体现创意、创新、创业的预期目标。纺织品设计与设计学的关系如图3-1-2所示。

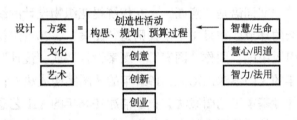

图3-1-2 纺织品设计与设计学的关系

同样，纺织品设计方案中需要有纺织品物化的技术过程，也就是将纺织品制作成型的造物环节，通过纺织品价值的实现来体现纺织品设计的价值，完成创意、创新、创业的预期目标。纺织品设计与纺织科学与工程的关系如图3-1-3所示。

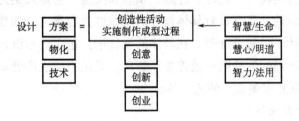

图3-1-3 纺织品设计与纺织科学与工程的关系

纺织品设计与纺织品创造的关系如图3-1-4所示，纺织品创造是纺织品设计将纺织文化艺术和纺织物化技术完美结合的产物，因此，整个纺织品设计过程体现了人类认识世界、改造自然、创造物质、满足需求的智慧。

图3-1-4 纺织品设计与纺织品创造的关系

二、纺织品设计在设计学中的定位

（一）设计学的基本概念

设计学是研究设计的学科，设计是人类为实现某种特定目的而进行的创造性活动。包括设想、运筹、计划、预算，实施等环节，设计的终极目标是实现产品的功能性和审美性。解读设计的起源与特征有利于准确把握纺织品设计的定位。

1. "设计"溯源

设计的英文是Design，拉丁文是Designare，英文"设计"是拉丁文的派生词，既是动词又是名词，相近意义的中文词语是"意匠"，在传统提花织物设计的纹制设计流程中有"意匠"环节，也是最复杂的环节。在日文中设计则是"图案"，20世纪初"图案"与"设计"作为相同意义的词语引入中国，用作"图案""图案设计"或"设计"。中国早期的相关设计论著有陈之佛1930年的《图案法ABC》、1937年的《图案构成法》；傅抱石1935年的《基本图案学》、1936年的《基本工艺图案法》；李洁冰1936年的《工艺意匠》；雷圭元1947年的《新图案学》、1950年的《新图案的理论与作法学》、1963年的《图案基础》、1979年的《中国图案作法初探》、1985年的《中外图案装饰风格》等。

2. 设计的概念

广义概念：设计就是设想、运筹、计划、预算和实施，它是人类为实现某种特定目的而进行的一般性创造性活动。具有针对广义设计的普遍性指导意义。

狭义概念：设计就是设想、运筹、计划、预算和实施，它是人类为实现某种特定目的而进行的特殊性创造性活动。具有针对具体设计的特殊性指导意义，如建筑设计、室内设计、纺织品设计、服装设计、包装设计等。在具体的设计中，包含艺术设计和工程技术设计两个层面的内容。所以设计师的劳动既是精神生产劳动，又是物质生产劳动；设计作品既是强调功能的实用品，又是具有审美意义的艺术品。

3. 与设计相关的其他概念

（1）艺术设计：在绘画、雕塑、建筑、工艺等设计活动中诸多视觉造型因素的配置，强调诸多视觉造型的形式关系。

（2）现代艺术设计/现代设计：在采用机器化生产方式的现代社会中，设计师在注重设计对象的视觉造型和审美效果的同时，强调设计对象功能的创造性活动。

（3）工程技术设计：与产品生产制造相关的材料与加工工艺设计，包含产品工艺参数、设备工艺参数、产品功能和使用性能设计。

设计师的劳动是一种创造性活动，即创新，纺织品设计师的劳动是针对纺织品的创新。

4. 设计的类型

（1）按照不同的分类标准。按空间关系分，有平面设计、立体设计、空间设计；按设计特点分，有二次元、三次元、四次元设计；按设计应用分，有建筑设计、工业设计、商业设计；按设计要素分，有视觉、产品、空间、时间和时装设计。

（2）按设计目的的分类。自然、人、社会是构成世界的三个要素，设计的目的在于满足自然、人、社会三个坐标。根据这一特点，可将设计分成：为了传达交流的设计：视觉传达设计，体现人与社会的关系；为了生活使用的设计：产品设计，体现人与自然的关系；为了居住条件的设计：环境设计，体现自然与社会的关系。

（二）纺织品设计在设计学中的定位

1. 设计学主要学科专业

根据构成世界的三个要素"自然、人、社会"的基本特征，设计学主要学科专业可以分为传达设计类、产品设计类、环境设计类三大类，其他设计可以归入上述三大类设计学科专业中，如数字媒体艺术设计可以归入传达设计类，工艺美术设计、服装与服饰设计可以归入产品设计类。

2. 传达设计类

（1）概念。传达设计是"符号"的"传达"设计。符号是利用一定的媒介来代表或指称某一事物的东西。符号是实现信息存储和记忆的工具，又是表达思想情感的物质手段。人类的思维和语言交流都离不开符号，只有依赖符号，人们才能进行信息的传递和相互交流。"视觉符号"就是人眼看到的一切。传达是指信息发送者利用符号向接受者传递信息的过程。所以视觉传达设计的概念就是利用视觉符号来进行信息传达的设计。英文可以是"visual communication design""graphic design""information design"。造纸、印刷、摄影、电视、计算机和网络信息技术的进步是推动视觉传达设计发展的原动力。

（2）涉及领域。从空间关系分类，视觉传达设计在二度空间设计上包括字体、标志、插画、编排、书籍装帧、海报招贴、影视平面设计等设计内容；在三度空间设计上包括包装设计、展示设计等设计内容；在四度空间设计上包括广告设计、舞台设计、影视节目设计等设计内容。

3. 产品设计类

（1）概念。产品是人类生产制造的物质财富。由一定材料以一定结构形式结合而成，是具有相应功能的客观实体，是人造物，不是自然而成的物质，也不是抽象的精神世界。产品设计是对产品的造型、结构和功能等方面进行综合性的设计，以便生产出符合人们需要的实用、美观、经济的产品。产品是建立在"第一自然"上的"第二自然"，产品的应用功能、艺术造型和物质技术条件是影响产品设计的三要素。

（2）涉及领域。二度空间平面的产品设计（纹样设计、壁纸设计、插画、编排、书籍装帧、海报招贴、影视平面设计等）；三度空间立体的产品设计（服装设计、家具设计、日用品设计、交通工具设计等）。

4. 环境设计类

（1）概念。环境是围绕和影响着生物体的周边的一切外在状态，人类是环境的主体，能够创造和改变环境，在自然环境上创造出符合人类意志的人工环境，这就是环境设计的目的。环境设计是人类生存空间的设计，而产品设计是空间中的要素设计。人、建筑、环境的相互和谐，是环境设计所追求的效果。

（2）涉及领域。环境设计包括自然环境设计和人工环境设计；建筑室内环境和室外环境设计；三度空间立体设计（城市规划设计、建筑设计、室内设计、室外设计、公共艺术设计）。

5. 纺织品设计在设计学中的定位

（1）概念。纺织品设计是针对纺织产品的构想、规划、预算和实施，它是一种目的明确的创造性活动，纺织品设计的目标是追求高附加值的纺织产品，纺织品设计的价值由纺织产品的市场接受程度，即产品的附加值所决定，其核心是纺织产品。纺织品设计师既要满足精神生产需要，又要满足物资生产需要；纺织品既是强调功能的实用品，又是具有审美意义的艺术品。

纺织品设计的内容包括各类型纺织产品（原料制成品、面料制成品及面料造型制成品）的设计原理和设计方法、与产品制作相关的加工工艺和与产品流通相关的商务和营销策略等。

纺织品设计过程从纺织产品构思开始，经过纺织产品的物化加工，直到纺织产品进入流通环节实现其价值，其过程融合了纺织文化艺术、纺织物化（工程）技术和纺织商品经济三个层面的基本要素，是一个"艺工商结合"的产品创新过程。纺织品设计过程凝聚了纺织品设计师的劳动和情感。纺织品设计不仅具有设计学的共性特征，而且又具有丰富的纺织产品的个性特征。

纺织品设计的目标是实现纺织品的功能性和审美性。纺织品的功能性是指纺织品的实用性，就功能性而言，纺织品设计需要掌握相关的数学、物理学、材料学、机械学、工程学、电子学、经济学等自然科学知识，也就是纺织科学知识；纺织品的审美性是指纺织品的美观性，就审美性而言，纺织品设计需要掌握美学、色彩学、构成学、民俗学、心理学、传播学、伦理学等。

从纺织品设计概念的本质和内容看，纺织品设计是一项技术与艺术相结合的创造性活动，其核心是纺织产品。由于纺织品现阶段是商品，因此纺织品设计必须是一个"艺工商结合"的产品创新过程。而纺织品设计的学科定位与设计学密切相关。

（2）特点。从设计学的角度看，纺织品首先是产品，所以纺织品设计是一种具有综合性特征的产品设计，纺织品设计符合产品设计的一般性原理，同时，纺织品的设计与应用，与视觉传达设计和环境设计有着必然的联系。表3-1-1中给出纺织品设计在设计学中的设计定位，以及与各种设计之间的关系和具体表现形式。

纺织品设计是一种具有综合性特征的产品设计（手工艺品和工业产品），纺织品设计符合产品设计的一般性原理，但其设计和应用与传达设计（数字媒体）和环境设计（室内外）有着必然的联系。

表3-1-1 纺织品设计在设计学中的设计定位

纺织品设计	传达设计	产品设计	环境设计
二维平面设计	纺织图案设计、平面设计	纺织原料、面料设计	室内外纺织环境、装饰设计
三维立体设计	纺织包装、陈列展示	纤维艺术、服装服饰造型	纤维艺术、家纺装饰造型
四维空间设计	纺织数媒、影视广告	动态虚拟服用效果	动态虚拟装饰效果

三、纺织品设计在纺织科学与工程中的定位

（一）纺织科学与工程的基本概念

纺织科学与工程隶属于工程学科，工程学科是工业革命发展的必然产物，是将自然科学原理应用到生产制造部门中形成的各学科的总称，包括纺织工程、机械工程、水利工程、化学工程、土木建筑工程、遗传工程、系统工程、生物工程、海洋工程、信息工程等。工业革命后工程技术的发展使纺织工业成为工业革命发展的标志性产业之一，纺织工业的飞梭技术和珍妮纺纱机不仅是纺织工业发展的标志性技术，也是工业革命开始的标志。解读工程的起源与特征有利于准确把握纺织品设计的定位。

1. "工程"溯源

"工程"是一门独立学科和技艺。18世纪，欧洲创造了"工程"一词，用于描述兵器制造等军事目的的各项劳作。随着人类文明的发展，人们从制造单一产品（结构或功能单一）到人造系统（如建筑、轮船、铁路工程，海洋、航天工程等）。

2. 工程的概念

广义概念：工程是由一群人为达到某种目的，在一个较长时间周期内进行协作活动的过程。

狭义概念：工程是应用有关的科学知识和技术手段，通过一群人的有组织活动将某个（或某些）现有实体（自然的或人造的）转化为具有预期使用价值的人造产品的过程。

在具体的工程设计过程中，包含艺术性和技术性两个层面的内容。在纺织品的设计过程中，包含纺织艺术设计和纺织技术设计两个层面的内容。两者相辅相成，不分伯仲。工程设计方案的优劣需要产品来证明。

3. 工程的分类

在高等学校中，将自然科学原理应用至工业、农业、服务业等各个生产部门所形成的工程学科也称为工科或工学。

按照不同的学科专业和应用领域，工程学科的专业可以分为仪器仪表、能源动力、电子信息、电气信息、交通运输、海洋工程、轻工、纺织、航空航天、力学、生物工程、农业工程、林业工程、公安技术、植物生产、地矿、材料、机械、食品、武器、土建、水利、测绘、环境与安全、化工与制药等。

（二）纺织品设计在纺织科学与工程中的定位

1. 纺织科学与工程主要学科专业

按纺织品设计生产的技术流程分，纺织品设计的技术环节主要包括纺织材料、纺织工程和纺织染整的技术过程。如图3-1-5所示，纺织品设计从原料设计、面料设计到面料造型设

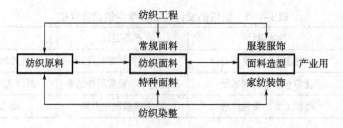

图3-1-5 纺织品设计的技术流程

计，纺织品的应用包括服装服饰用纺织品、家纺装饰用纺织品和产业用纺织品三大类，而整个技术流程图中纺织工程技术提供从原料到成品的加工技术（包括服装服饰用纺织品、家纺装饰用纺织品和产业用纺织品的成品加工技术），纺织染整提供从原料到成品的印染和整理技术。因此，根据纺织品设计的技术流程的基本特征，纺织科学与工程主要学科专业可以分为纺织材料类、纺织工程类、纺织染整类三大类。纺织材料类是纺织品材料的设计成型，是纺织品物化的材料基础；纺织工程类是纺织品加工工艺过程，是纺织品物化的工艺基础；纺织染整类是纺织品功能的设计成型，是纺织品物化的功能基础。纺织品根据不同的应用领域，如人体装饰需要的服装服饰用纺织品、人居装饰需要的家纺装饰用纺织品和产业功能需要的产业用纺织品，所应用的纺织材料类、纺织工程类、纺织染整类技术和过程各有不同，需要纺织品设计来统筹解决。而其他细分的工程技术可以归入上述三大类学科专业中，如服装设计与工程、丝绸设计与工程、非织造材料与工程可以归入纺织工程类。

2. 纺织材料类

（1）概念。纺织材料学科属于纺织与材料工程的交叉学科，是研究纺织材料加工、结构、性能及三者之间关系认知与表征的学科。材料是人类赖以生存和发展的物质基础，与国民经济建设、国防建设和人民生活密切相关。新材料的研究开发是我国科研领域的重要战略内容之一，而纺织材料是用于制作纺织品的材料。

（2）涉及领域。广义的纺织材料是指从纤维到纤维制品的所有纺织材料，包括纤维、纱线等线状的纤维原料制成品，机织物、编织物和非织造物等片状的面料（织物）制成品，以及服装服饰、家纺装饰和产业用等体状的纺织造型制成品。狭义的纺织材料仅指各种纺织纤维和初级的线状纺织原料制成品。

现代纺织中，纺织用新纤维材料的研发，特别是纳米纤维等新纤维材料的开发和应用，突破了传统意义上的纺织材料的概念。纺织材料成为软物质材料的重要组成部分，以新"形"纤维及其复合形式、应用方式为研究主体是现代纺织材料的基本特征之一。

3. 纺织工程类

（1）概念。纺织工程学科是纺织科学与工程一级学科下最早的二级学科，是研究纺织制造的装备、工艺理论及过程质量控制的一门学科。纺织工程学科属于纺织与机械工程和信息工程的交叉学科。

纺织是建立在纤维材料的基础上，多尺度、多层次地研究纤维和纤维集合体的形态、结构与性能、加工工艺与设备、纤维制品的功能、性能和美学特征等要素及其相互关系和规律的学科，联系着人类文明的起源和人类健康安全。纺织是民生产业，是我国的支柱产业和国际竞争优势明显的产业，传统纺织产业属于制造业，纺织产品的加工制造属于纺织工程的范畴。

（2）涉及领域。重点研究内容包括纺织制造的工艺理论与技术，纺织装备自动化、智能化与数字化技术以及纺织加工过程的控制与检测等。其中，纺织制造加工工艺理论是基础，制造技术与装备是根本，加工过程的质量控制与检测是关键。

纺织制造加工包括纺织原料、纺织面料、纺织面料造型的制造加工方式。纺织原料包括丝、纱、线及其特种纺织原料的制造加工方式。纺织面料包括机织、编织和非织造三种传统面料制造加工方式，以及三向、多向、多层、无缝等特种面料制造加工方式。纺织面料造型包括服装服饰用纺织品、家纺装饰用纺织品和产业用纺织品的制造加工方式。

4. 纺织染整类

（1）概念。纺织染整类学科是研究纺织用化学品及其染整加工技术和过程的学科，属于纺织与化学工程的交叉学科。

功能化是纺织品的发展趋势之一，各种功能整理已成为纺织品染整加工的重要组成部分。纺织化学与染整工程研究的应用广泛，如面料的防皱免烫、防油防水、易去污、防静电、防紫外线、防红外线、防辐射、阻燃、夜光、抗菌防臭、防霉变、止血、抗冻疮、防昆虫等功能。除此之外，可穿戴电子产品和人体血管、组织修复等医用产品也是纺织化学与染整工程当今和未来研究和开发的热点之一。

（2）涉及领域。纺织品染整是纺织产业链上的重要环节，是纺织品深加工、精加工和提高附加值的关键工序，在纺织品高档化、功能化、生态化等方面起着决定性作用。染整化学品的设计、制备技术到应用工艺的研究，目的在于开发适应染整清洁生产、功能性染整技术和新纤维染整技术的化学品，研究染整化学品的绿色制备技术，新型染整化学品结构与性能测试表征技术。

5. 纺织品设计在纺织学中的定位

从纺织学的角度看，纺织品首先是产品，所以纺织品设计是一种具有综合性特征的纺织品设计成型的过程，纺织品设计符合纺织学的一般性原理，同时，纺织品的设计与纺织材料、纺织工程、纺织染整有着必然的联系。

纺织品设计行为具有特定性，是针对具体纺织产品的创造性活动，纺织品工程制造是将设计的纺织作品（产品）制作成型的造物过程。具体讲就是针对某一种纺织产品的设想、规划、预算的设计方案进行实施，它是一种目的明确的创造性活动。表3-1-2所示为纺织品设计在纺织学中的工程定位，以及与各种纺织工程技术之间的关系和具体表现形式。

表3-1-2　纺织品设计在纺织学中的工程定位

纺织品设计	纺织材料	纺织工程	纺织染整
原料设计	天然纤维、人造纤维	机织、编制、非织特种织造	常规整理、功能化整理
面料设计	纯织面料、交织面料	素织物、花织物	常规面料、功能化面料
造型设计	纤维艺术	纤维艺术、面料艺术	纤维艺术、面料艺术、服装和家纺艺术

纺织品设计是一种具有综合性特征的纺织产品设计（手工艺品和工业产品）和成型的创

造性过程，纺织品设计符合纺织产品设计和制作成型的一般性原理，其设计和应用与产品设计（人事物）、传达设计（数字媒体）和环境设计（室内外）有着必然的联系，其制作和加工与纺织材料（丝纱线）、纺织工程（原料、面料、造型）和纺织染整（印染、整理）的工程技术有着必然的联系。纺织品设计的学科定位如图3-1-6所示。

环境设计
视觉传达设计
产品设计
哲学 ——→ 艺术学 ——→ 设计学
科学 ——→ 工学 ——→ 纺织科学与工程
} 纺织品设计学 ——→ 纺织品设计
纺织材料
纺织工程
纺织化学与染整工程

图3-1-6 纺织品设计的学科定位

第二节 纺织品设计师

在纺织品设计行为过程中纺织品设计师是主体，是实施纺织品设计行为的能动的人的因素，是纺织品设计行为的主导。纺织品设计师的任务是通过自身的智力和体力劳动，为人类美好的纺织生活创造符合人们消费需求的高附加值的纺织品。根据纺织品设计的美学特征，纺织品设计师需要具备纺织科学技术、纺织人文艺术的知识和技能；纺织品设计师既是精神生产劳动者（脑力劳动），又是物质生产劳动者（体力劳动）；纺织品设计师的职责是为人类美好的纺织生活不断创造满足人们需求的纺织产品。

一、设计师的历史演变

设计师是从事设计工作的人，纺织品设计师是从事纺织产品设计工作的设计师。纺织品设计师具有设计师的一切共性，也具有引领纺织产品创新的独特魅力。

人类第一类设计师是制作石器工具的人，在七八千年前的原始社会末期，第一次社会大分工，手工业从农业中分离出来，出现了从事手工业的工匠。中国古代织匠的始祖是皇帝、嫘祖和黄道婆，染匠的始祖是葛洪。西方古希腊罗马时期的手工业也进行了分工，到13世纪的中世纪时期，欧洲出现专门的应用纺织机械的纺织设计师；到15~16世纪文艺复兴时期，从工匠中分离出艺术家、专业设计师；在19世纪工艺美术运动后，“美术加技术”成为纺织品设计的主流，确定了纺织品工艺师的地位；到20世纪包豪斯开始培养现代意义的专业设计师，从而确定了设计师的定位。因此，从设计师角色的历史演变看，设计师在二三百万年前是“制作工具的人”；在七八千年前，第一次社会大分工后称为工匠（百工）；到古罗马时期工匠（含艺术家）、专业设计师出现；到文艺复兴时期工匠、艺术家、专业设计师已经具备一定社会地位；直到工业革命后，真正意义上的现代专业设计师才被社会承认。设计师既是精神生产劳动者（脑力劳动），又是物资生产劳动者（体力劳动），纺织品设计师是现代专业设计师中最重要的组成部分之一。

二、纺织品设计师的知识技能要求

设计是精神生产与物质生产相结合的非常特殊的社会生产，设计创造是技术与艺术的综合，以创新为高级目标，是复杂的脑力劳动过程。作为设计创造的主体，设计师必须具备多方面的知识和技能，需要多学科的交叉。设计师的知识和技能随着时代的发展而发展，在不同的设计领域，有共性也有特殊性，而纺织品设计师是设计师的典型代表。

1. 艺术与设计知识技能

艺术与设计的知识技能是纺织品设计师最基本的技能要求，包括造型基础技能、专业设计技能和设计相关的理论。

（1）造型基础技能。造型基础技能包括三大构成（平面、立体、色彩）、工程制图、摄影摄像、材料应用成型、通用CAD等能力。

（2）专业设计技能。专业设计技能包括传达设计、产品设计、环境设计等基本技能，以及各种纺织品专业设计能力。

（3）设计相关的理论。与纺织品设计相关的理论包括各类型纺织品的设计史（纺织品艺术史论、纺织品技术史论、纺织品商品史论）、设计理论和设计方法论、设计批评。

纺织品设计理论和设计方法论主要论述具体纺织品的设计原理和方法的历史沿革、现实需求、理论基础与未来发展，同时评价主要的纺织品设计原理和方法及其在不同设计阶段的应用。

2. 自然与社会学科知识技能

自从现代设计理论提出以来，在包豪斯时期就开设了自然科学学科课程（如设计材料学、设计物理学、人机工程学、人类行为学等课程）和社会科学学科课程（如经济学、市场营销学、消费心理学、传播学、管理学、法学等课程）用以培养纺织品设计师。

三、纺织品设计师的类型

1. 横向分类

设计师根据不同设计类型和工作特点可以分为视觉传达设计师、产品设计师、环境设计师。纺织品设计师是产品设计师中最为专业的一种设计师。

纺织品设计师根据工作性质可分为驻厂纺织品设计师、业余纺织品设计师、职业纺织品设计师。驻厂纺织品设计师也就是传统意义上的企业设计师，是为某一纺织企业设计产品的设计人员；业余纺织品设计师是兼职设计师，利用空余时间和兴趣爱好为纺织企业设计产品的设计人员；职业纺织品设计师，即独立设计师或自由设计师，也就是以设计服务为职业的设计师，如设计公司、设计事务所、设计工作室的设计师，其服务对象包括各个纺织企业。从目前的发展趋势看，职业纺织品设计师是未来纺织产业发展时需要培育的重点，职业纺织品设计师的设计专业能力和职业素养对纺织品创造而言更加需要。

2. 纵向分类

根据系统设计工程中设计师的工作特点，纺织品设计师可以分为总设计师、主管设计师、设计师、助理设计师。系统设计工程是指一个纺织类大型设计项目或大型设计组织的设计师构架。总设计师负责制订和审核设计方案；主管设计师负责制订各个设计环节的设计任务和目标，并落实实施；设计师承接具体的设计任务，并保证设计质量；助理设计师是刚入门的实习设计师，辅助设计师开展工作。

四、纺织品设计师的社会责任

1. 纺织品设计师工作的特点

纺织品设计创造是自觉的、有目的的社会行为，不是设计师的"自我表现"。远古制造工具的人，多数没有留下姓名，但通过他们的劳动改变了人们的生存和发展的方式。中国古代手工艺人，多数为统治阶级服务，也没有成名的奢望。西方在工业革命后，随着现代设计师的出现，设计师为消费市场服务，满足人们的各种需求。所以在不同的社会发展时期，设计师的社会职责有共性也有特性，但是，纺织品设计师的创造性工作特点是一贯的。

2. 纺织品设计师的社会责任

纺织品设计师的社会责任可以归纳成以下几点。

（1）基本的社会职责。设计适销对路的纺织产品，减少不必要的社会资源（人力、物力、财力）的浪费。

（2）高层次的社会职责。为人类的利益设计，人类是指全部的人们，而不是部分人和部分人的利益，纺织品设计师尤其应该关注容易忽视的多数人（弱势群体），满足他们的纺织生活需要。

（3）需要对生活的环境负责（自然界与人的关系）。人类从惧怕自然，征服自然，到如今强调与自然和谐共处，其中纺织生活起到至关重要的作用。

当前，设计师不仅要面向纺织品消费市场进行设计，还要关注社会，关注民生需求，为社会设计，为人类的民生利益设计。纺织品设计师应该为社会创造美好的纺织生活而工作。

第三节　纺织品设计批评

纺织设计作品（产品）是纺织品设计行为实施所创造的客体，是纺织品设计行为中被动的物的因素，即纺织品设计行为的结果。纺织设计作品（产品）凝聚着纺织品设计客体艺工商结合的美学特征和纺织品设计师主体的个人情趣。纺织设计作品（产品）表现出来的纺织人文艺术与纺织科学技术的关系是一种静态的美学特征，通过这种静态的美学特征可以分析出纺织品设计的整个过程，当纺织人文艺术和纺织科学技术在纺织品设计过程中动态地交流、融合，达到统一的时候，一件艺术上美丽、技术上合理、具有良好应用价值的纺织设计作品（产品）便诞生了。

值得注意的是，纺织品设计师和纺织设计产品的价值实现离不开纺织品设计批评环节。通过纺织品设计批评对纺织品设计行为实施过程中设计师主观因素和纺织品客观因素的分析，从而推动纺织品设计价值的实现。

一、纺织品设计的批评对象及其批评者

1. 基本概念

设计批评又称为设计评论，是设计学和设计美学的重要组成部分之一。从历史看，可以说有设计就有设计批评，就单个设计活动来说，从创意到生产，消费的整个活动中，始终存在着设计批评。

纺织品设计的批评对象可以是纺织品设计现象，也可以是具体的纺织产品。

纺织品设计的批评者是消费者和使用者，批评者的批评活动可以用文字、语言来表达，也可以用购买行为来体现。

纺织品设计的批评者既具有个体性，又具有集团性，而人们的消费从众心理是纺织品设计批评的重要特征，也是流行和时尚的重要助推因素。

2. 基本特点

设计与艺术不同，纺织品设计不能孤芳自赏，也不能将设计产品流到后世待价而沽，纺织品必须当时被接受和消费，所以纺织品设计批评是纺织品设计的必要环节，创作者的本意与接受者的理解意义存在偏差，需要纺织品设计批评来弥合。

根据接受美学（aesthetics of reception）原理，纺织设计产品绝对地依赖它的批评者，"一件设计作品的价值、意义并不是由作品本身决定，而是由观者的欣赏、批评活动及接受程度决定"。

3. 设计批评者构成

纺织品设计批评者是多层次的，批评者可以有广泛的背景，包括：纺织品专业或相近专业的设计理论家、教育家、设计师、编辑，相关的纺织工程师、企业家、政府官员以及消费者。

4. 设计批评作用

纺织品设计批评在设计活动中的作用不可忽视，其中的价值和作用涉及许多方面，主要涉及的方面如下：纺织品设计批评对消费者理解设计产品有指导作用；纺织品设计批评可以帮助消费者选择和鉴别纺织品；纺织品设计批评对纺织品设计师的创作活动具有调节作用。

二、纺织品设计批评的标准

1. 纺织品设计批评的参照标准

设计批评既是一种客观的活动，也是一种主观的活动。说它是一种客观的活动，是说设计批评有一个客观的标准；称它为主观活动，是因为设计批评中有许多主观的成分在其中难以量化。

设计批评的标准是一元的，但在设计批评活动中却有着多元的因素，这种多元的因素是

指设计的标准受历史、民族、地域、时代等诸多因素影响。

根据专门设计的要素和原则，纺织品设计批评需要建立合理的评价体系。评价体系的参考坐标是科学性、艺术性和适用性。

纺织品设计批评的评价体系包括技术评价、功能评价、材质评价、经济评价、安全性评价、美学评价、创造性评价、人机工程评价等多个评分系统。

纺织品优良设计评选标准不同，其中认同度比较高的评分系统如下：A.机能与品质（100%）；B.造型优美/视觉化因素/独创性（87%）；C.生产效率（75%）；D.安全性和环保（67%）；E.材质运用/耐久/实用（60%）；F.环境和谐（53%）；G.产品启发性/价格/人因工程/低公害（40%）。

2. 设计批评标准评价体系具有历时性

纺织品设计批评标准评价体系具有显著的时效性，会随着时代的变迁而变化。19世纪中至20世纪初，英国工艺美术运动提出机器产品的标准问题，机器美学开始出现；包豪斯现代设计提出的"完全艺术品"，提倡打破艺术、设计、工艺的界限；第一次世界大战后，国际风格成为设计批评的主流，国家和民族的界限被打破；随后"波普艺术（POP）"提倡迎合大众的审美情趣，注重人情味，打破高格调和通俗格调设计的界限；20世纪50~60年代中国提出"实用、经济、美观"作为设计的标准；80年代后现代注意的设计批评，将重点从机器和产品转移到设计过程和人，消费者的反应成为检验设计成功的决定因素，设计的消费性质得到提升。纺织品设计批评标准评价体系的时效性是纺织品设计师进行设计工作时需要关注的重要因素，也是设计成功的必要条件。

三、纺织品设计批评的方式

目前纺织品设计批评有三种主要方式：产品博览会、集团批评和个体批评家的批评。

1. 产品博览会

纺织产品博览会主要是检阅世界最新的纺织产品设计成就，广泛地引发社会各界的批评，其目的是促进消费和购买。

源于1851年英国伦敦海德公园举办的"水晶宫"国际工业博览会，它向世界展示工业革命的成就，起到指导设计，提升消费的作用。之后有著名的法国的巴黎博览会，美国费城、纽约和芝加哥博览会，德国柏林博览会等，产品博览会如今已经成为现代设计批评的一部分。

2. 集团批评

集团批评包括集团审查批评与集团购买。

审查批评是指设计方案的审查集团以消费者代表的身份对设计方案进行审查与评估，以及设计的投资方与设计方进行的商业谈判。参与者包括专家、投资方、政府部门、生产者和产品应用者。

集团购买是消费者直接参与的设计批评，包括隶属不同消费层的购买群体。不同购买群体带有不同的社会、文化因素。

3. 个体批评家的批评

个体批评指一些具有职业敏感的批评家对设计的批评。个体批评家所批评的对象不会仅仅局限在设计作品中，也不会处于设计作品的消费层次上，而是从整个设计文化、设计思潮、设计风格、设计流派、设计倾向等方面展开的批评。一方面指导设计制作、生产发展；另一方面引导消费者接受设计产品并进行消费，同时有机地推动设计发展，丰富和发展设计理论。

4. 在中国举办的国际纺织博览会

博览会概念的由来及市场定位基于两个方面：一是中国服装业发展对新型、高档面料的大量需求及对服装面辅料行业水平进一步提高与升级的要求；二是中国家用纺织品尤其是装饰用纺织品市场的蓬勃兴起及其行业的广阔发展前景。随着中国纺织制造业的发展和崛起，在中国举办的国际纺织博览会与日俱增，并形成一定规模和品牌。图3-3-1所示是在中国举办的主要国际纺织博览会。

中国国际服装服饰博览会（CHIC）创办于1993年，每年3月在北京举办，已成为一个时尚性、国际性、广博性极强的服装专业博览会，在见证着中国服装业发展变化的同时，已成为服装展览业的一个国际性知名品牌，多年来保持着亚洲第一专业服装展会地位。CHIC是联手中国服装品牌精英，提升企业国际竞争力，促进国际交流合作，反映行业前沿成果和动向的最佳平台。

本着"品质、创新、潮流、交流、提升、发展"的宗旨，承载着时尚、博大、专业、动感的中国国际服装服饰博览会已成为中国服装界、时尚界的共赴之约。同时，博览会全力营造着一个相互交流、相互发现、共同发展的中国服装业界气氛，创造中国时尚社会的新气息与新环境，并与中国服装企业一起共同打造服装业的辉煌。

图3-3-1 在中国举办的主要国际纺织博览会

中国国际纺织面料、家用纺织品及辅料博览会（intertextile）创办于1995年，定为3月在北京（春夏），10月在上海（秋冬）举办。近年来春夏展和秋冬展都在上海举办。由中国国际贸易促进委员会纺织行业分会、德国法兰克福展览（香港）有限公司、中国纺织信息中心、中国家用纺织品行业协会联合承办，是亚洲最大、世界知名的纺织面料博览会。

中国国际家用纺织品及辅料博览会（intertextile-home shanghai）起始于1995年，每年8月在上海举办。由中国国际贸易促进委员会纺织行业分会、中国家用纺织品行业协会和德国法兰克福展览（香港）有限公司共同举办。它是中国唯一一个国家级的家纺行业专业性国际贸易展览会，并作为全球最大的家纺展览会——德国法兰克福家纺展的主办方德国法兰克福展览（香港）有限公司在全球系列家纺展（intertextile-home）之一，已成为继法兰克福家纺展（Heimtextile）之后规模最大的家纺展览会。

上海国际服装纺织品贸易博览会（Fashion Shanghai）始于1996年，每年三月在上海举办，这是上海国际服装文化节的重要活动之一，也是上海唯一得到市政府支持的服装纺织面料专业贸易活动。它以其高质量、高水准的服务为参展商的商贸活动提供绝佳的场所和商机，使博览会真正成为参展商与买家之间的贸易桥梁。

国际流行纱线展示会（SpinExpo）始于1999年，每年3月在上海举办，是以展示世界首屈一指的针织用纱、织造用纱为主的重要展会，同时也展示创新的设备和技术，为纤维、纱线、针织品和针织面料企业提供最具国际性和创意丰富的展示平台。

中国国际纺织纱线展览会始于2004年，每年3月在北京举办，与中国国际纺织面料及辅料（春夏）博览会、中国国际服装服饰博览会同期举办，是中国北方最具影响力和规模的纱线、纤维专业展会。中国国际纺织纱线展览会是中国、亚洲乃至全球纺织纱线、纤维领域沟通信息、贸易合作的重要平台。

四、纺织品设计批评的理论

纺织品设计批评的理论发展与设计批评的理论发展一致，遵循设计批评的一般理论指导。

1. 设计批评理论的出现

设计批评理论包括批评思想和对批评思想的理论研究。最早的设计批评著作是1753年威廉·菏加斯（Willian Hogarth）的《美的分析》；1837年英国的"设计学院"推动设计和设计批评形成专门的理论，用于设计教育。其他重要的设计批评理论有普金的《对比》、拉金斯的《建筑的其盏明灯》、莫里斯的《小艺术》、佩夫斯纳的《现代设计的先锋》、包豪斯·格罗佩斯的《全面建筑观》。

2. 现代设计批评理论多元化

与现代设计的多元化相呼应，设计批评理论的多元化发展，吸收社会科学和自然科学的最新成就，传统的次序、简单、稳定被混乱、复杂、变化所取代。如"产品符号向设计解码发展"理论；"商品美学取代生产美学"理论；设计先决提倡探求高技术潜能，软设计强调设计的过程，而不是以传统的"物体"和"产品"为单一核心。

案例一 世界博览会

　　水晶宫（图3-3-2）1854年由园艺工约瑟夫·帕克斯顿设计。建筑由钢铁、玻璃和木头制成。最重的铸铁是梁架，长7.32m（24英尺），没有一样大件材料超过一吨；30万块玻璃，呈平板或圆筒状，0.0929平方米（每平方英尺）重0.45kg（16盎司）。

　　1851年，共有6039.195万人次参观了世界博览会。水晶宫，这座原本是为世界博览会展品提供展示的一个场馆，不料却成了第一届世界博览会中最成功、最受赞誉的展品，成为世界博览会的标志。

　　1936年11月30日，大火烧毁整幢建筑。

图3-3-2 水晶宫

　　1889年，法国大革命100周年，巴黎举办了一次规模空前的国际博览会（Great Exposition），以展示工业技术和文化方面的成就，并建造了一座象征法国革命和巴黎的纪念碑——埃菲尔铁塔（图3-3-3）。

图3-3-3 埃菲尔铁塔

埃菲尔铁塔是博览会上最引人注目的展品，筹委会本来希望建造一所古典式的、有雕像、碑体、园林和庙堂的纪念性群体，但在700多件应征方案里，选中了桥梁工程师居斯塔·埃菲尔的设计：一座象征机器文明、在巴黎任何角落都能望见的巨塔。浪漫的巴黎人给铁塔取了一个美丽的名字"云中牧女"。以设计人的名字命名，并在塔下为埃菲尔塑了一座半身铜像。

塔身为钢架镂空结构，高324米，重10000吨。有海拔57米、115米和274米的三层平台可供游览，第四层平台海拔300米，设气象站。顶部架有天线，为巴黎电视中心。从地面到塔顶装有电梯和1710级阶梯。

铁塔采用交错式结构，由四条与地面成75度角的、粗大的、带有混凝土水泥台基的铁柱支撑着高耸入云的塔身，内设四部水力升降机（现为电梯）。它使用了1500多根巨型预制梁架、150万颗铆钉、12000个钢铁铸件，总重7000吨，由250个工人花了17个月建成，造价为740万金法郎。这一庞然大物显示了资本主义初期工业生产的强大威力。同时也显示出法国人异想天开式的浪漫情趣、艺术品位、创新魄力和幽默感。

举世瞩目的2010世博会在上海召开，这次世博会吸引了近200个国家和国际组织参展，客流高达7000万人次。2010年上海世博会中国国家馆，以城市发展中的中华智慧为主题，表现出了"东方之冠，鼎盛中华，天下粮仓，富庶百姓"的中国文化精神与气质。世博会结束后，更名为中华艺术宫（图3-3-4）。

（1）"中国红"展民族形象。大红外观、斗拱造型——上海世博会中国国家馆，是五千年中华文明奉献给159年世博会历史的"中国红"，是坚持改革开放的中国呈现给世界的"中国红"。

（2）极具中国特色的"东方之冠"的外形设计。中国馆以"城市发展中的中国智慧"为主题，由于外形酷似一顶古帽，而被命名为"东方之冠"。

（3）篆字的二十四节气印于其上。既突出"冠"的古朴，又可以让人们饶有兴趣地辨识

图3-3-4　"东方之冠"

这48个字。

（4）屋顶花园："新九州清晏"初露风采。九州清晏原本是圆明园中的景观设计，设计人员将其"移植"到国家馆周围，成为国家馆的景观。经过重新设计后，新"九州清宴"——田、泽、渔、脊、林、甸、螯、漠呈半月形围在"东方之冠"（雍）的周围，将城市景观与自然景观共同融在一起，非常值得游赏。

案例二 中国著名纺织品设计教育家

陈之佛（1906.5~1962.1），现代美术教育家、工艺美术家、中国画家，又名陈绍本、陈杰，号雪翁，浙江余姚人（图3-3-5）。1916年毕业于杭州甲种工业学校机织科，留校教图案课。1918年赴日本东京美术学校工艺图案课学习，是第一个到日本学工艺美术的留学生，1923年学成回国，曾创办尚美图案馆。先后在上海艺术大学、上海美术专科学校和南京中央大学艺术系任教授，并承担书刊装帧设计工作。

中华人民共和国成立后陈之佛历任南京大学教授、南京师院系主任、南京艺术学院副院长、中国美协江苏分会副主席。他多次举办花鸟画展，并出访东欧，进行学术交流，主编《中国工艺美术史教材》，出版有《陈之佛画集》《陈之佛画选》《陈之佛工笔花鸟画集》《图案构成法》《西洋美术概论》《艺用人体解剖学》《中国历代陶瓷图案概说》《西洋绘画史话》等专著。

图3-3-5 陈之佛

傅抱石（1904.10~1965.9），江西新余人，原名长生、瑞麟，号抱石斋主人，是"新山水画"代表画家，擅长中国画、美术史论、美术教育（图3-3-6）。

1926年毕业于省立第一师范艺术科，并留校任教。1933年在徐悲鸿帮助下赴日本留学。1935年回国，在中央大学艺术系任教。抗日战争期间定居重庆，继续在中央大学任教。1946年迁南京。

中华人民共和国成立后，傅抱石曾任中国美术家协会副主席、美协江苏分会主席、江苏省书法印章研究会副会长。1952年任南京师范学院美术系教授，1957年任江苏省中国画院院长。

图3-3-6 傅抱石

傅抱石在传统山水画技法基础上，推陈出新，独树一帜，起了继往开来的作用。其人物画，线条劲健，深得传神之妙。在艺术上崇尚革新，他的艺术创作以山水画成就最大。在日本期间研究日本绘画，在继承传统的同时，融会日本画技法，受蜀中山水气象磅礴的启发，进行艺术变革，以皮纸破笔绘山水，创独特皴法（抱石皴）。傅抱石先生人物画的线条极为凝练，勾勒中强调速度、压力和面积三要素的变化。他还把山水画的技法融合到自己的人物画之中，显示出独特的个性。傅抱石是开宗立派的一代艺术大师，主要著述有《国画源流概述》《中国绘画变迁史纲》《中国绘画理论》《基本国案学》《基本工艺图案法》《中国古

图3-3-7 雷圭元

代山水画史的研究》等。

雷圭元（1906.5~1989.10），江苏松江人，字悦轩，是中国现代工艺美术家（图3-3-7）。1927年毕业于国立北平艺术专科学校，翌年应林风眠之邀，在杭州西湖国立艺术院任教。1929年赴法国自费留学，研究染织美术和漆画工艺。1937~1945年，参与创办四川省立艺专，任教授、教务主任。1945年后任国立杭州艺专教授、实用美术系主任。1953年调中央美术学院。1956年任中央工艺美术学院教授、副院长。1961年担任文化部全国工艺美术教材编选组的领导工作。1976年后恢复中央工艺美术学院副院长职务。曾任第三届全国人民代表大会代表、全国文联理事、中国美术协会常务理事等职。

作为中国工艺美术教育的创始人之一，在开创工艺美术教育事业和理论研究方面都取得了显著成就，为中国工艺美术教育、中国传统装饰艺术及图案创新设计理论研究做出了可贵的贡献，在国内外工艺美术界具有很大的影响。1958年主持人民大会堂、中国历史博物馆、中国军事博物馆、钓鱼台国宾馆等首都重要建筑的装饰设计工作。主要著述有《工艺美术技法讲话》《新图案学》《新图案的理论和作法》《图案基础》《中国图案作法初探》《中外图案装饰风格》等。

第四章 纺织品设计的流程与方法

纺织品与人类有着同样悠久的历史，纺织品是人类日常生活中不可或缺的物资，纺织品设计的目标是满足人类纺织生活的物质需求，而做好纺织品设计、实现纺织产品的不断创造是纺织品设计师不可推卸的任务。本章包括纺织品设计流程、纺织品设计方法、纺织品设计管理和纺织品设计方法拓展四节内容，解决的是纺织品设计方法论的基本理论的应用问题，确定纺织品设计从构思、计划、预算、实施到价值实现的基本流程和每一环节的基本内容。

关键问题：

1. 纺织品设计流程的主要环节。
2. 纺织品设计的主要方法。
3. 纺织品设计管理的主要内容。
4. 纺织品设计方法拓展的特征。

第一节 纺织品设计流程

根据纺织品设计的定义和纺织品设计美学特征分析，纺织品设计是一种针对人事物的综合设计，是一种艺工商结合的设计过程，需要纺织原料、面料、造型三位一体的设计，才能真正满足人类的纺织生活需求。因此，掌握纺织品设计行为的人事物特征和艺工商结合的特点是做好纺织品设计的前提。

一、纺织品设计特点

纺织品设计是针对纺织产品的构思、规划、预算和实施的行为过程，它是一种目的明确的创造性活动。纺织品设计的目标是通过纺织品的创新来满足人类在纺织生活中的物质和精神需求，包括基本物质保障需求和个性化精神享受需求，并通过纺织品设计展示和应用来影响人类纺织生活的方式。

纺织品设计具有区别于其他设计的显著特点，首先，纺织品设计构思体现了针对纺织生活中人事物的综合设计特征，也就是人们在各种日常生活中对纺织品的物质需求是纺织品设计需要满足的目标；其次，纺织品设计规划和设计预算体现了艺工商结合的设计过程，而艺术美、技术美、商品美也正是提升纺织品设计价值的美学特征；最后，基于纺织产业链，整个纺织品设计过程的内容包括了纺织原料、纺织面料、纺织造型三位一体的设计特征。这样创造的纺织品才能成为"几番琢磨方成器"中的"器"物。

1. 纺织品设计是针对人事物的综合设计

从纺织品设计的本质特征看，纺织品设计是针对人事物的综合设计。纺织品设计是既服务于纺织生活物质需求，同时又满足纺织生活精神需求的创造性工作，人们的纺织生活是人类日常生活的最基本组成部分，人类通过纺织生活来适应自然、改善社会，实现美好生活的愿望。人类纺织生活的方式演变由人类的人本属性（即生物本质）所决定，同时受其自然属性和社会属性的制约。因此，纺织生活与人类学、自然学、社会学有着密切的联系，人类对纺织生活的需求是推动人类学、自然学、社会学发展的重要因素，也是纺织哲学和纺织科学产生和发展的原始动力。因此，纺织品设计本质上是一种满足人类纺织生活过程中人对物的需求、人对事的需求的综合设计。

纺织品设计针对人的需求的设计是满足人类生存活动过程中生物体基本保障需求的设计。人类作为生物体的需求是一种绝对的需求，在不同历史发展时期人类生物体对纺织生活的需求有着相同的要求，如遮羞蔽体、御寒保暖、健康保护等。因此，纺织品针对人的生物体需求的设计是最基本的要求，离开了人的生物体的基本需求，任何纺织品都将失去应用的前提，是没有价值的设计。

纺织品设计针对"人对物的需求"的设计是满足人类在生产和生活过程中对纺织品物质需求的设计。纺织品从应用领域看包括针对人类身体造型需要的服装服饰类纺织造型制成品、针对室内外环境造型需要的家纺装饰类纺织造型制成品和针对农业、工业、航空航天等不同产业需要的纺织造型制成品。随着时代的发展，人类在生产和生活过程中对纺织品的物质需求也不断地发生变化，纺织品设计需要应用最新的纺织技术、纺织艺术来创造纺织品，以满足人类对纺织品的物质需求。

纺织品设计针对"人对事的需求"的设计是满足人类在生产和生活过程中对纺织品物质和精神双重需求的设计。这里的事包括人类在生产和生活过程中所有的事，即日常的工作、学习、休闲、社交、娱乐活动等。在不同历史发展时期，人类有着不同的纺织生活事的需求，具有时代性特征，针对不同的人类个体，也有着不同的纺织生活事的需求，具有个性化的特征。因此，针对事的需求的纺织品设计是一种以人类基本物质保障为基础的，体现时尚个性化的设计工作，设计师需要从时代发展的背景中，与时俱进地创造时尚个性化的纺织品来满足人类个体的事的需求。

从石器时代、农耕时代、工业化时代到信息化时代，随着人类对隶属自然学范畴的物质与规律、隶属人类学范畴的体质与文化、隶属社会学范畴的人理与事理的认知的不断完善，在第一产业农业、第二产业工业和第三产业信息服务业上不断取得发展成就，使纺织艺术和纺织技术的内容不断更新，使人类纺织生活的方式始终处于精彩纷呈的变化过程中。因此，纺织品设计针对人类纺织生活过程中人对物的需求、人对事的需求的特征越发明显。

2. 纺织品设计是艺工商结合的设计过程

从纺织品设计的设计过程看，纺织品设计是艺工商结合的设计过程。纺织品设计的动力来自纺织生活需要，纺织品设计是将纺织品的哲学思辨和科学实践进行统一的过程。纺织品设计的目标是通过纺织品的创新来满足人类在纺织生活中的物质和精神需求，包括基本物质保障需求和个性化精神享受需求，并通过纺织品设计展示和应用来影响人类纺织生活的方式。而纺织品设计的规划和预算过程体现出"艺工商结合"的显著特点。纺织品设计规划是在纺织品设计构思基础上进一步制订的纺织品设计整体实施计划和具体的行动方案，该方案需要结合纺织文化艺术、纺织工程技术来创造纺织品；纺织品设计预算是针对纺织品设计行为过程制订的经费需求和开支、产品成本计算和控制的总体计划，体现出纺织品设计"商"的特征，为纺织品的设计营销及其应用价值的实现奠定基础。

所以，纺织品设计行为从构思开始，经过纺织产品设计规划制订、纺织产品的设计制作成本预算，直到纺织产品加工制作成型，并通过产品流通环节实现其价值，整个纺织品设计行为过程融合了纺织文化艺术、纺织工程技术和纺织品商务营销三个知识层面的基本内容，纺织品设计行为可以说是一种"艺工商结合"的创造性活动过程。

在纺织品设计过程中要以满足纺织生活的需求为导向，将纺织品的实用性、美观性和经济性融入设计过程中。纺织品设计的目标达成是实现纺织品的功能性和审美性。纺织品的功能性是指纺织品的实用性，就功能性而言，纺织品设计需要掌握相关的数学、物理学、材料学、机械学、工程学、电子学、经济学等自然科学知识；纺织品的审美性是指纺织品的美观性，就审美性而言，纺织品设计需要掌握美学、色彩学、构成学、民俗学、心理学、传播学、伦理学等社会科学知识。在当前市场经济背景下，纺织品设计的价值由纺织品在消费市场中的接受程度决定，纺织品作为商品具有经济性特征，通过纺织品设计来营造和强化纺织品的美学特征来提高纺织品的附加值，从而提升纺织品的消费接受程度，促进纺织品的价值实现，同时实现纺织品设计的经济价值。

因此，纺织品设计综合了纯粹艺术品和一般工业产品的设计理念，在工业革命前隶属于实用美术设计范畴下的工艺美术设计，在工业革命后隶属于实用美术设计范畴下的工业设计或产品设计，具有艺术与技术相结合的设计特征，所以纺织品设计是一项艺术与技术相结合的创造性活动，其核心是纺织产品，由于纺织品现阶段是商品，所以，纺织品设计显然是一个"艺工商结合"的产品创新过程。

3. 纺织品设计是原料、面料、造型三位一体的设计

从纺织品设计的设计内容看，纺织品设计是原料、面料、造型三位一体的设计。纺织品设计的内容包括各类型纺织产品（线状的纺织原料制成品、片状的纺织面料制成品及体状的纺织造型制成品）的设计原理和方法，以及与纺织产品生产相关的加工制作工艺和与纺织产品流通相关的商务和营销策略等。纺织原料制成品是纤维材料经过纺织原料的线状加工方式制成的线状制品或成品，如短纱、股线、长丝、绳、带等线状的纺织纤维制成品，纺织纤维材料包括棉、毛、丝、麻等天然纤维和仿/超天然纤维性能的人造纤维；纺织面料（织物）制成品是纺织原料经片状加工方式制成的纺织面料（织物）制品或成品，如机织面料、针织面料、编织面料和非织造布等一次成型的纺织面料（织物）制成品，以及印花、绣花、剪花、轧花、烂花、镂花等在一次成型的纺织面料上进行二次加工；纺织造型制成品是纺织纤维和纺织面料经体状加工方式制成的纺织造型制品或成品，如针对人类身体造型需要的服装服饰类纺织造型制成品、针对室内外环境造型需要的家纺装饰类纺织造型制成品和针对农业、工业、航空航天等不同产业需要的纺织造型制成品。

纺织品设计的目标是通过纺织品的创新来满足人类在纺织生活中的物质和精神需求，因此，纺织品设计必须以纺织产品创造为任务，以满足人类需求的纺织产品为设计预期。在线状的纺织原料制成品、片状的纺织面料制成品及体状的纺织造型制成品中，以应用领域的纺织成品（即服装服饰类纺织品、家纺装饰类纺织品和产业应用类纺织品）为设计目标，纺织品设计需要通过纺织原料、纺织面料、纺织造型制成品三位一体的设计来实现设计目标。因此，任何没有实现纺织成品创造的纺织品设计都不是完整的纺织品设计，只能说是纺织品设计的中间环节，优秀的纺织品设计师需要具备从纺织原料、纺织面料到纺织造型制成品的设计能力。

二、纺织品设计范围

纺织品设计的范围有大有小、有整体有局部。从整体上看，纺织品设计包括从纤维材料开始经纺织原料的线状加工、纺织面料（织物）的片状加工和纺织造型的体状加工，直至纺织品终端成品的制作成形整个过程。因此，纺织品设计范围包括纺织原料设计、纺织面料（织物）设计、纺织造型设计三个相互关联的部分。

1. 广义的纺织品设计范围

从广义的纺织品设计看，包括针对纺织产品的设计构思、设计规划、设计预算和设计实施的行为过程；这里的纺织产品包括从纺织原料、纺织面料（织物）到纺织造型产品的所有中间制品和终端成品。广义的纺织品设计对应广义的纺织品设计流程，包含从原料、面料到造型设计的整个过程。例如，服装服饰类纺织品设计就需要完成包括从服装服饰类原料设计、面料设计到服装服饰造型设计的整个设计过程，直到服装服饰成品的制作完成。

2. 狭义的纺织品设计范围

从狭义的纺织品设计看，是指纺织原料设计、纺织面料（织物）设计和纺织造型设计内容中的某一种（类）产品的设计行为过程。这里的纺织产品仅包括从纺织原料、纺织面料（织物）到纺织造型产品的所有中间制品和终端成品中的一种，如真丝原料设计、家纺面料设计、丝绸服装设计等。狭义的纺织品设计对应狭义的纺织品设计流程，是原料、面料、造型设计中某个设计过程。

狭义的纺织品设计虽然只是以纺织原料、纺织面料（织物）、纺织造型产品中的某一种（类）产品为重点或核心，但不论是哪种（类）具体纺织品的设计流程，都应该综合考虑从纺织原料设计、纺织面料（织物）设计到纺织造型设计的广义设计内容和设计流程，只是在纺织品的具体设计内容上有聚焦和侧重，这样才能设计出与纺织生活需求保持一致的纺织品。

如图4-1-1所示，图中自上而下分别是真丝产品、家纺产品、丝绸服装产品的广义纺织品设计内容，其中每一栏中黑底的环节属于狭义纺织品设计内容。将狭义纺织品设计内容单独呈现，设计目标和内容是不完整的。如果进一步做设计分析，自上而下第一栏的设计内容比较空泛；而第二栏的设计内容相对清晰，已经聚焦到了家纺范围；而第三栏的设计内容相对具体，精确到了丝绸服装产品。显然第三栏的设计范围明确和内容具体，很容易设计出最终的纺织产品。因此，确定明确纺织品设计范围对于纺织品设计师而言非常重要，是进一步制订设计流程的基础，也是纺织品设计师获得成功的设计的必要条件。

图4-1-1　纺织品设计范围

三、纺织品设计流程

纺织品设计流程是从纤维材料开始经纺织原料的线状加工、纺织面料（织物）的片状加工和纺织造型的体状加工，直至纺织品终端成品的制作成形的过程。所以从广义上看，纺织品设计流程包括针对纺织产品的设计构思、设计规划、设计预算和设计实施的行为过程。由于纺织品设计综合了纯粹艺术品和一般工业产品的设计理念，隶属于实用美术设计范畴下的工艺美术设计，具有技术与艺术相结合的设计特征，所以在纺织品设计过程中要以满足纺织生活的需求为导向，将纺织品的实用性、美观性和经济性融入设计过程中。

鉴于纺织原料、纺织面料（织物）、纺织造型的产品类型非常丰富，针对纺织品设计流程的解释需要在广义的纺织品设计内容和设计流程的基础上，聚焦到纺织原料设计、纺织面料（织物）设计和纺织造型设计内容中的某一种（类）产品上来，也就是狭义纺织品的设计流程。以纺织面料（织物）设计为例进行说明，其狭义的纺织品设计流程主要包含从设计构思、产品设计、设计试样三个基本环节，以及设计应用和设计营销两个附加环节，形成一个可循环的设计流程图，如图4-1-2所示。

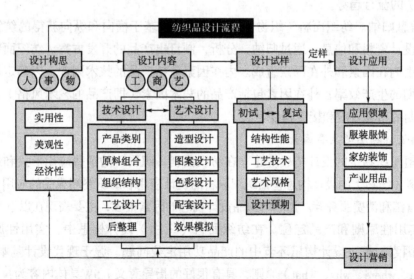

图4-1-2　纺织品设计流程概念图

（一）设计构思环节

设计构思环节包括收集满足纺织生活需求的设计信息，通过人（消费者）、事（潜在消费事件）、物（纺织品）的设计信息收集和分析，来确定纺织品设计方向，并制订设计方案，纺织品设计构思（构想和思辨）的基本原则是目标纺织品的实用性、美观性和经济性。

1. 收集设计信息

（1）专业体验。这里的纺织品专业体验包括与纺织生活相关的日常生活和艺术创造生活的体验，从自然界和社会生活中获取设计灵感。从人文哲学/科学、自然哲学/科学和社会哲学/科学研究中发掘具有应用价值的纺织人文艺术和纺织科学技术，并通过设计实践，形成了设计师日积月累的专业知识和动手能力，同时培养了设计师的创作灵感与激情。另外，通过深入专业生活体验，可以增强设计师自身修养和感悟专业设计方向的能力，包括对纺织品艺术风格、应用技术和营销模式的把握。

（2）设计调研。纺织品设计调研是决定设计产品"实用、美观、经济"的重要环节，从人、事、物三因素的动态变化中发现和把握纺织品设计的机会。设计调研包含纺织品流行趋势调研、纺织品技术调研与纺织品消费市场调研。明确产品流行风格（主题、色彩、图案等）、技术定位（新材料、新设备、新工艺、新结构等）、消费特征（消费层、消费价格、消费周期、市场环境等）及消费者心理（流行接受、产品风格、服务接受、价格接受）。通过设计调研，确定开发纺织品的产品类型、产品特征、产品档次、产品应用和产品营销等，并进一步确定产品开发投入和产出的预期。

（3）资料分析。纺织品设计资料和信息可以通过横向和纵向两个途径来获得。横向的途径包括当前国内外纺织面料（织物）相关专业展览、流行信息发布、技术研讨会；同类纺织面料（织物）企业的技术改造和新产品开发动向；相关终端纺织品消费市场产品销售状况统计数据。纵向的途径主要是指一定时期内相关技术与产品的开发报告和市场统计数据，包含一定周期内纺织面料（织物）的艺术风格、生产技术、产品消费的变化趋势，用于预测纺织面料（织物）的流行趋势。

（4）信息归纳。纺织面料（织物）的信息归纳是基于横向和纵向获得的纺织面料（织物）的相关设计资料和信息。通过归纳、分析，制订出产品的开发方案。纺织面料（织物）的信息归纳由内在因素和外在因素组成。内在因素包括产品的技术因素，以确定产品的生产可行性和预期的生产效率；外在因素包括产品的艺术因素（即产品的艺术风格）、产品的市场因素、预期的市场效应和接受程度等。

2. 影响设计构思的主要因素

纺织面料（织物）的设计构思应建立在纺织面料（织物）的消费应用形式和最终市场层面。纺织面料（织物）的设计构思包括纺织原料的设计应用和纺织终端成品的应用设计，以及后续的设计营销和消费服务等。影响纺织品设计构思的因素很多，主要表现在以下几方面。

（1）实用性原则和产品定位。在纺织面料（织物）设计构思中，实用性原则是产品设计决定性因素，解决设计构思环节中的产品功用定位问题。源于现代设计基本理念的5W（who、when、where、why、what）原则，具有很好的指导意义。5W具体内容为：who指产品消费对象定位，明确设计的对象和主要消费群体；when指产品消费时间因素，明确产品的消费季节和消费周期；where 指产品消费领域因素，明确产品的应用领域和具体消费场合；why 指设计因素和目的，明确产品设计的激发因素和设计目的；what指设计内容和产品特色，明确产品设计的主要内容、细节和相关产品的主要特色。其中who、when和where是消费市场因素，why和what反映了设计构思的具体细节，有效避免了与消费需求脱节的盲目设计和与生产脱节的无法实现的无效设计。

（2）美观性因素和美学形象。在纺织面料（织物）设计构思中美观性因素是增加产品附加值的主要因素，解决设计构思环节中的产品艺术风格问题。通过纺织品艺术设计和工艺设计，预期纺织面料（织物）达到的表面艺术美学特征（造型美、纹饰美、色彩美）和深层次的技术美学特征（材质美、工艺美）的具体形式。纺织面料（织物）的美学特征决定了产品的消费生命力，直接影响产品的消费价值，也是保障纺织面料（织物）获得高附加值的基本条件。同时，在构思纺织面料（织物）设计的美观性因素时还应根据产品的应用领域和消费层特点，综合考虑产品设计的文化背景和流行时尚。

（3）经济性因素和产品成本控制。在纺织面料（织物）设计构思中经济性因素是合理控制产品设计和生产成本，通过设计营销获取经济效益的主要因素，解决设计构思环节中的产品设计价值如何实现的问题。设计构思中的经济性因素，主要反映在产品设计、生产、销售、消费环节中以成本控制为中心的思想，包括产品设计和生产成本、产品销售价格和价值等。通过优化产品的原料组合、生产环节中工艺流程和销售环节中的营销模式，来达到产品综合成本控制的目的，并在市场许可的基础上，充分表现产品的艺术价值和宣传产品的使用价值来提升产品的附加值。

3. 制订设计方案

纺织面料（织物）的设计方案直接用于指导产品的设计和开发，是设计构思的文字体现，设计方案往往包含了该纺织面料（织物）的基本特征和在设计过程中所包含的各种艺术、技术和商务环节的问题和解决方法。一份完整的、严谨的产品设计方案往往能避免使各种构思不成熟的纺织面料（织物）投入设计和生产。

（1）设计方案的确定原则。从设计构思到设计方案，经过完整的构思，将拟订的设计构想经过思辨后转化为设计方案，需要清楚表现出设计构思的纺织面料（织物）基本特征（艺工商）和流行趋势；生产设备、生产工艺及相关技术条件的主要特点（优势和劣势）；提供可比较的其他设计方案，反映出设计方案的最优化特征（比较排除法）。最优设计方案的特点包含以下方面：符合纺织面料（织物）应用的流行趋势，设计理念或纺织面料（织物）的创新特征（艺工商）明显；针对生产条件如设备、材料、工艺和工人素质等软硬件条件和内外部因素，充分发挥资源和条件优势；具有较大的产品工艺适应能力；产品生命周期长，市场持久性良好。

（2）设计方案的性质。设计方案的性质指涉及纺织产品的设计开发具有三种性质，即仿制设计、改进设计和创意/创新设计。仿制设计立足于纺织品综合技术分析，忠实于原作进行仿制，是纺织品设计初学者入门的设计方法，也常用于来样加工时做技术分析。技术环境相同，准确率要求80%~100%，技术环境有差异，风格相同率应大于70%。改进设计立足于纺织面料（织物）综合技术分析和仿制设计，对原作品进行批评并取长，在扬长避短的基础上进行改进设计。改进设计是纺织品设计师独立设计的基础，常用于对优秀设计作品的技术改造、历史畅销产品的再设计。改进设计的产品技术和风格与原作相同率应小于70%（版权要求）。创意/创新设计从创意构思开始，经历流行设计构思、创意产品设计、设计试样、设计应用和设计营销等环节，在整个设计流程中体现设计内容的原创性，是纺织品设计师独立工作的主要形式。纺织品创意/创新设计必须拥有独立的知识产权，常用于高附加值产品的开发，是提升企业形象和引导产品流行的主要形式。所以，纺织品创意/创新设计是最具难度、最具有挑战性的设计方案，是优秀纺织品设计师表现自我设计能力的首选。

（二）产品设计环节

纺织面料（织物）的产品设计环节主要包括技术设计和艺术设计两个相互关联的部分，在设计过程中充分体现了"艺工商结合"的特点。

1. 技术设计

纺织面料（织物）的技术设计俗称品种设计，是指纺织面料（织物）品种工艺技术的设计，是实现纺织面料（织物）技术美特征的设计过程。纺织面料（织物）的技术设计决定了产品的内涵与品质，以纺织面料（织物）品种工艺规格表的形式来呈现设计内容。从内容上可细分成产品类别设计、原料组合设计、产品组织结构设计、产品工艺设计和后整理工艺设计五个部分。

2. 艺术设计

纺织面料（织物）的艺术设计俗称花色设计，是与纺织面料（织物）品种工艺规格表相关的艺术风格设计，是实现纺织面料（织物）艺术美特征的设计过程。纺织面料（织物）的艺术设计是产品外观与风格设计，设计内容包括纺织品图案设计、色彩设计及相关的造型设计、配套设计、应用设计及效果模拟五部分。

从纺织面料（织物）的产品特征和设计过程看，技术设计和艺术设计相辅相成。纺织面料（织物）的技术设计确定产品的基本工艺要求，艺术设计在此基础上根据产品造型特点配置出合适的图案、色彩，并通过配套设计和应用设计来表现产品的内在品质和外观风格，体现产品的实用性和美观性，并通过设计营销环节来实现纺织品的设计价值。

（三）设计试样环节

纺织面料（织物）的设计试样环节是完成纺织品设计进行试生产的过程，一般分成初试和复试两个阶段，俗称试小样和试大样。经过初试和复试两个阶段的反复，直至试样纺织品达到设计预期，满足定样生产的要求。

1. 初试

初级试样目的在于通过实际的设计生产流程检验设计与产品是否一致，包含以下因素：一是工艺规格是否合理，能否达到预期设计目的；二是工艺过程是否合理，是否高效；三是为修改设计参数（原料和工艺、图案和色彩、结构和造型等）提供依据。为获得尽量多的设计生产信息，需要对设计产品工艺参数通过初级试样来调整和确定，检验整个生产制作过程中产品工艺参数是否能够满足生产的需要，并及时做出优化和更改。

2. 复试

复试是在初级试样的基础上进一步检验设计产品是否满足大批量生产的技术要求，同时并确定优化后的设计和生产参数，包含以下因素：一是确定批量生产的产品工艺参数、上机工艺参数和设备工艺参数；二是增加花色，满足配套应用设计的需要；三是定样及确定系列产品。

设计试样是设计的检验和实现过程，通过产品试样，最终确定纺织面料（织物）的生产工艺和配套的产品工艺，经过定样后实现封样，意味整个纺织面料（织物）基本设计环节的结束，设计产品可以用于展示和接收订单，实现批量生产，也可以进一步用于服装服饰、家纺装饰和产业用品的终端纺织品的设计应用。

（四）设计应用和设计营销环节

针对纺织面料（织物）设计而言，设计应用和设计营销环节是附加的设计环节，根据设计构思的设计方案规划，可将纺织面料（织物）设计的定样产品应用于服装服饰品、家纺装饰品或产业用纺织品的成品制作，并确定合适的设计营销模式进行市场推广，通过纺织品最终产品的价值实现来实现纺织品设计的价值。

从设计构思、产品设计、设计试样到设计应用和设计营销，整个纺织品设计流程是一个可循环的过程，设计流程中各个设计环节可以通过效果反馈对原有设计提出修改建议，进行设计改进，重新进入流程，进行设计循环往复，直至满意。在完成一个纺织品设计流程后，即可开启新的纺织品设计流程。

第二节　纺织品设计方法

根据纺织品设计的流程，通用的纺织品设计方法包括纺织品设计综合分析、纺织品设计实践、纺织品设计营销三种形式。如图4-2-1所示，纺织品设计综合分析是初次接触纺织品设计工作的设计师所必需的学习的方法；纺织品设计实践是熟练纺织品设计师开展设计工作的方法；纺织品设计营销是随着D2C（direct to customer）设计营销模式的推广，纺织品"设计营销一体化"的设计模式，也是传统纺织品设计方法的延伸。

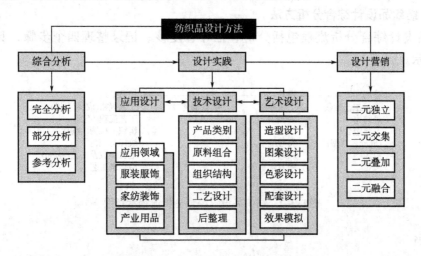

图4-2-1　纺织品设计方法示意图

一、纺织品设计综合分析

（一）纺织品设计综合分析基本概念

纺织品设计综合分析是纺织品设计初学者的必经之路，是纺织品设计专业交流的基础，是把握纺织品设计流行信息的途径，也是继承和发展传统的优秀纺织品设计的主要方法。

1. 定义

纺织品设计综合分析是分析纺织品样品，使之能重新生产制作的过程。主要有完全分析、部分分析和参考分析三种形式。

（1）完全分析。模仿纺织品样品的整体效果（完全或近乎完全相同）。

（2）部分分析。分析纺织品样品的部分效果，用于再设计（部分相同）。

（3）参考分析。分析纺织品样品的全部或部分效果，用于设计参考（全不相同）。

2. 主要环节

纺织品设计综合分析包括以下主要环节，通过分析达到掌握样品设计与生产的工艺和效果的目的。

（1）原料效果。原料成分和线型效果。

（2）面料效果。面料组织结构效果。

（3）造型效果。成品的应用造型结构效果。

（4）配色效果。原料、面料和成品的配色效果。

（5）生产工艺。原料准备工艺、面料生产工艺和后整理工艺、成品制作工艺等。

3. 标准

纺织品设计综合分析的标准以准确分析并获得样品设计与生产的工艺为原则，综合分析的准确率是考核的标准，其他还包括以下几方面。

（1）纺织品原料、面料、成品风格和整体技术把握准确，关键技术分析透彻。

（2）纺织品各技术项目分析准确，结构合理，计算正确，生产制作工艺操作方便。

（3）分析结果记录工整、规范，填写纺织品生产相关的织物工艺规格和成品制作工艺单。

（二）纺织品设计综合分析方法

纺织品设计综合分析流程包括分析、推导、复核、记录整理四个步骤，具体内容如图4-2-2所示。

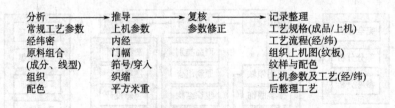

图4-2-2 纺织品设计综合分析流程示意图

1. 分析

将纺织品原料、面料和成品直接提供的产品特征、结构和相关数据做精确的记录。

（1）织物外观。

① 原料经纬方向分析依据。经密大于纬密；经原料优于纬原料，线密度小为经，强力好耐磨为经；绸边和边幅撑；筘痕（路）。

② 织物正反面分析依据。光洁，美观，花纹清晰；组织结构边缘处理良好；优质原料在表面较多。

（2）经纬组合。

① 原料成分分析采用原料鉴别方法，包括经验法、燃烧法、显微镜法、试剂法。

经验法：纤维的外形、色泽、弹性、强力和主要性能；天然纤维：棉为38mm（0.165~0.22tex）、毛为65~120mm（0.275~0.55tex）、丝、麻为120~200mm；合成纤维（涤、腈、锦、丙、维、氨）中长纤维为51~76mm（0.275~0.33tex）；人造纤维（黏胶/醋酯/酮氨—人造丝、人造棉）湿强度低。

燃烧法：燃烧前后的形状、火焰、气味、烟尘、灰烬的状态。真丝：强烈毛臭味；棉：焦黄，烧纸气味；羊毛：强烈毛臭味，松脆黑球；黏胶人造丝：易燃，灰烬白而少；合成纤维：融化后延烧，灰烬似玻璃。

显微镜法：纤维微观特征。真丝：双丝素；棉：横截面呈腰圆；羊毛：表面有鳞片；化学纤维：光洁表面。

试剂法：用酸、碱、染色来区别原料成分。

② 线型分析。包括长丝、短纱、并线、花式丝、纱、线及特殊复合线型的鉴别。方法是：保留原始状态，再退解，再分析测试，最后复核结果。

③ 织物组织结构主要是针对面料分析。确定经纬向后，在织物表面确定一个起始点，依次分析经线/纬线交织规律，并记录直至完成一个组织循环，组织结构是分析织物密度的依据。素织物要分析出上机图；提花织物则要分析列出所有组织。方法是：先分析主要组织结构，通过组织配合原理和交织平衡原理来循环分析、推理、修正的过程，直到分析出所有组织。

2. 推导

利用分析所得数据，根据织物用途及生产条件，推导出完整的纺织品工艺规格表。

（1）幅宽。按织物用途及生产条件推导成品内幅和外幅。

服用：薄型为60~100g/m²，90~92cm（36英寸）；中型为100~250g/m²，110~112cm（44英寸）；厚型为250~500g/m²，140~144cm（56英寸）；

装饰用：150cm、300cm、140cm、280cm；

生产设备：织机、印染设备、后整理设备，门幅宽生产效率高。

（2）上机方法（因原料及生产工艺而异）。

织机：传统织机和新型织机。人造丝：亲水，不可用喷水织机；桑蚕丝：原料重，不可用喷气织机；左右捻原料：需要双喷的喷气织机或双选纬的传统或新型织机；多色选纬：剑杆织机最适合；

开口设备：踏盘、多臂、提花分别用踏盘片、综片、纹针来控制经线提升织造。踏盘机构结构简单；多臂机构结构较复杂；提花机构结构最复杂，可生产的花纹也最复杂。

（3）经丝数。

$$内经丝数=经密×成品内幅（修正）$$

$$一花经丝数=经密×一花幅（修正）$$

（4）缩率。

$$成品内幅×（1+织缩率）=上机幅度（筘幅）$$

（5）筘号/总筘齿。

$$筘号=内经丝数/（筘幅×穿入数）$$

$$总筘齿=内经丝数/穿入数$$

（6）平方米克重。

$$平方米经线克重=（旦尼尔/9000）×经密×织缩（20\%）×100$$

$$平方米纬线克重=（旦尼尔/9000）×纬密×织缩（20\%）×100$$

常用换算：平方米克重=平方米经线克重+平方米纬线克重；旦尼尔=5315/英制支数，适用棉型原料；旦尼尔=9000/公制支数，适用毛型原料。

（7）绸边。包括边经数，边经密。

（8）确定纺织产品上机工艺和后整理工艺。

（9）完成纹制工艺（上机图或图案意匠纹板设计）。

3. 复核

数据修正和相互验证后填写纺织品设计综合分析的工艺规格单。制订纺织品生产的工艺流程，包括各生产环节的工艺，并对工艺可行性进行必要分析。

4. 记录整理

将准确的纺织品设计综合分析的工艺规格单整理完，用于纺织品生产制作，并在生产制作过程中不断修正，直到纺织品制作成型。

二、纺织品设计实践

（一）纺织品应用设计

纺织品应用设计是针对纺织生活中不同应用领域的纺织产品的设计行为。纺织品在人类纺织生活中的应用领域广泛，并随着人类认知和科技的不断进步，纺织品的应用领域也不断扩展。

根据不同的纺织生活需求，纺织品应用设计主要包括服装服饰用、家纺装饰用和产业用三大领域的纺织产品。

1. 服装服饰用纺织品设计

服装服饰用纺织品设计是满足纺织生活中人类身体的需求所进行的纺织品设计，包括服装和服饰纺织品的原料设计、面料设计和造型设计。

纺织原料和纺织面料是目前制作服装服饰产品的最主要材料之一，服装服饰品也包含非纺织材料的产品，如木材、珠宝、金属、塑料、皮革、陶瓷、橡胶等。

2. 家纺装饰用纺织品设计

家纺装饰用纺织品设计是满足纺织生活中人类室内居住环境的需求所进行的纺织品设

计，包括家纺装饰纺织品的原料设计、面料设计和造型设计。

纺织原料和纺织面料是目前制作家纺装饰产品的最主要材料之一，除家纺装饰品外，室内装饰品还包含以木材、玻璃、橡胶、金属、塑料、皮革、陶瓷等非纺织类材料制作的产品。

3. 产业用纺织品设计

产业用纺织品设计是满足纺织生活中除人类身体和室内外居住环境需求外的其他产业应用需求所进行的纺织品设计，如农林牧渔业纺织品设计、医疗健康产业纺织品设计、交通运输业纺织品设计、军工纺织品设计、文化娱乐产业纺织品设计、航天及海洋产业纺织品设计等。

各类型产业用纺织品的应用设计都包括产业用纺织品的原料设计、面料设计和造型设计三个环节的内容。

纺织品、服装服饰品、室内装饰品和产业用品之间的关系如图4-2-3所示。设计师可以采用纺织材料制作的服装服饰品、室内装饰品和产业用品，也可以采用除纺织材料外的其他材料来制作。

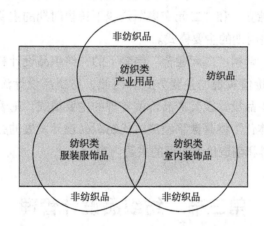

图4-2-3　纺织品、服装服饰品、室内装饰品和产业用品之间的关系

（二）纺织品艺术设计

纺织品艺术设计是实现纺织品艺术美特征（造型美、纹饰美、色彩美）的设计行为和过程。

纺织品艺术设计隶属于艺术设计范畴下的实用艺术设计领域，从艺术的角度来诠释纺织品设计，并用艺术设计的理论和方法论来指导纺织品的外观与风格设计，以实现纺织品美观性的设计目标。

从内容看，纺织品艺术设计主要包括五个部分：纺织品图案设计、纺织品色彩设计、纺织品造型设计、纺织品配套设计、纺织品应用设计及效果模拟。

（三）纺织品技术设计

纺织品技术设计是实现纺织品技术美特征（材质美、工艺美）的设计行为和过程。

纺织品技术设计隶属于工程技术范畴下的纺织工程技术领域，从技术的角度来诠释纺织品设计，并用工程设计的理论和方法论来指导纺织品的内涵与品质设计，以实现纺织品实用性的设计目标。

从内容看,纺织品技术设计主要包括五个部分:纺织品类别设计、纺织品原料组合设计、纺织品组织结构设计、纺织品工艺设计、纺织品后整理设计。

三、纺织品设计营销

1. 概念

纺织品设计营销又称纺织品营商设计,是以实现纺织品设计及其产品价值为目的,将纺织品设计行为与商品营销方式有机结合,把纺织品设计从产品创造环节延伸到商业营销环节的行为过程。

纺织品设计营销也是纺织品设计批评的商业化行为,包括纺织品设计消费对象分析、目标市场选择、营销策略制订、营销模式构建和营销过程控制等内容。

2. 发展历程

纺织品的设计、生产、营销环节在发展过程中分别演绎了设计与营销"二元独立""二元交集""二元叠加"和"二元融合"四个发展阶段。每个阶段都有其独特的社会经济、科学技术特征。"二元独立"和"二元交集"是线下销售时期的主要模式。"二元叠加"和"二元融合"是线上销售时期的主要模式。

纺织品设计、生产、营销"二元融合"趋势下的"纺织品设计和营销一体化"模式是未来纺织品设计及其产品价值实现的主要方式。因此,纺织品设计流程中设计与营销环节的"二元融合"是当代纺织品设计及其产品价值实现的主要模式。随着数字经济的迅猛发展,"纺织品设计和营销一体化"将是数字经济时代纺织品设计发展的必然趋势。纺织品设计营销将成为纺织品设计思辨和创造价值实现的主要内容。

第三节 纺织品设计管理

一、纺织品设计规划管理

在愿景、使命和价值观的指导下,纺织企业结合发展战略,对纺织品进行设计规划的制订和实施的管理过程。纺织品设计规划管理是以消费理念、生活方式、产业经济、纺织科技、流行趋势、竞争对手、可持续发展以及企业内部资源能力为基本依据,分析市场需求、自身优势以及目标收益,研究产品定位、产品结构以及不同产品系列的投入、产出、市场占有率和市场成长性,测定产品的投资利润率,规划产品的资金分配,决定产品的投资组合计划,并依此确定技术创新方向、产品设计方案和市场营销策略,最终建立结构化柔性组织,完善产品开发流程,提升纺织品开发效率和效益。

1. 纺织品设计规划

纺织品设计规划是针对具体的细分市场,纺织企业用来获得产品竞争优势的一系列相互整合、协调的策略和行动。纺织品设计规划综合考虑市场、技术、装备、人员以及资源配置策略,对纺织品设计领域、纺织品设计目标、达成目标的途径和方法、达成目标的主要步骤和时间区间进行总体规划。纺织品设计规划应当注重可持续发展理念，关注生态与环保政策、制度和标准，确保纺织品生产过程符合环保理念，并有效管控有害化学品。纺织品设计规划是纺织企业产品设计的路线图，指引纺织品设计的方向和路标，具备全局性、前瞻性、系统性、竞争性和相对稳定性。

2. 纺织品设计规划制订

纺织品设计规划制订是指将纺织品设计规划落实到市场运营、产品线、核心技术、资源配置、供应链管理以及激励机制等一系列相关计划的总体流程。纺织品设计规划的制订应当以企业发展规划为指导，与市场规划、营销规划和技术规划等保持一致性和协调性。纺织品设计规划制订的主要内容包括：① 确定市场定位和价值客户，明确能够满足客户需求的体系化的产品结构；② 定义企业产品线，完成产品线规划；③ 制订核心技术规划和产品开发规划；④ 制订人力、物力和财力资源配置计划及管理改进规划；⑤ 培训并将纺织品设计规划落实到绩效管理。纺织品设计规划制订应当由企业高层领导主持，市场、营销、技术、质量、财务等相关部门共同参与；必要时，可委托行业中介机构或专业咨询公司协助制订。

3. 纺织品设计规划实施

纺织品设计规划实施是将纺织品设计规划付诸实施的过程。纺织品设计规划的实施是纺织品设计规划管理过程的行动阶段，是一个自上而下的动态管理过程。纺织品设计规划在企业管理层达成一致后，在具体执行方案和项目中得以分解、落实，分解要明确所采取的具体行动以及完成行动的人力资源和责任，落实要在"分析—决策—执行—反馈—再分析—再决策—再执行"的不断循环中实现规划、目标、预算、运营和绩效的联动与持续改进。纺织品设计规划的持续实施需要组织保障和绩效管理，稳定灵活的企业组织结构能够提供持续管理日常工作所需的能力，探索获取新的市场竞争可能性，统筹配置人力、物力和财力资源，同时通过过程监控和结果考核相结合的绩效管理，激发员工的工作热情和提高员工的能力和素质，从而确保纺织品设计规划的实施和既定目标的实现。

二、纺织品设计组织管理

纺织品设计组织管理是指通过整合、协调纺织品设计相关人员、资源，以有效实现纺织品设计组织目标而进行的活动。它是以客户需求为出发点，将市场、技术、产品、营销等各个环节有机地组合起来，建立横向紧密联系的矩阵式有机管理系统，使纺织品设计相关人员在流程中承担相应的职责，以协同解决客户需求，为工作界定标准。

1. 组织体系

确定实现纺织品设计组织目标所需要的活动与分工，包括市场体系、技术体系、产品体系、营销体系和支撑体系等内容。具有以下特征：全面、准确的信息收集和分析能力，能够具备交叉职能的纺织品设计团队，决策过程中责任和权力的分散性，以及设计过程中技术平台快速反应的灵活性。

2. 组织设置

以实现对客户需求的快速反应为目标，建立由技术、设计、采购、生产、市场、财务等组成的横向紧密联系的跨部门的纺织品设计团队，明确各自的责任，并授予相应的权力。其一是执行高层管理决策的集成产品管理团队，其职责包括：提出纺织品设计规划实施方案，设计商业模式和组织结构；参与客户关系管理，推动客户关系的突破和拓展；进行重大项目的全流程、全要素管理。其二是执行纺织品设计项目的产品线管理团队，其职责包括：管理产品目标，完成从概念设计到市场推广，保证实现新产品利润目标；管理项目过程，制订项目计划、预算并协调项目资源；控制项目进展，确定决策评审点；确保与市场和营销的畅通。

3. 组织运行

对内以人为本，针对人的成长和能力提高制订规章制度，培养纺织品设计组织的持续创新能力，主要包括促进授权、创新的组织结构和职位设计；促进设计团队与管理团队间沟通；促进知识共享和组织学习；建立绩效考核和激励机制；加强教育、培训和人的发展；勤于观察、思考和实践；采取改进措施和决策等。对外协同创新，组建、参与由产业链上下游若干企业为共同获得某个市场机遇而组成的灵活、合作、协调、有机的创新联盟，有效整合内外信息流、技术流、物流、资金流等资源要素，形成完整高效的运行系统，实现新产品设计的快速反应并降低成本，满足客户需求，达成持续赢利目标，形成具有独特核心竞争力的整体解决方案。

三、纺织品设计流程管理

纺织品设计流程管理是从纺织生产生活需求出发，针对纺织品设计构思、设计方案和设计制作等行为过程进行的管理活动，包括进行流程规划与建设，建立流程组织机构，明确流程管理责任，监控与评审流程运行绩效，适时进行流程变革等方面。纺织品设计流程的有效实施，离不开市场、技术、服务、工艺、测试、制造等部门成员间的高效协作，同时按照纺织品设计流程的阶段、步骤、任务和活动逐级递进编制流程管理文件，总结先进的管理方法和经验，此外，提高纺织品设计团队（部门）的执行力也必不可少。

1. 纺织品设计流程

纺织品设计流程是指从纤维材料开始，经纺织原料的线状加工、纺织面料的面状加工和纺织造型的体状加工，直至纺织品终端成品的制作成形过程。包括针对所有纺织原料、纺织面料到纺织造型产品的中间制品和终端制成品的设计构思、设计方案、设计制作的行为过程。

2. 纺织品设计构思

对纺织品的构想和思辨行为，是纺织品设计师在孕育纺织品过程中的思维活动，亦指构想和思辨的结果。包括收集满足生活、生产需求的设计信息，通过人（消费者）、事（潜在消费事件）、物（纺织品）的设计信息收集和分析，确定纺织品设计方向。基本原则以纺织品的实用性、美观性和经济性为目标。其中实用性原则是产品设计决定性因素，解决纺织品设计构思环节中的产品功用定位问题；美观性因素是增加产品附加值的主要因素，解决纺织品设计构思环节中的产品艺术风格问题；经济性因素是合理控制产品设计和生产成本，通过设计营销获取经济效益的主要因素，解决纺织品设计构思环节中的产品设计价值如何实现的问题。

3. 纺织品设计方案

在纺织品设计构思基础上进一步制订的纺织品设计整体实施计划和具体的行动方案，直接用于指导产品的设计和开发，是纺织品设计构思的文字体现。纺织品设计方案通常包含相应设计对象的基本特征，设计过程中各种艺术、技术和营商环节的问题和解决方法，以及可反映出设计方案的最优化特征的其他比较设计方案。

4. 纺织品设计制作

纺织品设计方案的具体实施过程，即针对纺织品的加工制作过程，包括产品设计和设计试样两个环节。产品设计环节主要包括体现"艺工商结合"的技术设计和艺术设计两个相互关联的部分。设计试样环节是完成纺织品设计进行试生产的过程，一般分成初试和复试两个阶段。

对纺织品设计流程进行管理还应当通过决策评审和技术评审进行流程控制与质量管理。决策评审针对市场定位和财务收益，包括概念决策评审、计划决策评审、可获得性决策评审（开发、验证）和生命周期终止决策评审（需求变更、客户关系）等。技术评审针对技术研发与产品开发，包括产品需求和概念评审、需求分解和规格评审、设计要素评审、试制样品评审、小批量评审（评估技术成熟度及进入批量生产的风险）。

四、纺织品设计技术管理

对纺织品设计工作中所使用的技术资源、技术实施流程进行管理，将有效技术应用于纺织品设计开发的全过程中，实现纺织品生产绩效的最大化。通过对现有、潜在技术资源进行探索收集，制订技术实施规划，进行技术经济论证和可行性分析，实施技术研发、技术改造和技术成果转化，保证纺织品设计工作的顺利实施。

1. 纺织品设计技术管理平台建设

通过建立纺织品设计技术平台，按照核心技术、关键技术、通用技术和一般技术进行平台管理和建设，保障快速便捷地获取产品开发资源配置，并将产品开发过程中积累的技术方案进行共性技术要素的分析和总结。在纺织品设计产品开发过程中，通过共享技术平台的成熟技术，并与新材料、新技术、新工艺以及客户差异化产品需求相结合，有效降低研发成本和缩短研发周期，保障企业快速获取新的市场机会，高质量地满足客户需求。

2. 纺织品设计技术研发流程

纺织品设计的技术研发流程通常包括立项、研发、验证、发布、档案管理五个阶段。第一阶段，技术研发团队依据纺织品开发战略和开发需求进行分析，完成技术规格说明书、概要设计、项目计划及可行性分析。第二阶段，技术研发团队根据项目计划完成研发，按照PDCA程序开展技术研发活动，做好项目的策划、实施、检查和评价，准确记录研发数据和相关资料，以此作为开展研发活动和评价成果的依据，并对技术效果进行试用评价。第三阶段，由技术管理委员会或技术管理领导机构（部门）完成技术研发项目验证，并制订技术成果的产业化应用实施方案。第四阶段，将研发的技术应用于产品开发，对技术成熟度进行评估，完成项目总结，发布技术创新成果。第五阶段，将通过验收审核的技术资料提交技术平台进行统一管理，技术档案强调完整性、准确性、实用性和可继承性，便于检索和使用，以便产品开发时共享成熟技术。

3. 纺织品设计技术管理的实施

根据纺织品开发战略规划，对现有的纺织品设计技术进行评价，对产品开发所需求的潜在技术进行分析，提出技术发展规划，开展技术预研，建立技术架构，从技术的竞争性、专有性和实用性三个维度对纺织品设计所需技术的潜力进行评估，明确核心技术、关键技术、一般技术和通用技术，进行研发资源分配与进度安排，确保充分发挥技术管理的实施对新产品开发的支撑作用。并通过建立协同创新的纺织品设计技术研发体系，充分开展产学研合作，借助科研机构、大专院校以及专业供应商的技术资源，提高技术研发的市场有效性和成功率。

五、纺织品设计营销管理

以实现纺织品设计及其产品价值为目的，将纺织品设计行为与商品营销方式有机结合，进而规划和实施营销理念、制订市场营销组合的动态及系统的管理过程。纺织品设计营销管理也是对纺织品设计批评的商业化延伸，主要包括纺织品设计目标定位与纺织品设计营销规划两部分，具体过程为：分析市场机会、选择目标市场、拟定市场营销组合、组织执行和控制市场营销。

1. 纺织品设计目标定位

根据所设计纺织品的特点，分析目标消费者需求，综合考虑自身核心竞争优势和竞争者产品在市场上所处的位置，选择合理的细分市场定位，制订相应的目标市场竞争战略。首先通过流行趋势分析、消费者访谈、行业展会调研等多种方法和渠道对目标消费者及其购买行为进行全面的市场分析和评价，包括对产品的市场规模、性质、特点、市场容量及吸引范围等进行全面的调查和分析，挖掘营销机会；进而结合产品特点、自身核心竞争优势和竞争者产品在市场上所处的位置，认真分析消费者需求下产品定位的目标价值，综合分析评估后选定目标细分市场，制订差异化的目标市场竞争战略。

2. 纺织品设计营销规划

纺织品设计营销规划是指根据纺织品设计目标，选择有效的营销策略，制订系统、详细的纺织品营销计划，并建立相应的营销规划实施控制系统对营销全过程实行有效管控的过程。具体而言，根据选定的特定目标市场的需求和针对特定目标市场制订的竞争性定位战略，对产品结构、产品价格、销售渠道、促销组合、品牌计划等各种营销因素进行优化组合和综合运用，考虑整体协同作用，制订合理有效的产品营销组合策略，以实现产品的战略目标和营销目标。加强销售网络建设，科学设计规划销售渠道，应重视新媒体传播渠道和电子商务、移动互联网等终端模式，建立多层次的产品销售渠道。制订合理的品牌计划，可以有效提升品牌在研发、设计、生产、销售、物流、服务以及宣传推广各环节的整合能力。通过营销规划实施的控制系统可及时发现营销规划本身和营销规划实施中的问题，分析原因并及时反馈给有关管理者和决策者，及时修订营销规划及实施方案。

第四节 纺织品设计方法拓展

一、纺织品风格设计

综合考虑消费者的视觉和触觉两大感知要素，是纺织品本身所固有的物理刺激作用于人的感觉器官而产生的心理反应和审美特征，分为触觉风格设计和视觉风格设计。触觉风格主要体现在消费者通过手进行触摸、抓握时产生的感知而形成的生理和心理反应。视觉风格主要由消费者通过眼睛观察纺织品形状、色彩、光泽和图像等特征形成的生理和心理反应。纺织品风格设计主要通过纤维材料、色彩和纹样、纺织生产工艺等方面实现，纤维材料是纺织品设计创新的物质基础，从天然纤维到化学纤维，从单一组分到多重组分，不同纤维材料的使用体现出纺织品不同的触感和装饰感；色彩和纹样是纺织品视觉审美的决定因素，是纺织品艺术风格的体现；生产工艺是纺织品加工和美化的手段，也是创造纺织品触感和视觉美学的技术方法。纺织品的色彩与纹样设计需要特定的纤维材料和生产工艺来实现，纤维材料和生产工艺的创新则进一步丰富了纺织品色彩和纹样的艺术风格表现力。

1. 纺织品触觉风格设计

纺织品触觉风格设计又称纺织品手感设计。纺织品手感是指纺织品的力学性能在消费者用手触摸、抓握时产生的变化作用于消费者的生理和心理反应，如刚柔、滑爽、滑糯、冷暖、丰厚、挺括、活络等。影响因素主要有纤维原料、纱线结构、组织结构、染整工艺等。

（1）纤维原料。纤维材料的截面形态、线密度、长度、强力、弹性和卷曲度等一系列物理特性以及独有的化学特性是纺织品纺纱、织造和染整工艺的关键技术参数，对纺织品的触觉风格有显著影响。

（2）纱线结构。纱线线密度低可设计细洁、紧密、柔软、滑爽、光泽、弹性等纺织品，线密度高可设计硬挺、厚实、耐磨等纺织品。纱线捻度影响纺织品的触感、光泽、强力等，在临界捻度范围内，纱线捻度增加，纺织品硬挺、强力提高、光泽变弱；捻度减小，纺织品手感柔软、光泽好、强力减弱。

（3）组织结构。组织结构影响纺织品的性能、表面纹理和风格，如轻薄的纺织品采用平纹组织，手感滑爽、质地柔软的纺织品常采用缎纹组织；经纬紧度大，纺织品厚实、硬挺、耐磨，紧度小，则纺织品稀薄、柔软、透通性好。

（4）染整工艺。染整工艺是纺织品触觉设计的重要技术手段，不同的染整工艺，能够给予同一纺织品坯布明显不同的触觉感知。例如，柔软整理赋予纺织品柔软、平滑的手感；机械柔软整理通过挤压、搓揉等机械方法，使纤维发生应力松弛，进而使纺织品获得柔软效果；化学柔软整理通过柔软剂降低纤维间、纱线间的摩擦力，在纺织品受到外力时，纤维、纱线更容易滑动，手感柔顺；防皱整理赋予纺织品不易产生褶皱或产生褶皱易回复原状的性能，并在使用过程中能保持平挺的外观；磨绒、磨毛整理把纤维从纺织品中拉出形成细密的绒毛，使其具有柔软、细致的绒质感；生物酶整理使纺织品织纹清晰，表面更光洁，色泽更艳丽，减少茸毛抗起球的性能和柔软滑爽的手感；涂层整理使纺织品不仅具有崭新的外观效果，而且带来不同的手感，如金属质感、纸质感、油蜡感、皮革感等；复合整理能够将不同质地的纺织品复合在一起，形成两面完全不同的手感效果，给消费者带来更多时尚与性能的体验。

2. 纺织品视觉风格设计

消费者通过眼睛观察纺织品的形状、色彩和图像等特征形成的生理和心理反应，主要从色彩、光泽、纹样、质地与表面形态效应等要素进行设计和评定。

（1）色彩。色彩是纺织品审美特征最主要的设计元素，也是纺织品流行特征最明显的设计元素。一方面，色彩是一种视觉现象，是通过色彩属性和配色方式形成的消费审美，配色是色彩基本属性的对比变化，配色设计需要考虑色相、明度、纯度以及面积大小等因素，突出重点色彩作为主色调，同时有适当的辅助色彩烘托，呈现色彩的层次感，通过不同的色彩组合使消费者感受到显著的视觉差异和不同的心理体验；另一方面，流行趋势是纺织品设计重要的参考因素，通过流行色应用体现不同时间和地域的目标消费者的文化诉求与消费心理，促进纺织品的设计价值通过消费者的时尚认同转化为商业价值。

（2）光泽。纺织品表面的光泽是正反射光、表面散射反射光和来自内部的散射反射光共同作用的结果，是人的视觉对面料光泽的心理反应。纺织品的反射光线由纤维性能、组织结构和染整工艺等决定。与纤维性能相关的光泽特征，如有光泽、无光泽、亚光光泽、柔和光泽、珍珠光泽等；与组织结构相关的视觉特征，如光滑、凹凸、细腻、粗糙等；与染整工艺相关的光泽特征，如金属光泽、蜡质光感、水润光泽等。

（3）纹样。既是纺织品审美特征最主要的设计元素，也是流行特征最明显的设计元素。主要为利用染色、色织、印花和提花等工艺技术实现的视觉装饰效果，常采用几何、花卉、卡通、人物、风景等多种题材的纹样。采用绣花、烂花、轧花、镂空、剪花、贴花等深加工工艺，具有强烈的光感效果及强烈的立体效应，能够更加丰富地表达纹样的风格特征。

（4）质地。通过纤维材料、纱线结构和组织结构进行设计。纤维材料影响纺织品表面风格，纱线结构和组织结构形成纺织品肌理外观，三者结合构成了纺织品的不同质地风格。

（5）表面形态效应。纺织品表面形态包括：光洁、粗糙、细腻、粗犷、褶皱、毛绒、凹凸、透明、皮革感、纸质感等，主要通过轧光、压皱、烫金、绗缝、镂空、起绒、植绒等后整理加工技术实现。

二、纺织品延展设计

纺织品延展设计是指在符合纺织品基本设计指标与品质标准的前提下，依据流行趋势，通过色彩、原料成分、纱线与组织结构、染整工艺等技术参数对纺织品的流行性、功能性和可持续性进行系列化设计的过程。设计前应先了解产品的用途和使用对象，明确产品的品质标准、风格特征和技术性能等设计要求，通过流行色、原料、纱线、组织结构、花型图案及染整工艺等设计元素实现纺织品更时尚的流行性、更优化的功能性和更强的可持续性。

（1）流行色。依据权威机构发布的流行趋势预测报告，结合对纤维、纱线、面料、织造、染整等方面的专业分析研究，进行纺织品的色彩设计。

（2）原料。纺织品原料不同的物理化学特性和品质风格特征可满足不同的产品需求。将不同的纤维原料进行混纺或交织，可以实现优于原有单一性能的互补效果；随着可持续时尚理念的影响，生态环保材料的应用也越来越受到重视。

（3）纱线。主要考虑线密度、捻度、捻向、单纱或股线等因素，在满足产品密度、毛羽、扭矩和强力等前提下，设计时可考虑单纱与股线的转换，以改善产品品质或降低原料成本，花式纱线的应用可显著增加色彩特征与外观肌理的表现力。

（4）组织结构。组织结构是体现产品外观、风格和性能的主要设计元素，可改变产品纱线结构、组织密度等参数进行延展设计，并注重产品的紧密度、纱线线密度与克重之间的相互关联。

（5）花型图案设计。以图案流行趋势为主要依据，根据所使用的纱线与组织结构参数，对花型图案进行设计。

（6）染整工艺设计。在设计基本染整工艺的同时，考虑是否有特殊整理工艺要求，如起毛、烂花、防水、防污、防油、柔软整理等，要随着原料、纱线与组织结构等参数的变化，设计相应的染整工艺流程。

三、纺织品功能设计

纺织品功能设计是指赋予纺织品舒适、卫生、保健、生态环保、安全防护、易保养、智能响应等功能特性的科学方法。对纺织品进行功能设计，不仅需要纤维、纺纱、织造、染整加工等的紧密配合，更需要多学科的相互渗透、交叉和融合。纺织品功能设计的主要设计对象为织物，主要设计内容包括纺织品舒适设计、纺织品卫生设计、纺织品保健设计、纺织品安全防护设计、纺织品易保养性设计、纺织品生态环保设计以及智能纺织品设计等。

（一）影响因素

纺织品功能设计主要受纤维、纱线等原料的物理化学性能和织物生产加工方式影响。纤维是构成纺织品的基础材料，纤维的分子结构、聚集态结构、形态结构以及力学、热学、光学、电学性质等性能从根本上影响着纺织品的功能设计；纤维的性能需要通过纱线、织物的具体形式表现出来，必然也会受到纱线的线密度、捻度、毛羽、纱线中纤维分布等结构特征和拉伸、弯曲、扭转、压缩、磨损等力学性质，以及织物的组织结构、拉伸性能、撕裂性能、顶破性能、弯曲性能、耐久性等基本特征的制约；同时，纤维和纱线的可加工性，织物的织造、染整等加工方法也会影响纺织品的功能设计。因此，进行纺织品功能设计时，应善于统筹考虑各种影响因素，使其有利于纤维、纱线、织物性能在纺织品中的充分发挥，有助于功能性纺织品的顺利开发。

（二）设计方法

进行纺织品功能设计，即使纺织品的某项或多项功能被强化或其他某项或多项功能被附加于纺织品中，可以通过不同的技术思路实现。① 直接利用功能纤维，通过纺织品的成分组成设计、组织结构设计、外观形状设计来开发纺织品功能，可以全部使用功能纤维，也可以采用功能纤维与其他纺织纤维混纺或交织的方式；② 通过纱线的加工，控制混合、梳理、并和、牵伸、加捻、热定形等过程，改变纱线的结构特征和力学性质，使纺织品具有功能特性；③ 通过机织、针织、非织造等加工方法，改变织物的组织结构和力学性能，使纺织品具有功能特性；④ 对常规纺织品进行染整加工，如采用浸渍、浸轧、喷淋、涂层和层压复合等工艺，以开发纺织品不同的功能。

（三）功能设计

1.纺织品舒适设计

赋予纺织品舒适功能特性，使人体对纺织品产生良好生理感觉的纺织品设计。涉及纺织品的透通性、热湿舒适性、防刺痒作用、防静电刺激等具体设计内容。纤维的种类、织物的组织结构以及对织物进行染整加工等都会影响纺织品的舒适性。

（1）设计内容。透通性设计，即通过改善纺织品对气体、液体甚至电子、光子等的导通传递性能，实现对纺织品透气、保暖、凉爽、透湿、拒水、导水、遮光、防紫外线等功能设计；热湿舒适性设计，即使织物在人体与环境的热湿传递间维持和调节人体体温稳定、微环境湿度适宜的性能；防刺痒设计，即减少织物表面硬挺突出的毛羽对皮肤的刺扎疼痛和轻扎、划拉、摩擦等感觉；防静电设计，即通过改善纤维材料的抗静电性，减少织物间、织物与皮肤间或织物与其他材料间因接触、摩擦和分离作用而产生的静电刺激。

（2）设计方法。采用具有舒适功能的纤维设计制成原料型舒适纺织品，如棉、亚麻、大麻织物具有良好的吸湿透气性，桑蚕丝织物吸湿、柔软、滑爽，山羊绒、牦牛绒织物柔软滑糯、蓬松保暖；采用物理或化学改性处理的差别化纤维设计制成改性型舒适纺织品，如采用异形截面纤维、复合纤维、超细纤维、异形混纤丝、变形丝等差别化纤维设计制成的织物可以实现抗静电、吸湿排汗、柔软细腻、蓬松保暖等舒适性能；通过改变纺织品的组织结构制成结构型舒适纺织品，如通过改变织物交织点密度来获得不同柔软度和透气性，设计双面、双层、多层结构织物，可兼顾舒适保暖、吸湿排汗、遮光、防紫外线等功能；通过运用功能整理技术制成整理型舒适纺织品，如通过起绒、磨毛等机械表面整理技术使纺织品具有舒适保暖性，通过拉毛、梳毛、压烫或烧毛、剪毛等处理消除纺织品的刺痒感，通过浸轧亲水聚合整理剂使纺织品具有微气候调节功能，通过涂层整理、层压复合整理赋予纺织品吸湿、透湿、防静电、柔软、保暖等特性。

2.纺织品卫生设计

纺织品卫生设计是指涉及抗菌、防臭、消臭、防霉、防虫等卫生功能的纺织品设计。纺织品经卫生设计后，可以杀死或抑制病菌、霉菌等微生物的生长繁殖，驱避或杀灭有害虫类，从而具有卫生功能。

纺织品是人类接触最多的材料，在人体穿着过程中，会沾上汗液、皮脂以及其他各种人体分泌物，也会被环境中的污物所沾污。这些污物是各种微生物的良好营养源，尤其在高温潮湿条件下，成为各种微生物繁殖的良好环境，因此，在微生物的繁殖和传递过程中，纺织品是一个重要的媒介。若赋予纺织品卫生的功能，则不仅可以避免纺织品因微生物的侵蚀而受损，还可以截断纺织品传递病菌的途径，阻止病菌在纺织品上的繁殖以及细菌分解织物或其上的污物而产生异味（大多分解产物为有机酸类和氨类物质），从而可避免疾病传播及对人类的危害。

纺织品卫生设计的方法主要有通过纤维自有属性获得、通过对纤维进行功能改性或与其他材料复合获得以及通过对纺织品进行抗菌、防臭、防虫等后整理获得。直接采用具有抗菌功能的纤维（如麻纤维、竹原纤维等）设计制成纺织品，即原料型纺织品卫生设计。采用改性纤维、功能整理纤维或功能纤维混纺纱线设计制成纺织品，即改性型纺织品卫生设计。通过运用功能整理剂（如天然抗菌剂、无机纳米抗菌剂、有机抗菌防霉剂等）对纺织品进行整理，即整理型纺织品卫生设计。

3.纺织品保健设计

纺织品保健设计是指赋予纺织品保健功能特性，保护和增进人体健康、预防疾病的纺织品设计。涉及香味、负离子、远红外、药物等各种保健功能纺织品的设计。纺织品的保健功能主要通过采用改性纤维或功能整理的设计方法获得。

（1）赋予纺织品香味。一方面可以通过共混法、复合纺丝法、中空纤维法等，将芳香物质加到纤维上，制备芳香纤维，然后采用芳香纤维制成香味纺织品；另一方面可以通过浸渍、涂覆的方法，将芳香物质整理到织物上制备香味纺织品。

（2）负离子技术应用于纺织品。主要有两种形式：一种是加入负离子添加剂制成负离子纤维；另一种是将负离子添加剂加入到黏合剂或涂层剂中制成功能性整理剂，施加到纺织品上。常用的负离子添加剂为电气石、蛋白石等天然矿石物质。

（3）赋予纺织品远红外性能。一般通过两种方法实现：一种是采用后整理技术，将含有远红外物质的整理剂通过浸渍、浸轧、涂层或喷雾等方法与纺织品结合；另一种是向纤维基材中掺入远红外微粉，制备远红外纤维。

（4）开发药物纺织品。通过简单浸泡、涂层整理、共混纺丝等方法将药物牢固地附着在纺织品上，并使之具有有效性、舒适性、持续性和安全性等特点，以纺织品作为药物的载体，发挥药物消炎止痛、促进血液循环、止痒等效果。

4.纺织品安全防护设计

纺织品安全防护设计是指赋予纺织品在使用过程中使人免受物理、化学或生物等因素伤害的安全防护功能的设计。安全防护设计的纺织品超出了常规纺织品装饰、御寒保暖的作用，能够提供更多的可靠功能。主要涉及纺织品的阻燃防护设计、热防护设计、紫外线防护设计、电磁辐射防护设计、噪声防护设计、外力冲击防护设计、化学品防护设计等内容。

纺织品安全防护的设计方法主要有：通过对纤维进行功能改性使纤维具有安全防护的功能，然后直接织造制成具有安全防护作用的纺织品；采用改性纤维或将其与其他材料复合，获得安全防护纺织品；采用浸渍、浸轧、喷淋、涂层和层压复合等工艺将安全防护功能整理剂整理到纺织品上，以实现安全防护功能。

（1）阻燃防护设计。在常用纺织品中引入阻燃机制，以减小其可燃性，由此延缓和避免火情可能导致的危险。阻燃纺织品的主要特征是具有较高的极限氧指数，其阻燃效果可以通过选择阻燃纤维、改变织物结构和透气性以及阻燃后整理来实现。

（2）热防护设计。本质是纺织品在高温或低温环境下，隔热功能的高效和力学性能的保持与稳定。不仅是对外界高温作用的热防护，还包括低温环境下人体热量的保存，两者的共同点均是热隔绝。可以通过纤维的筛选、表面涂层增加反射（减少损伤性热吸收、实现抗热老化和防脆化处理）、改善织物结构等措施实现纺织品的热防护。

（3）紫外线防护设计。通过在纺织品上施加一种能反射和/或有强烈选择性吸收紫外线，并能进行能量转换，以热量或其他无害低能辐射，将能量释放或消耗的物质，隔绝紫外线辐射，增强纺织品的抗紫外性能，防止紫外线对人体和材料本身的损伤。例如，采用自身具有抗紫外线破坏能力的腈纶、金属纤维等，或含有防紫外线添加剂的改性纤维，制成原料型防紫外线纺织品；对纺织品进行含有抗紫外剂物质的涂层浸渍处理，制成整理型防紫外线纺织品。

（4）电磁辐射防护设计。通常运用对电磁波吸收的导电型吸波材料、导磁型吸波材料或涂层材料进行纺织品的电磁辐射防护设计。电磁辐射的吸波材料多为金属、碳化硅和导电高聚物等。常用的导电纤维有金属纤维、含碳或碳化硅纤维、导电镀层或涂层纤维、导电高聚物或接枝高聚物纤维；常用的涂层或浸渍处理纺织品有含碳化硅、含金属、含碳粉末的涂层织物；还可以采用金属丝交织或混纺导电纤维的方法。

（5）噪声防护设计。纺织品是纤维集合体，具有多孔隙结构，能够降低噪声的强度和改变其传播途径，起到吸音、隔音、降噪的效果。例如，厚实柔软的绒类织物、双层大提花织物等，具有隔音、不透光、保暖等效果，并对室内声音有吸声净化作用；超细玻璃纤维毡、石棉和麻纤维板等都是应用较广的隔音类纺织品。

（6）外力冲击防护设计。包括工业作业防护设计，如建筑和工作作业用手套、面罩、头盔等防止高空坠落物、机械对人体的伤害；防弹和防刺设计，防止子弹、刀刃等对人体的伤害；运动防护设计，防止运动中摔伤、撞伤等意外伤害；交通安全防护设计，如安全气囊、安全带、赛车服等减少交通事故对人体的伤害。通常采用芳纶、超高分子量聚乙烯纤维等高性能纤维，结合复合、涂层等加工工艺进行设计。

（7）化学品防护设计。主要体现在抗化学品的腐蚀与抗溅射损害防护、抗有毒化学气体吸入与接触防护。基本措施是复合和多层结构、功能分担。通常采用对织物进行耐磨、致密、透气的涂层处理的方法，较复杂的可由外层织物、防水透湿聚四氟乙烯（PTFE）膜以及混有吸附毒气物质的透湿性黏合剂材料层合而成。

5.纺织品易保养性设计

赋予纺织品防污、防蛀、抗皱等易保养功能的设计。可减少纺织品在使用过程中的保养频率和每次保养的时间，使纺织品的保养更加容易。

（1）防污设计。利用物理化学处理方法，赋予织物一定的抗污性，使污垢不易黏附在织物上，或者即使沾污，也非常容易去除。可以通过改变织物组织、纤维的表面状态和纤维的表面性能来获得。前两者对减少固体污垢的积聚有一定的效果，而对于油性污垢必须采用化学整理方法来改变纤维的表面性能，以提高纤维的防油性和亲水性。提高防油性一般采用氟有机化合物进行拒油整理，使织物不易被油性污垢沾污；提高亲水性可以使织物上的污垢容易脱落，并防止洗涤过程中污垢重新沾污织物。

（2）防蛀设计。由蛋白质分子组成的毛织物和丝织物，在储存和服用过程中常易发生蛀蚀，为了保养这类纺织品，可通过防蛀剂对纺织品进行防蛀整理，如可采用在染色过程中同浴处理、在洗毛（或洗呢）过程中处理、与纺纱油剂同浴处理、溶剂处理等方法进行设计。

（3）抗皱设计。纺织品在穿用和保管过程中，由于外力作用会产生局部的弯折变形，形成折痕或皱纹，即使除去外力后也难以回复到原来的平整状态。一般织物上的褶皱可以通过熨烫方法加以消除。抗皱设计也称免烫设计，即通过纤维改性、纤维混纺、改变织物组织结构、后整理等方法进行改善提高纺织品的抗皱性能，使之免于熨烫保养的设计。其中通过树脂、壳聚糖、水溶性聚氨酯、有机硅类、多元羧酸类、液氨、离子交联类、二醛类等防皱整理剂进行后整理是目前比较便捷、健康的方法。抗皱设计的对象一般为棉、麻、再生纤维素纤维及真丝等容易起皱的织物。

四、纺织品生态环保设计

纺织品生态环保设计是指从原料选择、生产加工、消费使用、回收处理等整个产品生命周期角度出发，既考虑人的健康安全需求，又考虑产品本身的生态性和对环境生态系统安全影响的纺织品设计。利用生态学原理，在纺织品开发阶段全面考虑设计因子，把生态环境变量与成本、质量、技术可行性、经济有效性等统一考虑，将纺织品的生态环保特性看作是提高产品市场竞争力的一个重要因素，设计出对环境友好的且能满足人需求的纺织品。具体实施上，是将纺织生产过程比拟为一个自然生态系统，对系统的输入（能源与原材料）与产出（产品与废物）进行综合平衡，并进行整个生命周期的环境影响评价分析，建立可持续的纺织品的生产与消费。

（1）设计原则。遵循在纺织品的全生命周期内，资源最佳利用、能源最少消耗、健康无害、无污染等原则，从原材料选择、生产加工、消费使用、废弃或回收处理等多角度进行设计。同时，在产品定位上还需考虑消费需求和市场潜力，注重产品的市场应用性。

（2）技术支持。①产品采用生态环保纤维材料，包括但不限于环保型天然纤维、生物基再生纤维、生物基合成纤维、原液着色纤维及循环再利用纤维等，充分发挥各种纤维的性能特点，实现优势互补，最大限度地提升产品风格、功能、品质等方面的商业价值；②产品使用环保浆料、天然染料、生态型染料及助剂，在纺纱、织造、染色、印花、后整理等生产制造环节中采用生态环保工艺技术，包括但不限于超声波生物酶脱胶、阳离子化改性染色、色纺纱混配、全自动筒子纱染色、小浴比染色、活性染料无盐染色、非水介质染色、天然染料染色、原位矿化染色、数码印花、冷转移印花、臭氧水洗、激光雕花、等离子体功能整理等清洁生产技术；③生产过程中，生产设备上采用低能耗、少污染的加工设备及控制系统，包括但不限于节能型烘干定形设备、高效节能电机、光伏发电系统、智能空调系统、印染太阳能热水系统、智能蒸汽节能系统等；④资源综合利用上，采用喷水织机中水回用、定形机废气治理回收、丝光淡碱回收、洗毛废水羊毛脂回收利用、废旧纺织品循环利用等技术提升资源利用率等。

（3）实施过程。包括市场需求分析、综合要求（环境、性能、成本、文化、法律等）分析、设计类型选择、设计过程实施与获得设计成果、实现设计五个阶段。提高纺织品设计人员的环境意识，在纺织品设计中引入环境准则是基本保障；推动新材料、新技术的应用，丰富产品种类，提升产品的性价比与品质感是产品开发方向；规范生态环保认证体系，创建可追溯流程是未来重点工作；将纺织品的生命周期评价和生态设计管理始终贯彻于全过程，并根据需求和评价结果不断改进是贯穿始终的宗旨。

五、纺织品智能设计

纺织品智能设计是指赋予纺织品可感知环境变化并依此做出反应的功能的设计。随着纳米技术、微胶囊技术、电子信息技术等前沿技术的发展及应用，智能调温、形状记忆、智能变色、电子信息等智能纺织材料不断涌现，催生了一系列新型智能纺织品的设计，促进了纺织品从戴向穿及更宽的领域发展。

智能调温纺织品设计主要采用复合纺丝、涂层整理以及相变微胶囊纺丝技术，使其具有双向适应性，可对织物的温度进行智能控制，以增强织物的舒适性能，常用于服装、服饰、家纺等领域。

形状记忆纺织品设计主要用聚氨酯类或金属类纤维制成织物，利用这些纤维的热胀冷缩作用，形成织物的热胀冷缩，而使织物的密度、形态和形状发生变化，达到保暖、透气、抗皱、整形的目的。

利用热敏和光敏材料、电子模拟技术、活性蛋白生物技术，制成智能变色纺织品，可以根据背景色自动调整纺织品的颜色，达到伪装、隐蔽、保护以及娱乐的目的。

电子信息纺织品设计主要基于电子技术，融合传感、通信和人工智能等手段，将集成电路微型制品应用在纺织品中。除满足人们娱乐、通信、记录、保健的要求外，还可以远程观察和检测人的多项生理功能，实现对健康的监测与预警。

第二篇　纺织品设计方法论研究

　　纺织品设计理论应用的目的是通过具体的纺织品设计实践来实现纺织品设计行为的价值最大化。在纺织品设计内容上，以纺织产品为"造物"核心，以纺织品设计、生产和流通一体化的设计思想为原则，接轨纺织产业链，将纺织艺术、纺织技术和纺织营商统一在纺织品设计环节中，并从产品和设计过程两个层面对纺织品设计行为进行理论指导。在纺织品设计美学特征上，将艺术美特征分解成造型美、纹饰美和色彩美；将技术美特征分解成材质美和工艺美；将商品美特征分解成需求美和价值美。通过静态的美学特征（纺织品）和动态的美学特征（设计过程）的分析，对纺织品设计的价值进行判断。根据纺织品设计理论，纺织产品是理论应用的核心，包括服装服饰、家纺装饰和产业应用三大类纺织品。从纺织文明开端以来，在纺织生活需求的时代变迁中，这三大类纺织品就一直是人类纺织生活需求具体应用的成品形式，而从纺织产品产业链的维度看，纺织品设计包含纺织原料、纺织面料和纺织成品设计与制作三个前后关联的设计环节，这也是实现三大类纺织品创造的必要环节。在纺织品设计理论中艺、工、商是三个基本要素，纺织品设计方法论一方面以纺织艺术设计、纺织技术设计和纺织营商设计的形式构成纺织品设计的主要内容，另一方面，拓展出七个设计特征，即造型、纹饰、色彩、材质、工艺、需求、价值，构成纺织品设计美学特征分析和价值判断的基础，换句话说，就是兼具艺术美、技术美和商品美特征的纺织品设计才是成功的设计行为，才能对接纺织文明，创造出满足人们美好纺织生活需要的纺织产品。

　　第二篇纺织品设计方法论研究包含四章内容，第五章纺织品艺术设计，第六章纺织品技术设计，第七章纺织品设计营销，第八章纺织品流行设计。

第五章 纺织品艺术设计

纺织品设计需要综合考虑纺织文化艺术、纺织物化（工程）技术和纺织商品经济的各种影响因素，而纺织文化艺术对纺织品创意设计和文化创新起到决定性作用，也是提升纺织品审美性的关键因素。纺织品设计的美学特征包括三部分：表面的艺术美特征、内在的技术美特征和附加的商品美特征，其中纺织品设计的艺术美特征包括造型美、纹饰美和色彩美三个层面，是纺织品美观性的决定因素。纺织品设计的艺术美特征主要通过纺织品艺术设计环节来实现。本章包括纺织品艺术设计概述、纺织品图案设计、纺织品色彩设计、纺织品面料造型设计四节内容，详细分析纺织品设计方法论中纺织品艺术设计的关键问题。

关键问题：

1. 纺织品艺术设计的定位和艺术流变。
2. 纺织品图案设计原理和方法。
3. 纺织品色彩设计原理和方法。
4. 纺织品面料造型设计原理和方法。

第一节 纺织品艺术设计概述

一、纺织品艺术设计的概念和审美特征

（一）纺织品艺术设计的传统理念

纺织品艺术设计是纺织品艺术美特征的实现环节，如图5-1-1所示，纺织品艺术设计属于工艺美术设计范畴，工艺美术设计是实用艺术的一种。所以，纺织品艺术设计是在纺织生活领域中以功能为前提，通过纺织技术的物化手段对纺织材料进行审美综合加工（织、染、绣、编、印）的一种美的创造，并以美化生活和生活环境为主要目的。

传统的纺织品艺术设计又称染织艺术设计，是纺织品印染艺术设计和织花艺术设计的概称，主要由图案设计和色彩设计组成，图案设计以印花图案设计、织花图案设计和绣花图案设计为主。随着纺织品的加工形式的多样，纺织品艺术设计的概念外延将进一步拓展。由于生产工艺的不同，传统印花图案、织花图案和绣花图案设计的方法和要求不尽相同，但随着

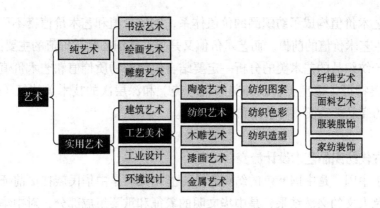

图5-1-1　纺织品艺术设计在艺术中的定位

科学技术的发展，特别是计算机技术在纺织品设计和生产环节中的应用，印花图案、织花图案和绣花图案的设计将逐渐走向统一。

（二）纺织品艺术设计的概念

纺织品艺术设计是实现纺织品艺术美特征（造型美、纹饰美、色彩美）的设计行为和过程。纺织品艺术设计从艺术的角度来诠释纺织品设计，并用艺术设计的理论和方法论来指导纺织品的外观与风格设计，以实现纺织品美观性的设计目标。

如图5-1-1所示，纺织品艺术设计从艺术形式看，可以分为纤维艺术、面料艺术、服装服饰艺术和家纺装饰艺术。纤维艺术是以纤维为材料的艺术设计行为和过程，是线状的艺术；面料艺术是以面料为材料的艺术设计行为和过程，是片状的艺术；服装服饰艺术是用于服装服饰品的面料造型艺术设计行为和过程，是体状的艺术形式；家纺装饰艺术是用于家纺装饰品的面料造型艺术设计行为和过程，也是一种体状的艺术形式。

不论是线状、片状和体状的艺术形式，从内容看，纺织品艺术设计主要包括纺织品造型设计、纺织品图案设计、纺织品色彩设计、纺织品配套设计和纺织品应用设计及效果模拟五个部分。其中纺织品造型设计、纺织品图案设计、纺织品色彩设计是纺织品艺术品的基本设计内容，而纺织品配套设计和纺织品应用设计及效果模拟是纺织品艺术品的延伸设计内容。纺织品造型设计是针对纤维艺术品、面料艺术品、服装服饰品和家纺装饰品的造型设计；纺织品图案设计是应用于片状和体状的纺织品艺术作品的平面纹饰和立体纹饰设计；纺织品色彩设计是应用于纤维艺术品、面料艺术品、服装服饰品和家纺装饰品的色彩设计；纺织品配套设计是在纤维艺术品、面料艺术品、服装服饰品和家纺装饰品的基础上针对性地进行配套设计，其目的是通过配套设计来表现纺织艺术品的整体艺术效果，满足设计应用的需要；纺织品应用设计是纤维艺术品、面料艺术品、服装服饰品和家纺装饰品的应用效果设计及应用效果模拟，其目的是通过直观的纺织品应用效果展示来推动消费认同，促进消费。

（三）纺织品艺术设计的审美特征

纺织品艺术设计的主体特征中具有物质和精神的双重属性，即实用性和美观性。

实用性由纺织品的物质价值来体现，是产生社会效益的基础，具体可以从纺织品的生产、流通和消费环节进行分析。

美观性就是纺织品艺术价值的反映，具体表现在纺织品的造型、纹饰和色彩上。纺织品的物质价值和艺术价值构成了纺织品的价值体系，物质价值和艺术价值密不可分，纺织品的物质价值是产生艺术价值的前提，而艺术价值又是提升纺织品物质价值的主要因素。

所以，对于纺织品的艺术美的分析一定要结合织物的物质价值和艺术价值的主体特征，即表面的艺术美特征（造型美、纹饰美和色彩美）和深层次的技术美特征（技术美和材质美）以及附加的商品美特征（需求美和价值美）。

二、中国古代纺织品艺术设计流变

丝绸起源于中国，是中国特色的纺织产品，丝绸文明是中华民族在史前征服自然、创立社会、发展特色人文的必然结果，是中华文明的象征和重要组成部分，对中华文明的确立和发展作出了巨大贡献。同时，丝绸文化艺术是中国文化艺术的瑰宝。因此，中国古代纺织品艺术流变可以从中国丝绸产品，特别是中国丝绸织锦的艺术流变中得以体现。

（一）中国丝绸和织锦

1. 中国丝绸

在中国文明史中，石器、青铜器、铁器的应用是世界其他文明古国所共有的特点，而玉器、丝绸、漆器、瓷器的使用才是以中国为代表的东亚文化的主要特征，世界认识中国，就是从认识丝绸开始的，古代域外的国家都称中国为"丝国"，把中国写成serica，称中国人为sersser，这两个字是"丝"字（serge）的转化。

在中西文化交流史中，据记载，从公元前5~公元前6世纪起，我国的丝织品就开始传到西方，轻盈而华丽的中国丝绸在欧洲一经出现就深受欢迎，古罗马贵族竞相穿着，视为高贵和时髦的象征。随着"丝绸之路"的开通，以丝绸为主的中国对外贸易为汉朝带来的财富是其他贸易品无法比拟的。

2. 中国织锦

根据文献记载，中国织锦起源于唐尧时期，在夏商时期初具规模，到秦始皇统一中国后，当时的蜀郡（成都）由于盛产美锦而闻名，到汉朝时蜀郡生产的织锦品种"蜀锦"已经称著全国，并延续至唐代；随后，蜀锦的生产开始走出四川盆地，织锦的生产技术传至中原，再通过唐代的技术革新，使织锦的品种进一步丰富；到宋代，以精美、轻薄著称的"宋锦"开始盛行；到元代，以华丽、富贵为特色的御用织锦"云锦"脱颖而出。至此中国古代三大名锦全部发展成形，其品种沿革显示出中国古代织锦文化艺术和织锦科学技术发展的主体特征，也代表了中国古代丝织业的最高水准。图5-1-2所示是中国古代三大名锦产生和发

五帝	夏商	周	秦汉	魏晋南北朝	隋唐	两宋	元	明	清
织锦产生	形成规模								
		蜀锦产生	蜀锦扬名	蜀锦传至中原	蜀锦衰落			蜀锦中断/恢复/衰落	
				唐锦产生	宋锦产生			宋锦盛兴扬名	
						云锦产生		云锦盛兴扬名	
早期织锦		经锦时期			纬锦兴起		织锦多样化		

图5-1-2　中国古代织锦发展演变图

展沿革表。从某种意义上看，中国古代三大名锦的产生、发展和衰落的品种变迁史，就是一部中国古代织锦的发展史。三大名锦产生的各个时期正是中国织锦的品种艺术和生产技术快速发展的时期。

中国织锦的纹样美主要表现在织锦的织物结构和织纹图案的特征中，织锦的织物结构在丝织品中虽然是最复杂的一类，但织物结构的特点具有一定的稳定性，即在相同组织结构的织锦中，可以配置出不同风格的纹样，为织锦纹样的设计开辟了广阔的天地。所以，中国织锦在各类型织物结构中表现出来的纹样风格就成了纹样美研究的主体特征。

（二）中国古代织锦纹样风格的变迁

中国古代织锦纹样随着织锦技术的发展，经历了由简单到复杂，由装饰到寓意的变迁。

1. 史前（新、旧石器时代）（距今约180万年~公元前21世纪）

由于丝绸纺织品不易就存，目前可考的纺织丝绸文物图案集中在先秦的殷商时期以后，在此之前，中华民族的先民在日常生活中也采用图案形式美化生活器具和记录生活场景，表达美好祈愿，以打制石器、磨制石器和发明陶器为标志，史前图案的形式主要表现在玉器纹样和彩陶纹样的应用上，虽然没有文物留存和发现，但可以推测，与玉器和彩陶纹样相似的图案在纺织品中也有应用，而鉴于史前纺织技术的落后，更多的应用会体现在简单几何图案的编织和复杂图案在纺织品的绘画上。

2. 先秦（公元前21世纪~公元前221年）

正式的丝绸织花图案发现于殷商时期，被后世称为绫或绮。其主要的纹样有回纹、S形雷纹、勾连雷纹、山形纹等。织花图案与绘绣纹样不同，它是一种与纺织技术密切相关的工艺美术，在初期因受工艺技术的制约，不具备织造动植物等复杂图案，且图案循环尺寸一般很小。然而，也正因为技术因素，才形成了早期丝织图案特有的几何风格。追根溯源新石器时期彩陶艺术的图案也给织花图案的形成以很大的影响。早期织花图案风格，可归纳为：简朴细致，严谨稳定。

自春秋战国起，随着丝织技术的发展，丝织图案也有了一定的变化和丰富。这一时期丝织几何图案可分为三类：①小几何纹，一般用简单的直线条构成条格形骨架，再在其中填以简单的几何纹，如回纹、S形雷纹、点纹、十字形纹、菱纹等，图5-1-3所示为战国几何纹锦，这类纹样不仅出现早，且持续的时间也持久，历代均有；②大几何纹，相对于小几何纹，其纹样较为复杂，循环也较大，主要以勾连雷纹和折线纹为骨架，再结合各种变化几何纹嵌入到有规律的骨架之中。在图案的组织构成上，除了规律排列之外，还有散点排列，即由一些形状不同、变化多端的小型几何纹构成；③在表现题材上，这时期出现了人物、动物纹，但通常是和大几何纹所构成的骨架相结合，造型比较简单，形体也较小。

3. 秦汉（公元前221年~公元220年）

汉代织锦是其丝绸技术的最高标志，织锦图案也是丝绸图案中的最具代表的图案类型。从记载和实物来看，当时织锦纹样中以动物纹样最为突出，各种现实的或想象的奇禽异兽，布满织锦的整个画面。此外，也有少量的花卉图案，如茱萸、灵芝等，更有大量的云气纹。在秦汉时期，多综多蹑织机的应用，在织锦中开始采用手工挑花生产较复杂的纹样，云纹、雷纹和鸟兽纹（龙凤纹、鱼纹等）的简单变形纹样便开始流行，特别是云气纹的应用更为普遍，并常常在云气纹布列各种祥禽瑞兽。另外，锦纹中夹织吉祥铭文在汉锦中也是一大特色，如日常吉语"宜子孙""万年益寿""长生无极"和特指吉语"登高明望四海""长乐明光"等，图5-1-4所示为汉代长乐明光锦。

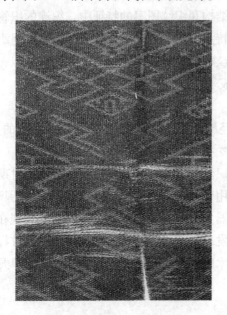

图5-1-3　战国几何纹锦　　　　　　图5-1-4　汉代长乐明光锦

4. 魏晋南北朝隋唐（公元220年~公元907年）

魏晋南北朝是中西文化交融的时期，秦汉以来形成的中国古代传统艺术受到西域文化的冲击，在织锦纹样上，西域特色的珍禽异兽、植物作为纹样题材出现在织锦中，如狮、象、葡萄、忍冬等，在纹样构成中，波斯风格的团窠、联珠、套环、龟甲等几何骨架构图被大量应用，丰富了织锦纹样的题材和表现手法。图5-1-5所示为北朝树叶纹锦，图5-1-6所示为唐团花纹锦。

图5-1-5　北朝树叶纹锦　　　　　　图5-1-6　唐团花纹锦

织锦纹样的设计在唐代产生了飞跃，一是束综技术的应用进一步为织锦纹样设计解缚；二是西域文化的冲击在唐代已形成中西合璧，织锦纹样设计丰富异彩，除传统中西纹样外，有宝相花、缠枝卷草和联珠纹、陵阳公样以及写生折枝花等。唐代锦类织物上常见的花纹有：雁衔绶带、鹊衔瑞草、鹤衔方胜、盘龙、对凤、麒麟、狮子、天马、孔雀、仙鹤、葡萄、芝草、辟邪、万字以及其他折枝散花等。唐代丝织物不仅装饰纹样华美，其色彩艳丽、明快，且常采用退晕的表现手法，具有富丽、绚烂的艺术风格特色。

5. 五代宋元（公元907年~公元1368年）

宋锦纹样的风格在保持唐风之外，主体上受到宋代花鸟绘画的影响，传递出自然朴实、野逸寓情的文人雅士的艺术风格，强调对称的织锦纹样构图开始演变成自由构图的折枝花鸟和灵活大对称的景象宝花、侧式宝花。从总体来看，它一方面有唐以来的传统花纹，另一方面又有许多创新，具有轻快、洒脱、典雅的艺术风格。

元朝延续唐宋时期的织锦纹样风格，但元代蒙古族习惯用金装饰服饰、帷幔的风俗，促使了在织锦中织金的流行，使织锦绸面装饰纹样富丽辉煌。从各类文献记载可知，宋元时期的丝绸图案的主流是花鸟、瑞兽、琐文等，其中又以花鸟为主，具体有写生花卉、卷叶花卉、花卉和鸟蝶瑞兽组合图案、各类杂宝纹样、琐文图案、新窠新排、搭花和达晕图案等，图5-1-7所示为宋元八达晕锦。

6. 明清（公元1368年~公元1840年）

到明清时期，织锦技术又一次高度发展，特别是大花楼束综提花机的应用，为大循环、精变化的织锦纹样设计创造了条件，受达官贵人、文人墨客追求浮华、精致的审美情趣的影响，在织锦纹样设计上，逐渐形成追逐繁复细腻的设计风格。自然形态的花卉题材有朵花、散花、缠枝花之分，花卉之间常装饰有满地的几何纹，在精致的几何纹锦中穿插精美的花卉称"锦上添花"，图5-1-8所示为明代盘绦花宋式锦。纹样题材除了在花草、瑞兽、人物上进行精美装饰外，吉祥图案、吉祥文字的应用得到进一步的扩展，如"八宝""八

图5-1-7 宋元八达晕锦　　　　　图5-1-8 明代盘绦花宋式锦

吉祥""八音""文房四宝""富禄寿喜"等素材纷纷涌现,图5-1-9所示为清代暗八仙织锦,图5-1-10所示为清代双凤五福八吉祥织锦。

图5-1-9　清代暗八仙织锦　　　　图5-1-10　清代双凤五福八吉祥织锦

7. 近代（公元1840年~公元1919年）

1840年至1842年的鸦片战争,西方列强用枪炮打开了中华封建帝国的大门。清政府中的有识之士,力倡兴办实业学堂、开办工厂,积极向西方国家及日本学习。这是中国历史上的一段特殊时期,是传统社会的结束到新社会秩序建立的过渡阶段,是手工业生产到机器生产的转变过程,是实用美术、工艺美术取代传统工艺的初始阶段。20世纪前期,在众多的海外留学归国的学子中,有常书鸿、李有为等人,致力于染织设计和设计教育。20世纪50年代之后,中央工艺美术学院的染织设计教育推动了染织艺术的发展。在新中国的社会主义建设浪潮中,染织工业成为国民经济的重要产业。

（三）中国古代织锦（三大名锦）纹样的纹样风格变迁

中国古代织锦（三大名锦）纹样的纹样风格变迁是中国古代织锦纹样史发展过程中的具体表现。

蜀锦产于四川成都。东汉时期,蜀锦已逐渐著名,其图案纹饰富于民族特色和地方风格,质地紧密,色泽鲜艳。蜀锦称著于汉唐时期,与汉唐时期经锦纹样的变迁一致。但明末遇乱而毁,清初恢复之后与汉唐蜀锦有很大区别。清代蜀锦以浣花锦、巴缎、回回锦等最为著名。

宋锦是唐锦的延续和发展,其纹样风格保持了唐末宋初纬锦纹样的特色,由于宋锦的生产采用明清时期的丝织技术,宋锦的纹样在明清时期在仿宋风格的基础上也结合了明清时期的纹样特色。

云锦是元明清时期的御用织锦,织锦纹样主要以明清时期的织锦纹样风格为主,也保持了宋元时期的纹样特色。图5-1-11所示为中国织锦（三大名锦）纹样变迁图。

五帝	夏商	周	秦汉	魏晋南北朝	隋唐	两宋	元	明	清
几何纹锦		云气纹		波斯风格	陵阳公样	折枝花鸟		锦上添花	
		瑞兽		异域瑞兽花草	缠枝卷草	大对称构图		吉祥图案	
		铭文		几何骨架构图	宝相花			吉祥文字	
早期织锦		蜀锦纹样风格				宋锦纹样风格			
							云锦纹样风格		

图5-1-11　中国织锦（三大名锦）纹样变迁图

三、欧洲古代纺织艺术设计流变

　　欧洲古代纺织艺术流变可以从欧洲古典纺织品纹样的艺术流变中得以体现。欧洲古典纹样在不同的时期有着不同的风格，它大致可以分为和谐典雅的古希腊风格、宏伟壮丽的古罗马风格、具有宗教神秘色彩的中世纪风格、追求完美的文艺复兴风格、豪华繁复的巴洛克风格、精致华丽的洛可可风格和古典与现代思潮结合的新古典主义风格。无论哪一个时期的风格，都体现了欧洲古典纹样的高雅与富丽。取材大多来自自然的花草、风景、动物、人及几何纹样，其中花卉主要以涡旋纹、放射状花丛为代表，色彩上以黑、褐、黄、红、绿、青为主，结构严谨、造型优雅、线条流畅，在装饰上具有皇家气派。这种风格在宫廷与高级宾馆的室内装饰中尤受欢迎。

（一）文艺复兴之前纹样风格

1. 古希腊风格

　　古希腊文明，以古典的"民主主义"和"人本主义"思想为旗帜，以"神人同性论"为理念，创造了令人赞叹不已的辉煌成就，崇高、典雅、优美之风著称于世。其装饰图案以严谨的结构、优雅的造型、均衡的比例、流畅的线条、饱满的活力、恢宏的气度为特征，成为后来欧洲乃至世界的典范。其纹样体现了一种和谐、典雅的审美特征，图案的表现形式是影绘式的、线型的、平面化的，然而其结构和比例却是写实的、严谨的。它们的主要题材是神话传说，而这些神话传说往往是和当时的现实生活结合起来的，反映出战争、狩猎、家庭生活、工作情景等一系列活动，内容丰富，形式优美，其高超的写实技巧表现出健康生动的体态和深邃的思想，图5-1-12所示为古希腊装饰风格纹样。希腊图案的特征在于用线条单纯、形象清晰明确、构图统一而均衡，以放射状花丛、轻松的螺旋线和一种被称为"格莱克"的雷纹与涡纹组成的边缘纹样较为突出。这些特征后来都用于古典主义风格的装饰织物中。

　　如克诺斯王宫遗址，墙上画有精致的壁画，以简练流畅的曲线、鲜明的色彩描绘出富有装饰性的人物和图案。从壁画表现手法上看，它与埃及艺术有某种联系，不过它还具有埃及艺术不曾有过的轻快的运动感和十分自由的形式，从而充溢着活泼的气氛。

2. 古罗马风格

　　罗马艺术继承了希腊的传统，无论在风格上还是题材上都表现出对希腊艺术的仿效。在装饰风格上更多地追求希腊雕刻的形式，多采用浮雕的手法，并以写实的造型为主。无论是金银器、玻璃器皿、玉石器皿、陶器的装饰，还是建筑装饰，均以浮雕为主，其流露出来的自然主义风格较之希腊的装饰艺术有过之而无不及，更加讲究表现对象细节的真实感，由于过分地追求自然主义的形式而失去了希腊艺术中含蓄和理想化的成分，显得过于繁缛和奢华，且富有强烈的政治性和宗教性的色彩，图5-1-13所示为古罗马装饰风格纹样。装饰图案以涡纹、放射状花丛、橄榄、葡萄、地锦等为代表性，卷曲、重叠、跳跃的曲线，具有纤巧富丽的旨趣。

图5-1-12　古希腊装饰风格纹样　　　　图5-1-13　古罗马装饰风格纹样

3. 中世纪风格

中世纪的装饰图案，就其大的风格特征来分，大致可以分为拜占庭式、爱尔兰—撒克逊式、维京式、罗马式和哥特式。拜占庭式风格，一方面，它继承了古罗马艺术的精华；另一方面，由于它处于与东方交往的中介地位，不但经济繁荣，而且受到东方文化的影响，在艺术领域形成有生气和颇具东方色彩的特色。爱尔兰—撒克逊式和维京式风格具有很强的本土特色。此外，西欧中世纪还出现了多次艺术高潮，装饰风格也经历了种种变化，如墨洛温风格、卡洛林风格、温彻斯特风格、奥托风格等，但是其图案形式的面貌主要表现为罗马风格与本土传统风格的相互影响和结合。流传至欧洲的东方织物中，最上品的都是在君士坦丁堡、耶路撒冷，或是作为织物集散地的希腊的几个城市制成的。

图版中美丽的连续性边缘装饰有着变化多端的蔓草花纹，兀鹫与狮子交替出现的图案部分是用金银刺绣制成的，展现了明显的拜占庭风格，图5-1-14所示为中世纪装饰风格纹样。在拜占庭风格中，紫色一直被用来强调最美丽的壁画装饰色彩。作为现存下来的大记服的装饰边和底子上的装饰，这一件有着深红色与紫色的多色彩的织物，整体看上去几乎就是红色的。

这些图案体现了连续性图案的趣味性。以蓝色与绿色形成统一色调的多色彩的丝织物，混有金或珍珠的镶嵌，派生出一种极其豪华的气度，长久以来都作为圣职者的法衣。

（二）文艺复兴及之后纹样风格

1. 文艺复兴纹样

14世纪下半叶至16世纪的"文艺复兴"首先在意大利开始而后遍及欧洲各地。人们怀着复兴古希腊、古罗马文明的崇高理想，高举"人文主义"的大旗，高扬"人性""人道"和自然之美，崇尚科学，掀起了轰轰烈烈的新文化运动。这是在封建制度下向资本主义社会过度的历史变革在意识形态上的反映，代表着新兴资产阶级的美学思潮，把人的思想从"神"的世界拉回到现实的"人"的世界。在这样一个时代，造就了达·芬奇、米开朗琪罗、拉斐尔等一大批赫赫有名的艺术大师，创造出许多经典艺术作品。其作品追求庄重与华丽、宏伟与精致的高度统一，注重内在、含蓄、生动的人情味，且在很大限度上受到那些欣赏性美术的影响，追求完美的形式感，意欲将抽象的形式结果适用科学合理的比例关系、对称均齐的布局创造出永恒的美的形式。图案采用人物、植物、蔬果、花鸟、器皿等丰富的题材，以严谨饱满的涡卷纹、垂束、放射状花丛等结构，体现出精美、典雅、浑厚的风格，图5-1-15所示为文艺复兴时期纹样。

图5-1-14　中世纪装饰风格纹样　　　　图5-1-15　文艺复兴时期纹样

再者，图5-1-16所示是一种被叫作"线织花边"的饰带纹样，是由缝制的花边饰带和纺锤形纹样的罗纱饰带，综合其要素而成。这种棉纱的饰带，作为16世纪花边工艺类型中最主要的品种，以技术的卓绝和鲜明灵透的装饰感，一直受到世人赞誉。线织花边由捻成的绢线制成。收藏不少这类艺术品的收藏家玛丽·斯狄阿露将它命名为"羊皮纸花边"。设计者用心良苦地设定装饰线总体结点的数量和位置，非常仔细地考虑了它们的对称与平衡，以求臻于最完美的境界。

2. 巴洛克纹样

17世纪初至18世纪初欧洲的建筑出现了过分强调装饰的浪漫主义风格。它一反文艺复兴时期均衡静谧、调和的格调，强调"力度的相克"，追求"动势起伏"，对欧洲古典正统观念是一次有力的挑战。

巴洛克风格源于意大利罗马，16世纪末天主教教会"多伦多会议"决议把罗马装饰成"永恒的都市""宗教的首都"。于是，大规模的装饰计划开始了，巴洛克风格成了这一装饰计划的楷模。所以，整个17世纪欧洲的美术称"巴洛克艺术时期"。巴洛克图案以变形的朵花、花环、果物、贝壳为题材，以流利形的曲线来表现形体，后期巴洛克图案采用莲、棕榈叶的古典纹样，如贝壳曲线与海豚尾巴形的曲线、抽纱边饰、拱门形彩牌坊等形体的相互组合，图5-1-17所示为巴洛克装饰风格纹样。

图5-1-16　文艺复兴花边装饰纹样　　图5-1-17　巴洛克装饰风格纹样

巴洛克图案的最大特点就是贝壳形与海豚尾巴形曲线的应用，图案要求线条优美流畅、色彩奇谲、丰艳，融合了生命的跃动感。

3. 洛可可纹样

洛可可纹样发生于盛行于1701年到1785年法国革命的路易王朝贵族化的印花织物中，是一种样式宛如画的装饰洪流，通常指受中国艺术的影响。洛可可艺术的特征是改变了古典艺术中平直的结构，采用C形、S形、贝壳形涡卷曲线，敷色淡雅柔和，形成绮丽富赡、雍容华贵的装饰效果，在印花上大量采用自然花卉为主题，图5-1-18所示为洛可可装饰风格纹样。

4. 莫里斯纹样

威廉·莫里斯受欧洲中世纪和东方艺术的影响，提倡浪漫、轻快、华美的风格，摆脱了当时盛行在平面图案追求三度空间的立体感，主张二度空间的形式，采用线条花纹来勾勒平涂色面和图案式的寓意和象征，是自然和形式统一的典范。

莫里斯纹样以装饰性花卉为主题，在平涂勾线的花朵，涡卷形式或玻璃形的枝叶中穿插左右对称的S形反曲线或椭圆形茎藤，结构精密，排列紧凑，强调装饰性，图5-1-19所示为莫里斯装饰风格纹样。

5. 新艺术纹样

19世纪末，在法国、比利时、德国、奥地利、英国兴起新艺术运动。新艺术运动集哥特式艺术、巴洛克艺术、洛可可艺术等欧洲各个时期的艺术形式之大成。风格以火舌式的曲线形体为基础（哥特式），自然，率真，体现精巧的绘画技术。

新艺术风格采用自由、奔放的弯曲的线条来描绘流动感的艺术。有中国面条式、阿拉伯卷草式、鳝鱼式、火焰式、波浪式、绦虫式。具有代表性的作品有：麦克莫多的"朵

图5-1-18 洛可可装饰风格纹样　　　　图5-1-19 莫里斯装饰风格纹样

花""孔雀";伏伊基（英）"睡莲""水蛇"、克里姆特（奥地利）"吻"，图5-1-20所示为新艺术纹样"睡莲"和"吻"。

图5-1-20 新艺术纹样"睡莲"和"吻"

6. 迪科装饰纹样

欧洲美术从19世纪末的新艺术运动后，大约经历了立体主义、新造型主义、表现主义和构成主义等追求新的表现形式的美术流派，1925年，在巴黎举行了"国际现代装饰美术博览会"。

现代装饰图案以几何、抽象几何体为基础来描绘具象的原形，如花卉的抽象变形，以勾线的平涂块面为主，色彩主要依靠原色和第一间色，图5-1-21所示为迪科装饰纹样。杜飞图案（图5-1-22）、野兽派风格、立体主义、新造型主义、表现主义、构成主义、风格派艺术都是迪科艺术的源泉。

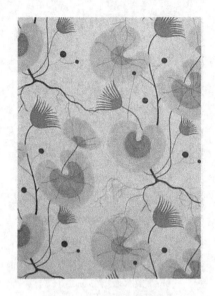

图5-1-21　迪科装饰纹样　　　　　　　图5-1-22　杜飞图案

第二节　纺织品图案设计

在纺织品设计内在的三个层面的艺术美特征中，纺织品图案设计与造型美、纹饰美和色彩美都有着必然的联系。纺织品图案有着平面的设计模式、立体的应用方式和流行的色彩方案，是纺织品艺术设计最重要的组成部分和最专业设计技能。

一、纺织品图案设计概述

1. 纺织品图案设计的概念

纺织品图案设计是纺织品艺术设计的首要环节，纺织品图案设计以满足纺织品加工方式的图案装饰艺术情趣来满足人们对纺织品的审美需要。

纺织品图案设计历史悠久，中国远在殷商时代丝绸已有装饰性图案出现，如河南安阳出土的铜戈和故宫博物院收藏的玉刀，外面都裹以斜纹菱形几何图案的织物。最初出现的纺织品图案只是一些简单的连续规矩纹。到了春秋战国时期，丝绸的几何图案更加丰富。汉代是中国纺织品图案设计的一个兴盛发展时期，已出现四重锦和夹金技术，染缬的印花技术也已比较完备。长沙马王堆一号汉墓出土的织物，图案趋向活泼奔放和生动流畅，不规则图案取代和丰富了几何图形。生动的云气纹、云凤纹、水纹与其他一些图案（包括吉祥文字）交织变化，是汉代纺织品图案设计的一大特色。三国时期，织机的改良促进了丝绸图案的发展，遂出现了连续性几何形工稳清新的构图以及串枝花和旋形构图，以忍冬草、变形花卉的组合形式，形成了丰茂的大卷叶和宝相花等多层次的富丽装饰图案。唐代是中国封建时代纺织品图案设计又一高度发展时期，图案题材丰富，四方连续的放射形图案大量出现，朵花、组花、团花、禽鸟花、棱子图案花等富丽堂皇，各呈异彩。益州行台官窦师纶创造很多以团窠为主要造型的纺织品图案，名"陵阳公样"。宋代的丝织图案大体上继承唐代传统，同时在写生花图案上也很有成就。缂丝和网状形装裱用锦很为流行。北宋时的"李装花"、南宋时的"药斑布"（类似后来的蓝印花布）也在大江南北开始流行。元代的丝织品多用夹金技术，风格雍容华贵。由于当时棉花生产的发展，松江出现了"错纱配色、综绒絜花"棋局字样的折枝团花织花被面。明代的织锦，图案多在平排的布局上加以变化，色彩多用正色间以白、黄色或金、银线，或以复色相配。前者鲜明浑厚，后者秀丽活泼。"秋千仕女"是常见的题材。清代时织锦品种甚多，图案流行清花散点、丁字连锁法和车转法等。中国少数民族众多，纺织品图案设计也各有自己的民族特色，丰富了中国纺织图案艺术的宝库。

在古埃及的中古王朝时期（公元前3000年左右），亚麻挂毯已是用红、蓝、绿色织成莲花和鸟的图案。当时地中海沿岸的腓尼基，因出产染色布而被称为紫红之国。根据荷马史诗《奥德赛》记载，古希腊的纺织品图案以动物和不太复杂的散花为主要题材。伊朗古代陶盘上画的妇女已穿有条纹和花纹织物。波斯萨桑王朝（226～651年）后期，各式连续的连珠纹中嵌着狮子、花鸟和人物，后来逐步形成的波斯纹样主要是植物图案，构图缜密严谨，变化自由精致，给后世图案以很大影响。印度的丝织业早就发达，著名品种有达卡的薄洋纱、金银线织成的多重锦等，纺织品图案明显受伊斯兰装饰艺术风格的影响，轮廓明快，稳定对称。从9世纪起，西西里岛的丝织品很负盛名。13世纪后的意大利织物兴起，纺织品图案以锯齿花（蓟草）的叶和花或近于波斯的琉璃形图案，佛罗伦萨的织花锦缎以蓟草纹作为主要图案，花的丝绒在深黄和金黄底色上配置红或蓝色花环，在尖叶中集聚着花朵。15世纪前后，欧洲的丝织中心移至法国，典型纺织品图案是左右相对称的构图花边格调。路易十六时期，纺织品图案重点变为线描且色彩调和，田园牧歌式和爱情主题逐渐兴起，树木、鸽子、园艺用具、牧马人、花环和乐器图案盛极一时。法国贵族的服饰多用散点刺绣小花纹图案，对后世很有影响。另外，佛兰德地方出产的亚麻花布（纹章图案为其特征），阿拉斯和布鲁塞尔专为教皇、教堂生产的豪华挂毯、哥比林式的毛织品大都采用几何形花纹。东方诸国如越南和朝鲜的纺织品图案多受中国影响，泰国早就出产以三角形为骨架图案的织锦。日本早期染织物图案多样而雅致，一部分采用中国纺织品图案（称为"唐样""唐草"），如梅、兰、竹、菊、凤凰、八宝、八仙之类；一部分则具有本民族写生变化特色，如"平安樱""二阶笠"以及表现神社等写生图案。

现代纺织品图案设计是建立在纺织工业高度发展的基础上的。由于纺织品的原料、结构都有了很大变化，人的审美趣味随科学、文化、经济的飞跃发展也发生很大变化，纺织品图案在人们生活中占有日益重要的地位，设计内容和风格也有了进一步的变化和发展。

1870年左右，英国画家威廉·莫里斯等人创始的工艺美术运动，通过著名的《画室》杂志鼓吹绘画与装饰艺术的结合。1922年在德国魏玛创办了"建筑者之家"。一些早期著名的抽象主义画家提出新的绘画理论，同时也为图案提供了新的理论基础。美国的H.芒塞尔建立了色系表。德国化学家、诺贝尔奖获得者W.奥斯特瓦尔德也在1921年提出"色立体"理论，这都为纺织品艺术创作的发展提供了条件。第二次世界大战后，纺织品图案设计在资本主义世界获得了较大的发展。研究、宣传和预测纺织品流行图案和色彩的机构和刊物纷纷成立和出版，这个时期虽然出现了很多受现代派艺术影响的染织图案，但传统的纺织品图案和民间纺织品图案仍然在显示它的艺术生命力，根据写生变化的纺织品图案也进一步丰富了纺织艺术创作的内容。

2. 纺织品图案设计的题材

图案是劳动人民所创造，各种图案题材的产生都源于劳动人民长期的生产实践和艺术实践。图案美与生活紧紧相连，表现深刻的生活内涵，是从客观事物中提炼出来的艺术形象。例如，水波纹、漩涡纹、云雷纹、谷叶纹、鸟兽纹、网格纹等图案的产生就是原始先民渔猎、农耕生活的反映，在此基础上又经过艺术加工演变成各种类型的变形和抽象的装饰图案，而风格不同的装饰图案正是纺织品图案设计的素材来源。

纺织品图案的题材十分广泛，但纺织品的图案设计来源和内容不外乎自然形象和几何原理图案。设计者总是巧妙地运用各种题材构成一张张新颖的纺织品图案，这些千变万化的纺织品图案大致可归纳为以下几类。

（1）自然对象图案。植物花卉（草木、枝叶、花卉、果实等），如花、草、叶、果图案，特别是花，从古至今应用最多。花的形美、色美、姿态美一向被人们作为幸福的象征，因此牡丹、月季、菊花、莲花常被作为纺织品的图案，最富于装饰性。此外，用纺织品制作服装须经裁剪，因而对图案造型又有倒和顺的要求，用花卉作题材影响尚小。动物图案（飞禽走兽、虫、鱼、海生动物等），如龙凤、麒麟、狮、虎、孔雀、鸟类、家禽等图案在古代织物上最为常见。龙凤图案应用在丝织被面上较多，以之作为吉庆的象征。现代的印花布也常用凤凰、孔雀、鹤、鹿等作为主题，儿童花布常以小狗、小猫、小鸟等作题材。动物图案多数与花、草、果、叶配合使用。此外，还有风景和人物（山、水、树丛、亭台楼阁和舞蹈人物、仕女、孩童等）等，图5-2-1所示为植物花卉图案。

（2）民族传统图案。民族传统图案包括缠枝牡丹、宝相花、水纹、云纹、回纹、龙、凤、金石篆刻、古乐、古器皿、琴、棋、书、画等。天文现象，如日、月、星、云纹、水纹、雪花等也是纺织品图案的题材。云锦上采用大量的云纹，蜀锦上大量采用水纹，在印花布上采用雪花纹，且往往与其他图案相配合；吉祥寓意的传统图案，是以某些自然物象的寓意、谐音或附加文字等形式来表达人们对幸福生活、吉祥如意的憧憬和追求。例如，以青松配仙鹤称为"松鹤长春"，表示延年益寿；以喜鹊立于梅花枝上称为"喜鹊登梅"，寓有喜上眉梢的意思；以两条鲤鱼联结在一只磬上，称为"双鱼吉庆"；蜜蜂与竹相配合称为"丰衣足食"，等等。还有一种以莲花与枝叶连接，可以上下左右伸延组成图案，叫缠枝莲，也称宝相花，是传统典型的纺织品图案。这些图案较多应用于民间织物上，图5-2-2所示为中国民族传统团龙图案。外国民族图案有波斯图案、日本图案等，图5-2-3所示为日本传统和服图案。

（3）几何图案。几何图案包括方形、长形、圆形、椭圆形、菱形、多角形、直线、斜线、横线、曲线、弧形线等。几何图案变化丰富多彩，用途也很广泛，在纺织品上大量用作装饰图案，如中国传统的织锦图案中有不少是六角形、菱形、寿字形、回纹形等。一般运用点、线、面单独地或交叉地组成变化无穷的几何形状。有的以几何形作为地纹，中间辅以各种自然题材图案，使几何图案更为变化多样，图5-2-4所示为几何素材图案。

（4）器物造型图案。各种生产工具、文娱用品、日用品、交通工具等经过图案变化后形成器物造型图案。以文物、生活用品、建筑物等组成的器物图案，如花瓶、花篮、景泰蓝、扇子和亭台楼阁、车船飞机等都能作为图案题材。有一种传统的"暗八仙"图案，是用神话中"八仙"手中所执的宝物（扇子、宝剑、渔鼓、玉板、葫芦、洞箫、花篮、荷花）代表"八仙"，其在古代织锦中常常采用，图5-2-5所示为扇子造型图案。

（5）文字图案。文字图案包括汉字、外文、象形文字、甲骨文、阿拉伯字码等，图5-2-6所示为中国百福图案。

图5-2-1　植物花卉图案

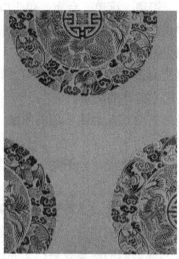

图5-2-2　中国民族传统团龙图案

图5-2-3　日本传统和服图案

图5-2-4　几何素材图案

图5-2-5　扇子造型图案

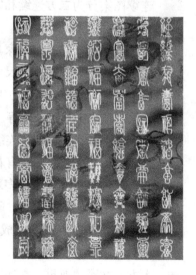

图5-2-6　中国百福图案

3. 纺织品图案设计的风格

（1）纺织品图案的构成规律。纺织品图案设计以图案题材为基础，图案题材以图案素材的形式进行构成。纺织品图案的构成规律是：①统一中求变化：在纺织品图案设计中，可采用反复变化、对比变化、渐层变化和虚实变化等手法；②均齐与平衡：均齐也叫对称，由固定的中心向不同方向发展，并使图案题材的配置形式基本相同，分量相等，还有左右均齐、上下均齐、对角均齐和多面均齐等区别；平衡有绝对平衡、相对平衡、部分平衡等形式。

纺织品图案设计不仅注重装饰性，同时也要与实用密切结合，以达到美的效果。在纺织品图案的配置上，主要有单独图案、适合图案、角隅图案、边饰图案、散点图案、连续图案和条格图案等形式。

单独图案是独立完整的一种图案，与四周都不相联系。它是图案组织的基本单位，适宜用于单件的纺织品，如独幅被面、织毯、床单、台布、包头巾、枕套、毛巾、手帕。

适合图案本身也是独立完整的图案，但要适合一定形状特点的纺织品，如圆形或菱形台布、方形茶巾以及三角头巾上相应的几何图案。

角隅图案也叫角花，装饰在产品的一角、对角或四角上的图案，如床单、台布、围裙、枕套上的边角装饰，其本身也是独立完整的图案。

边饰图案也称边缘图案，是装饰纺织品边缘所用的图案，如台布的边部、裙边等。多采用二方连续或散点组成带状的图案。

散点图案是以中花或小花组成的中小型单独图案，以散点方式配置在纺织品上，而互无连续关系，也可分布成方形或菱形。

以上几种形式的纺织品图案，由于用途或品种装饰上的需要，有的是单独应用的，如毛巾、手帕、枕套等；也有很多是相互配合应用的，如床单上的图案，往往中间是独立的单独图案，而四角则配用角隅图案，形成整体的图案效果；又如织毯和台布，多数是中间采用单独图案，而两边或四周配置边饰图案。

连续图案分为二方连续和四方连续。二方连续是把图案花和叶从上到下或从左到右连接成带状，所以也称带状图案。通常应用在花边或纺织品的边缘上，也可把四周边缘都连接起来。如机印的被面花布和家具布，左右按布的门幅设计，不必连续，但上下则要符合滚筒印花的需要，按滚筒的圆周尺寸连续起来，所以是较大型的二方连续。四方连续是把纺织品图案向上下左右重复地连续扩展开来，使整匹纺织品都布满散点花纹，所以也称连续散点图案，连续方法有梯形、菱形等。散点的排列有规则和不规则两种。规则的排列有2个散点到20多个散点的不同布局方式。连续散点图案又有：① 清地图案，它是将图案散点分布得较为稀疏，地色露得较多，使图案有花明地清的效果；② 满地图案，它是将图案题材穿枝穿叶分布得很密，露地很少，有丰富多彩的效果。连续散点图案，适宜于小型花纹或中型花纹，主要适用于衣服用料，如印花布、印花绸、织花绸等匹头。

条格图案是由点或线组成的直条、横条（较少）、正格、斜格的图案，也有阔狭和曲折等区分，大多应用在呢绒、化学纤维、色织麻织物上。图案不甚明显，色彩调和，有简洁、大方、文雅的效果。在印花布上也可用花、叶题材组成条格，与散点的印花布有同样的效果。

（2）纺织品图案设计的风格。图案的风格一般指一幅图案作品的综合要素和整体特点所展示出的格调样式。一件风格独特的图案作品，能给观者留下鲜明的印象，带来美的享受。设计师生活阅历、艺术修养、思想情感以及艺术技能的不同，以及消费者审美品位及爱好的差异，决定了图案作品风格的多样化。

从另一个角度而言，图案题材虽广泛而丰富，但毕竟是有限度的。由于风格样式的变化，即使采用同一设计题材也可变幻出各种风格样式，因此，尽管图案大都是花卉植物，但始终能鲜活地以各种姿态和形式表现在织物上。

图案风格由以下五种因素构成：① 题材；② 构思；③ 着色处理手法（包括平涂勾线、点彩、塌笔、燥笔、影光等）；④ 造型表现法（点、线、块面）；⑤ 形式表现法（写意、写实、抽象放射形、顺丝形等）。上述五方面有机地融合成为设计师的创作个性，形成一种独特的风格样式。然而风格也不是设计师任意的主观表现，而是要受到多种客观现实的制约，如社会风尚、消费者的需求以及创作表现的对象、工具材料的限制等。成熟的图案风格应该是设计者个人主观特性与客观现实的有机结合。

图案风格的范畴很广泛，按不同的性质可分为传统风格、民族风格、现代风格和个人风格。它们之间的关系，既有相对的独立性，又有复杂的内在联系。每一个时代有不同的民族图案风格与个人图案风格；现代图案风格是传统图案风格的继承与超越；民族图案风格制约着个人图案风格，个人图案风格又影响着民族图案的最终风格。风格不同于一般的表现技巧，它是时代、民族、设计师个体精神气质在作品中的综合体现。

比如中国化风格，涉及题材元素、结构布局与色彩等多方面的整体意蕴追求。并不是说用了英文就不是中国风格了，虽在某一方面有所不同，但整体的中国气质没变，依旧是属于中国化风格。

中国化风格有很多可以依据，比如上古、秦汉、隋唐、宋元、明、清、民国等不同的风格。从大的种类上讲，上古风格可依据的元素比较少，代表那时风格的元素可能只有陶器、武器等。尽管时间太过久远，且品类也不如之后的丰富，但它们给我们的感染力还是相当有力度的。

秦汉时代，用于建筑的"瓦当"以及秦汉的服饰及纹饰，是现代设计中常会用到的元素。此外，秦汉时期的文字形态也比较丰富，有大篆、小篆、隶书、章草等，这也是现代设计常用元素。秦汉时期，在色彩的使用上一般限于黑色、白色、青色、黄色，这是受当时的五行宇宙观理念的影响，一个颜色不仅代表一个方位，甚至代表着一个朝代。

隋唐时期是中国文化发展最为昌盛的时期，如在书法、绘画、服饰、玉器、瓷器、铜器方面。在色彩上也有了非常不错的进步。书法中楷书、行书进入了非常的发展时期，其中楷书四大家"颜、柳、欧、赵"中唐朝就占有三席。

宋元时期的山水画达到了历史上的高峰，以及元代青花瓷的成功烧制，形成了那一时段的特有风格。在书法方面，最为突出的就是"宋体"的出现。

明朝在书法、绘画、家具、瓷器等领域都有一定的成就，因明朝在社会风尚方面尚简洁，觅古朴之意境，其中让人印象最深的就是明代椅子，这与清朝的文化有非常明显的不同。相对于明代的简洁古朴，清朝的社会风尚向着纤细繁缛的方向发展。就"龙"的演变中，以清朝的"龙"最为复杂。在清朝出现的玉器、家具的造型与修饰处理相对复杂了很多，并且在服饰上也融入了满洲风格，如旗服、朝服、马褂等。

民国风格，一方面受外来文化的影响，另一方面是对清朝风格的改变。其中建筑上受到西方文化的影响比较深，而服饰上还是保留了清朝文化的某些特征。但孙文先生设计的中山装，在当时是引人注目的一大改革，当然也借鉴了西服的一些特性。

二、纺织品织花图案设计

纺织品织花图案，传统称为纹样，是织物织纹图案的统称，工厂中通常称为"小样"或"花样"，纹样效果是通过织物表面的组织变化来实现的，换句话说，也就是提花织物要通过具体的图案花纹，才能在织物上体现出其组织变化。纹样大多"四方连续"，"四方连续"就是指一张纹样可以上下左右四面无限地连接出去，俗称"接回头"，如图5-2-7所示。因此，织花图案设计是一种图案艺术和生产工艺相结合的设计过程。

图5-2-7 四方连续的织花图案

提花织物设计包括品种工艺设计和花色纹制设计两部分内容。织花图案设计（纹样设计）是花色纹制设计的首要设计环节，是设计师根据提花织物的品种工艺特点，结合设计美学原理完成的艺术创作。

织花图案设计的设计环节依次为纹样大小计算、纹样题材选择、纹样构图设计、确定纹样表现方法和描绘方法以及具体设计描绘步骤。

1. 纹样大小计算

纹样的大小不能任意决定，它与织物规格、生产设备有密切关系。例如，纹样的宽度是根据品种规定的纹针数和经丝密度而定的，纹样的长度由纹板数决定。计算方法为：

纹样的宽度=纹针数×把吊数/经密=内经丝数/花数/经密

纹样的长度=纹板数/纬密

例：62035交织织锦，内幅75cm，经密128根/cm，纬密102根/cm，内经丝数9600根，全幅共4花，纹板数为2040张，此时纹样花幅为75/4=18.75（cm），纹样长度=2040/102=20（cm）。在纹样设计时，纹样长度的尺寸是根据品种要求及图案风格来定的，纹样长表示一个花纹循环的纹板数，纹样短则纹板数少。因此，在可能的情况下纹样宜短，以降低成本。

2. 纹样题材选择

织花纹样题材的选择在整个设计环节中有着重要的意义。织花纹样题材非常广泛，无论是有形的自然物或人造物，还是无形的观念意识，都可以作为织花图案设计的题材。但纹样题材首先要符合传递美的信息的设计目的，其次要符合目标消费者的消费需求，使设计作品因图案题材的恰当采用而发挥更理想的使用效果。由于现代数码纺织设计技术的广泛应用，以及织造设备的智能化，对织花图案设计者的选题构思的限制已日益弱化，设计师自由创作的空间得到了空前的拓展。

3. 纹样构图设计

织花纹样的构图是体现图案设计创意的关键因素之一。富有新意的纹样构图，是设计师发挥才艺与体现灵气的设计着眼点。织花图案的构图一般指单位纹样在特定尺寸内的位置经营（排列与布局）。织花纹样在延续方式上，有连续式与独幅式之分，因此在进行纹样构图时要同时考虑。连续式织花纹样构图形式多样，变化丰富。主要有散点式、条格式、重叠式、连缀式及综合式等，每种样式还可以细分演化出各有特点的构图样式。独幅式织花纹样在传统织物品种中较为常见，如织锦台毯、靠垫以及被面等。独幅式织花纹样在构图方面具有更大的自由度，既可以如同绘画的构图处理，也可以运用相对规整化的对称式或局部对称样式，相对而言，后者比前者在构图方面更加自由灵活。

4. 纹样表现方法和描绘方法

纹样的描绘表现使构思中的创意得到了确定性的表达，运用点、线条、形体块面以及质感、色彩等设计语言进行艺术形象的创造。在形象造型的塑造方面，可以是写实性的，也可以是抽象性的，具体根据整体设计构思而定。织花纹样的表现技法非常丰富，常用技法有平涂、线的表现、影光表现及反地表现等；也可以采用一些特殊技法，比如肌理表现、拼贴效果的模拟等。相同的纹样题材与造型形式因表现技法与配色方案的不同，可营造风格迥异的图案效果。由于现在的工艺设计与织造条件有了较大程度的提高，只要能描绘出来的纹样便在工艺实现方面基本上不存在什么问题。但一款成功的提花织物产品往往是图案纹样与纹制工艺完美配合的产物，所以，在具体设计时既可以纹样发挥主要作用，也可以织物组织设计占有更主动的地位，而纹样处理相对简洁概括。

5. 纹样设计描绘步骤

纹样的设计步骤从完整意义上讲，应从开发织花产品的市场调研开始，在了解和掌握消费对象的消费特点和需求为起点，再进行设计构思和具体的设计表达，这样更具有针对性，体现设计的意义。因此，在做好前期的市场信息收集与分析研究之后，后续具体的纹样设计描绘步骤如下。

（1）选题与整体构思。根据市场信息策划纹样设计的主题，主题是纹样设计的中心思想与主旨。再围绕主题选择合适的纹样题材，尽量对所使用的题材之素材有较为全面或独特的理解，发挥题材本身的设计意义，这也是一条体现富有创意的设计构思的有效途径。构思是一种处于思维阶段的画面构想，一个明确的主题可以有多种构思方案，从中选择最为有新意的进行草稿设计。构思通常贯穿于整个设计过程，从刚开始的初步的、整体的构思，到后续各个具体环节的具体构思。该阶段的构思并不是始终不变的，往往为了更佳的设计效果进行不同幅度的调整，但有整体不变的构思是一切变化的先决条件，否则容易脱离主题。

（2）草稿与正稿描绘。草稿是设计构思的初步表达阶段，有很多的变化因素。一个设计构思要尽可能多地勾画草稿方案，比较决定一个最理想的进行完善发展。多勾画草稿不仅能拓展设计师的构思能力，同时能提高纹样绘制的表达能力。草稿是用铅笔在稿纸上大概的勾勒描绘，并不需要具体细致的刻画，如在一开始就过于关注细节的描绘，往往容易影响画面整体的感觉。草稿之后是正稿描绘，这时不管在整体上还是局部细节上都要做到清晰明确。如用于线描正稿的纸张质地较厚，则需要将稿纸上的纹样拷贝于拷贝纸上待用。

（3）配色与顺序设色。根据设计构思进行色彩配置与调配。如要刷地色，应先刷地色，待干透后进行线描正稿的拷贝。然后按顺序上色，尽量使用少套色达到多套色的效果，可有可无的颜色应不要，使每一种颜色以不同的块面在不同的位置出现。通常而言，地色深先上深色，反之则先上浅色。一套色画完之后，再画另一套色，尽量避免画一点换一个颜色的上色习惯。

（4）最后调整。在全部画完之后，再进行画面整体效果的观察，并进行适当的修补调整与完善。

三、纺织品印花图案设计

印花图案设计属于设计学的学科范畴，它具有实用性和艺术性。印花是在纤维、纱线和面料（织物）上运用物理或化学方法显花的工艺技术，而印花图案设计是针对印花加工工艺而开展的图案创作活动。根据实际用途，印花图案可分为服用印花图案和装饰用印花图案两大类。印花图案的表现题材、技法丰富多彩，风格样式变化多端，花型和色彩具有较强的时尚、流行性。

1. 印花图案设计的构思

图案构思是指图案设计者在创作设计过程中进行的创造思维活动，包括题材的选择、风格的酝酿、构图形式美的推敲、造型色彩技法的表现等。构思贯穿于图案创作的全过程，它包括众多的内容。

（1）构思的前提条件。

① 了解消费对象。印花图案是具有实用性与艺术性的综合体，由于各国社会、政治、经济、文化、艺术、地理环境、风俗习惯、宗教信仰、民族喜爱的差异，以及人们文化教育程度、工作生活环境、性别年龄的差异，需求千差万别。因此，设计者必须区别对待，避免设计的盲目性。

② 了解产品的使用时间、地点、场合。明确产品的用途，如衣料图案必须考虑制成衣服穿在身上的效果；装饰面料，如窗帘、地毯、沙发布、壁挂等，必须考虑装饰功能的要求和不同空间效果。

③ 了解原料、品种以及生产工艺对图案设计的要求。印花图案最终是通过原料、品种以及生产工艺成为印花产品。不同的原料、品种都有自身的特点，印花图案的设计必须与原料、品种以及生产工艺相协调。总之，纺织品的消费对象、产品使用功能、工艺生产的制约是图案构思的前提条件。

（2）图案艺术构思的程序。图案构思的程序大致可分三个阶段：第一是准备阶段，根据设计要求，设计者需要广泛地收集资料，在对原始资料观察和感受的基础上，进行分析、研究和想象，同时提出多种设计方案；第二是选择阶段，设计者对最初的设想意图做全面的分析比较，从而优选最理想的方案，并进一步作具体的酝酿，使图案的形象逐步明确、具体化；第三是完成阶段，本阶段与设计实践活动是分不开的，最后完整的构思意图是在图案的具体形象与整体关系中表达出来的。构思贯穿于设计的全过程，构思是反复认识的过程，构思的最后阶段仅仅是表示构思的思维活动的一个周期，在实际设计过程中构思的思维过程是周而复始。

2. 印花图案的造型设计

（1）写实形造型。写实形造型取材于自然形态，它是以自然对象为基础，运用图案概括、提炼的艺术手法塑造的一种艺术形象，既保留着原有对象的基本特征，具有现实形态最基本的美感因素，同时比自然形态更典型。

（2）纯形造型。以点、线、面等几何形态作为造型元素，进行几何形态多种变化形成的抽象形象，它往往以明确、简洁、具有一定韵律为基本特点。

（3）装饰形造型。把自然形象进行变形处理，使之理念化的一种装饰形象，是设计者采用提炼、夸张、添加、变形等造型手法进行创造的一种新的图案形态，风格特异、富有启发性。装饰形象并非以表现对象为目的，而是以对象为素材，变化为法则，在设计中创造新的、符合美的规律的形态创作。

（4）组合形造型。由单个相同形或多个相似形进行有规律性的组合或非规律性的组合，或运用空间与形、形与形的重复变化，构成富有多因素的节奏感、韵律感的造型形象。另一类组合形式则是把精神气质、象征含义方面具有内在联系的图案内容融合在同一图形中，形成组合形造型。

3. 印花图案的色彩设计

（1）色彩明度。在印花图案设计中色彩明度的处理非常重要，应着重考虑以下几个问题：①花色与地色、花色与花色之间要有适当明度差异。一般一幅印花图案都要有三个相对明显的明度层次，即黑、白、灰，但这里所谓的黑、白、灰不是纯粹意义上的黑、白、灰颜色，而是明度上的三个层次。此外，黑、白、灰也是相对而言的，是在一定明度调子下的三个层次。②深色地要有亮花，浅地要有暗花。深地浅花，浅地暗花，中间明度则花纹要浅于地色或深于地色，这是用色的基本规律。③主花宜亮，陪衬花纹宜暗。色彩明度应用可使主题突出，使主花更加明显。

（2）色调的变化。在设计图案之前，要全盘考虑一个主色调，然后使色彩的对比与调和、明度、纯度和层次等，都服从于这一总的色调。不同的色调，会引发不同的情感和感受。色调的选择，应根据具体情况而定。消费者的民族宗教信仰、年龄性别、气候季节、环境、教育等都将对印花图案的色调的确立有着重要影响，设计者必须认真研究、具体分析。一般而言，印花图案的色彩应注意以下几点：①掌握主调。主调取决于印染产品的季节性、地区性、生活习惯、使用场合和风格流行等方面。设色时首先考虑主调是暖色调，还是冷色调，或暖中取冷，或冷中取暖。总之，使作品既调和又对比，要求大处统一，小处对比，在对比中求统一。②掌握明暗对比。一般说，主花明，配花暗；近的明，远的暗。同时用色要掌握先主花，后配花，先主调，后对比，先近后远，先明后暗。深色地，先深后浅；浅色地，先浅后深。深色地必有浅，浅色地必有深。③掌握各色交叉应用。画面上的各色应交叉应用，分布均匀，但要求主题突出，主调明确，一套色起多套色的效果。

4. 印花图案的组织结构设计

（1）组织排列的创作要点。①把握整体，突出主花。首先要抓整体的、主要的方面。把主花安置在主要和显著的地位，使主花更显著，主题更突出。除了把主花安排在主要部位之外，可以利用配色来烘托主体。②宾主呼应，层次分明。主体要突出，不能喧宾夺主，但宾与主要两相呼应，层次分明，否则会形成宾主脱节。在组织结构中要求有主有次，有大有小，有露有隐，使画面丰富、充实，但要把握好度。③散布得当，切忌空挡。这也是组织结构方面的处理，要求纹样穿插有致，分布均衡。不能有空挡，或是有些地方太过密集。

（2）印花图案的规格、布局与接版。印花图案设计和印花工艺紧密相连，每一种印花工艺都对图案规格有一定要求；一种工艺下不同的印花机型号对图案规格的要求也不一样。一般单独型的印花图案规格有明显的框架，如方巾、被面、壁挂、台毯、靠垫、地毯等，纹样就在框架尺寸内构图布局。而连续型图案则无明显的框架，而是以连续反复的规律来限定平面空间。连续型图案的规格可以认为是给设计人员规定的空间平面。

布局主要指设计要素在平面空间内的分布构成。根据不同品种和图案风格的要求一般可分三类：①清地布局。纹饰占据空间比例较小，地纹面积多于花纹面积，留有较多的空地。②混地布局。花、底各占平面空间的一半，面积相当，排列均称，虽然留有一定的底纹，但总体效果仍以花纹为主，花纹关系也较明确。③满地布局。花占据规格空间的大部分，特点是花多地少，有时底色不明显，甚至不确切存在，形成花、底交融的空间效果。

连续型图案单元纹样之间相连接的方法叫接版。四方连续是以一个循环单元，向上、下、左、右四个方向做反复延续。这种连续状态，给人们视觉上、心理上以匀称的韵律感和反复统一的美感。一般常用的接版方法有两种：①平接版。单元纹样上与下、左与右相连，使整个单元纹样向水平与垂直方向反复延伸。②跳接版。也叫1/2接版，单元纹样在上下方向相接，而左接右时，先把左右部分分为上下相等的两部分，然后使左上部纹样接于右下部，左下部纹样与右上部纹样相接，形成单元纹样垂直延伸方向不变，而左右连续呈斜向延伸。

（3）印花图案组织排列方法。①几何形排列。几何形排列是以一个或几个相同或不同的几何形，作为一个循环单位，上下、左右连续的组织形式。这种排列的特点是连续性十分紧密而突出，形与形之间极其自然地形成一种网状的组织骨架，表现出非常有规律的节奏感。几何形排列可直接表现为印花图案，亦可作为几何骨架，在其上或其中安置、嵌入几何形或其他纹样；或以色彩来填充形体不同部位，使之产生丰富变化。②散点排列。在一个循环单位内，按照变化与统一的规则编排、组织造型元素，称为散点排列。散点排列有规则散点排列与自由散点排列之分。这种排列形象变化生动，有量的多少、大小、长短等不同；还有方向姿态、形态、色彩的变化，加上组合的疏密虚实等处理，能表现多种艺术效果，也易于使纹样与纹样之间产生穿插自如的组织。③连缀式排列。连缀式排列也叫穿枝连缀排列，是以几何的曲线骨格为基础，与散点的纹样密切结合，产生静中有动、齐中有变、连绵不断、曲折回绕的艺术效果。④重叠式排列。重叠式排列是指两种不同类型的排列骨格的重叠组织，如几何骨格排列上有散点排列组织，连缀式排列骨格之上有散点排列等，以及它们本身组织相重叠。它的特点是层次丰富、变化生动。

四、纺织品绣花图案设计

纺织品绣花图案设计是对绣花图案进行设计处理的过程。用丝茸或丝线在面料上经刺绣工艺形成的花纹，称为绣花图案。绣花图案的表现形式除了图案本身的艺术审美外，还要考虑运用的绣花针法、绣线色彩的组合效果，体现出"画工绣艺""绘绣共工"的图案特点。

1. 分类

绣花图案设计可分为传统手工绣花图案设计和机器绣花图案设计。传统手工绣花又称手工刺绣，是一个地域分布广泛的手工艺品，在我国除了苏绣、湘绣、粤绣和蜀绣这"四大名绣"外，还有京绣、鲁绣、汴绣、瓯绣、杭绣、汉绣、闽绣等地方名绣，我国的少数民族如维吾尔族、彝族、傣族、布依族、瑶族、苗族、土家族、景颇族、侗族、白族、壮族、蒙古族、藏族等也都有自己特色的民族刺绣。机器绣花是用机器替代手工的绣花方式，适用于大批量的绣花加工生产，随着纺织技术发展，当前的机器绣花过程主要是由计算机控制完成，又称电脑绣花，是利用绣花设计CAD软件制作绣花图案的花版，通过计算机把花版的数字信息转换成程序控制，自动操控绣花机进行连续刺绣。

2. 题材

绣花图案设计的题材广泛，一般可分为具象图案和抽象图案的设计。具象绣花图案有植物图案、动物图案、人物图案和风景图案等，具象的植物花卉、飞禽走兽、人物故事和亭台楼榭等是传统手工绣花图案常用的题材，其中应用最广泛的是植物花卉图案，在传统和现代艺术风格的图案表现上占有显著地位，是最能让消费者接受的具象绣花图案；具象的动物绣花图案主要应用在儿童服装服饰与家纺装饰产品上，表现儿童的可爱和童趣；而人物图案和风景图案在服装服饰与家纺装饰的绣花产品中应用非常少，尤其是风景图案更少。抽象绣花图案主要有几何图形、线条和色块等，在现代风格的服装服饰与家纺装饰产品设计中应用较多，具有时尚、简约的风格，迎合年轻人的喜好，显示出轻松、休闲的特色。值得一提的是，不同的绣花工艺对图案的表现有一定限制，手工绣花方式对图案题材限制少，机器绣花方式对写实题材图案的限制较多。

3. 构成

不论是传统手工绣花图案设计还是机器绣花图案设计，其绣花图案的构成是相同的，可分为四种类型：点的构成、线的构成、面的构成以及将点、线、面进行综合运用的综合构成。

点状构成的绣花图案是最基础的构成形式，在服装服饰与家纺装饰的绣花产品中常用。

与平面设计中的点的特性一样，点状构成的绣花图案具有集中、醒目、活泼和吸引视线等一系列特征，这些特征使绣花图案容易成为绣花产品的视觉中心。因此，点状构成的绣花图案无论用何种内容的图案，何种绣花表现针法，何种绣花线，都容易成为视线的焦点，使绣花图案在绣花产品上非常突出。点状构成的绣花图案的表现形式主要有两种：一种是在产品上由一个或几个面积较大的绣花图案组成，呈视觉散点效果；另一种是在产品上出现许多小块面的绣花图案，呈视觉肌理效果。

线状构成的绣花图案与点状构成的绣花图案不同，能产生富有动感和方向感的装饰效果，主要有两种应用形式：一种是表现在绣花产品的主要部位，另一种是表现在绣花产品的边缘。线状构成的绣花图案种类有很多，如直线（平行线、垂直线、折线、斜线等）、曲线（弧线、抛物线、双曲线等），不同的种类具有不同的表现特征。垂直的线状绣花图案给人庄重的感觉；水平的线状绣花图案有平静、安宁的特点；斜线状的绣花图案表现的是运动、速度，给人充满活力的感觉；而曲线状的绣花图案最能体现自由、流动、柔美之感，这种类型的绣花产品在线状构成中出现最多，符合女性消费者对柔美效果的服饰和家纺产品的共性追求。

面状构成的绣花图案是由点、线的密集排列而产生的装饰效果，有铺满和局部铺满两种布局形式。铺满布局是整个绣花产品铺满绣花图案，局部铺满布局是指在绣花产品的某个局部位置使用绣花图案。铺满方式的绣花图案又可分为均匀分布和不均匀分布两种形式。均匀分布指绣花图案均匀地分布于整个绣花产品上，主要运用的是连续纹样。不均匀分布强调的是绣花图案在铺满的同时，绣花图案的组织排列有大有小、疏密交替，通过面与面的对比关系产生视觉冲击力，使图案凝重、集中、富于审美性。

综合构成的绣花图案是应用点、线、面构成中两种或两种以上的构成形式，这种构成的样式很丰富，可根据主题的表现及效果的需要自由构成。综合构成的绣花图案的局部与整体、中心与边缘、主体与陪衬的关系有机地结合，能增强图案的耐看性和美感魅力。用综合构成的绣花图案来设计绣花产品时要注意主次关系的处理，以其中一种形式为主体，搭配使用其他形式，应避免出现构成形式过杂过乱。

4. 装饰形式

根据不同的应用领域，绣花图案设计的装饰形式主要有散点装饰、中心装饰、边缘装饰、点缀装饰四种。

散点装饰的绣花图案的组织排列有大小、疏密的交替变化，通过图与图的对比关系产生视觉冲击力，产生风格多变、对比鲜明、层次丰富的绣花图案。散点装饰的绣花图案是服装服饰和家纺装饰产品的常用形式。

中心装饰的绣花图案一般出现于最引人注目的产品部位，这些部位比较容易集中人的视线，也可体现使用者的个性喜好。服装中心装饰的绣花图案常用于胸部、腰部、臀部、背部、腿、膝盖、肘部等部位。胸部是应用绣花最频繁的一个部位，具有强烈的直观性，给人深刻的印象；腰部绣花最具"界定"功能，其位置高低决定了着装者上下身在视觉上的比例，横向腰部绣花图案有明显的隔断感，斜向图案有特殊的扭动感，纵向和辐射状图案则易取得挺拔、收拢的效果。因此，在腰部装饰绣花图案，可以衬托女性的婀娜体态；臀部、肘部、腿部、膝部的装饰能体现出力量的美感和坚毅的风格，由于四肢的各种动作，使这些部位的装饰呈现出种种灵活多变的空间效果，这是其他装饰部位不具备的。家纺产品中心装饰的绣花图案常用于家纺产品的中心部位，如靠枕、枕头、被套、床罩、床裙等的中心部位。被套、床罩的绣花图案最具"装饰"功能，其位置高低、错落等因素决定了绣花图案的造型和构图，直观地体现出床品的风格和特色；靠枕、床裙的绣花图案，在室内床品中起到调节空间层次的作用；枕头的视觉中心地位仅次于被套，显得格外突出，具有强烈的直观性，因而给人印象深刻。

边缘装饰的绣花图案一般采用二方连续的图案排列，图案首尾相接，无限伸展，其效果可以打破常规的沉闷格局，产生新颖别致、活泼多变的装饰风格。服装服饰采用边缘装饰的绣花图案时一般位于服装的襟边、领部、袖口、口袋口、裤脚边、裤侧缝、肩部、下摆等部位，在这些部位进行装饰增强了服装的轮廓感，具有典雅、华丽、端庄的意味，也易于展现服装的内部结构特色。家纺装饰用边缘装饰的绣花图案常用于床品、窗帘、桌布等家纺产品的边缘装饰，常以花卉和缠枝纹为主要题材，连续图案转角自然，结构变化生动，具有浮雕般的艺术效果，与主体花卉相吻合，能形成既独立又呼应的装饰美感。边缘装饰的绣花图案的连续由于受到装饰部位的尺寸、线条的起伏、排列方向以及色彩变化等限制，在图案构思时要缜密考虑，形成理想效果。

点缀装饰的绣花图案从产品的点缀部位来看，往往会起到画龙点睛的效果。随着服装服饰和家纺装饰产品时尚个性化消费的兴起，绣花图案设计从原来的程式化逐渐发展到自由、随意的样式，用于体现现代人追逐潮流、张扬个性的图案点缀风格，而点缀装饰的绣花图案更具设计感，能满足年轻人时尚个性化的消费特点。

第三节　纺织品色彩设计

纺织品色彩设计是纺织品图案在确定题材、排列布局和表现技法后，另一个至关重要的环节，纺织品色彩设计要以纺织品图案和造型内容为基础，兼顾纺织品的技术、品种工艺特点以及产品使用功能。纺织品色彩设计通过合理配置几组色彩，可以弥补纺织品图案设计中的不足，丰富纺织品图案的配套效果，满足人们对纺织品的个性化审美情趣。

一、纺织品色彩设计的基本特点

1. 纺织品色彩设计特点

根据色彩学原理，在设计纺织品图案时，采用颜料手绘设计纹样方式，其色彩表现遵循红、绿、蓝三原色的减色混合原理；而采用计算机进行数码化的纺织品图案设计时，其图案的色彩表现符合红、绿、蓝三原色的加色混合原理。

除了纺织品图案色彩设计的显色原理，在纺织品图案色彩设计过程中，还需要考虑各种色彩给人们带来的视觉审美特征，也就是说，人们视觉中对画面的整体色调的视觉感受能够转换成内心的色彩感动，这是一种普适的经验性感受，不会因为人的个体差异而改变。如

图5-3-1（彩图见封二）所示，在人们视觉中的画面呈现红色调为主的色彩时，能够让人感觉兴奋，而大红色特别富有热烈欢快的气氛；黄色调则使人有一种温暖、亲切的感觉，金黄色特有丰收的喜悦和成就感；蓝色调让人宁静、安神、天蓝、海蓝色让人心胸坦荡，心旷神怡，浮想联翩；绿色系的色彩感觉使人感受生机，从心底产生对美好未来的向往。而色彩的明度和彩度的变化也能给人不同的审美感受，如粉红、浅绿、浅蓝、浅紫等浅色调，使人有一种轻松、活泼的感觉；而棕色、墨绿、藏青等色调给人以端庄、稳重、浓郁的感觉；黑、白、金银色作为调和色则另有一种永恒的高贵之感。

　　了解了色彩的视觉审美特征，可以结合纹样素材特点，巧妙地将色彩配置在各种风格的纺织品图案上。在纺织品图案色彩设计时，对过于动荡的花样不宜再配大红、大绿等欢乐色彩，宜用蓝色、紫色等冷色调和中间色调起安静、稳定作用；对秀丽纤细的花样宜配浅紫、银灰、粉红、水蓝等色调，以强调幽雅、肃静的情调。对风景图案宜用多种色调变幻；在大色调的组成中，以蓝、绿、青、紫、灰等组成冷色调，以红、黄、橙、咖啡色等组成暖色调；在不破坏大色调的前提下适当地在冷色调中加入少量的暖色，在暖色调中加入少量的冷色，都能起到点缀作用，如"万绿丛中一点红"，则其红色将格外鲜艳。

图5-3-1　色彩的审美感受

2. 影响纺织品色彩设计的因素

　　（1）色彩与图案的关系。色彩的配置与图案是相辅相成，互为衬托的。配色前必须充分掌握图案题材、排列布局和表现技法特点，在配色时要保持和充分发挥图案的设计风格，并能运用色彩处理和设计的基本方法，来丰富图案的内涵和弥补图案中的不足。总之，在纺织品图案上的配色是千变万化的，以下三个方面是图案配色的一般规律。

① 色彩与图案结构布局的关系。当图案的块面大小恰当、布局均匀、层次分明、宾主协调时，配色不仅要保持原来优点，还要进一步烘托，使花地分明，画面更完整。若图案中布局不均、结构不严、花纹零乱时，配色时就要加以弥补，一般宜用调和处理法，即适当减弱鲜艳度和明度，采用邻近的色相和明度，使各种色调和起来，借以减弱花样的零乱感。抛道色彩配置时，也应减弱鲜艳度和明度，以便掩盖花纹档子。

② 色彩与花纹处理手法的关系。当花纹为块面处理时，在大块面上用色，其彩度和明度不宜过高，而在小块面上宜用点缀色，即鲜艳度和明度较高的色彩，能起醒目作用。根据色彩学概念，同面积的暖色比冷色感觉大，同面积的白色比黑色感觉大。这是由于色彩的膨胀感而造成的错觉。在绸缎配色时也可以结合具体花纹加以运用，如在暖色调为主的绸面上，对大块面花纹宜配暖色，虽然暖色有膨胀感，但因受其周围暖色的协调作用，也就不显其大了；如果在中性地色（黑、白、灰）上欲使花纹丰满，则大块面花纹上同样宜用暖色。

当花纹为点、线处理时，如果点子花是附属于地纹的，其色彩宜接近地色；如果点子花是主花，则因点子面积小而又醒目，宜配鲜艳度、明度高的色彩。

如果花纹是以线条为主的，因线条面积小，用色以鲜艳度、明度高为宜。当花纹上的线条呈密集排列时，这时线条的色彩在画面上起主导作用，当线条为浅色时，花纹色也配浅色；反之线条为深色时，花纹色也配深色。花纹上包边线条的色彩，宜取花、地两色的中间色，以求色的衔接协调。

对于影光处理的花朵，影光色要鲜艳，如白色上渲染大红、泥金上渲染枣红或白色上渲染宝蓝等。总之，两色的色度相距要大，以使影光效果更好。

③ 色彩与图案题材、风格的关系。纺织品的花样风格极为丰富，有写意、写实花卉、几何形、文物器皿、金石篆刻、风景人物、动物、抽象花派、各种民族传统图案、外国民族纹等。各种花样都依附于它的内容而组成各种不同的风格，配色也在各个不同的题材风格上创作出各种生动的色调。例如，生动活泼的写意花卉宜配上明快、优雅的浅色调；灵活多变的装饰图案花，可以配置多种色调；外国民族图案可以配置西方色彩；细丝大菊花宜配黑白、红白色，以使花瓣清晰明朗；抽象花派的配色可带点梦幻色彩；中国民族风格花样的配色，应在传统配色上发展，采用浓郁对比法，如红色调宜用大红、枣红等，不宜用浅玫、西红之类；绿色宜用墨绿、棉绿等，不宜用果绿、鲜绿之类；蓝色宜用虹蓝、宝蓝，不宜用皎月、湖蓝等。总之，鲜艳度要高，色感要庄重。

（2）色彩与品种的关系。在纺织品新品种设计时，首先要考虑其用途、对象和销售地区等问题，这些条件构成一个品种的特点，因此配色时也必须同时考虑这些因素。下面从品种的大类来说明色彩与品种大类的一般性规律。

① 真丝绸的用色。真丝绸有柔软舒适、色彩柔和的特点，最适宜衣着用。例如，用于内衣裤、睡裙时，色彩宜配轻松、明快、恬静的浅色调；用于男女衬衫及连衣裙时，花样和色彩就要求多变，色彩配置必须考虑流行色的变迁；用于服饰品时，领带、丝巾、披肩、鞋帽

等，由于真丝服饰品高密花纹精细，色彩配置应该结合流行趋势，根据主题设计和内容来配置色彩，并设计系列色彩用于配色。

② 合纤绸的用色。合纤绸由合成纤维交织而成，原料成本较低，织物适合表现鲜艳的色彩和制作功能性产品，在国际市场上用途颇广，有作为套装、牛仔裤用料的厚织物，有作为衬衫用料的仿真丝绸的薄织物，也有适合老年女衣裤用料的仿黏胶丝的低档涤纶、尼龙品种。因此，配色上也各不相同，除了日常生活类的服装色彩配色外，往往会通过鲜艳多变的色彩配置来丰富织物的表面色彩效果，提高产品附加值，吸引消费者。

③ 交织绸的用色。交织绸是采用多种纺织原料进行交织而成的花织物产品，该类产品的显著特点是综合各种原料的优良特性来开发新产品，所以交织绸的品种和用途非常广泛。交织绸色彩的运用要结合品种的厚薄、高低档等各种因素来考虑。一般厚织物宜配中、深色，薄织物宜配中、浅色。高档织物的色彩配置要沉着、典雅、少采用原色，而低档织物如黏胶丝、黏纤纱类品种，花纹和色彩要求大气、强烈，如金黄、翠绿、皎月等色彩效果的写意和装饰变形的图案风格。

④ 金银线织物的用色。金银线织物设计源于传统织金锦的品种特色，由于在各种纤维原料中，金银色铝皮的金属色光亮度最大，因此，与它相配的各种色彩其鲜艳度、色彩的纯度越高越好，任何刺目的鲜艳色与金属色相配则效果就差。如雪白和泥金色在一般织锦缎上能与其他各种色彩相配，效果均好。但用于金线织锦缎时，雪白色因鲜艳度低则变成毫无光彩的死灰色，泥金因色相接近，效果也不好。在金线织锦缎上配色效果最好的是深色地上配强烈对比的五彩色，由此表现出富丽的东方民族色彩。银皮与金皮略有不同，适宜用浅色配成高雅的冷色调。

总之，金银线织物从表面效果看有一种富丽堂皇的高贵感，在配色上要根据图案特点进行特殊处理，合理表现图案搭配金银色彩的奢华感。

⑤ 装饰绸的用色。花织物除服装用绸外，还有窗帘、床罩、沙发、床上用品等家纺装饰用绸、礼品盒及绘画的裱装等工艺用品绸，因用途不同对色彩的要求也不同。根据消费习惯，床罩、窗纱宜配舒适轻松的浅色调，厚窗帘及沙发绸宜配中深色，如厚窗帘绸宜配糙米色、墨绿色等；沙发绸宜配土红、米灰、蓝灰等色；工艺用品绸要配古雅的中色调，上面点缀红、蓝、绿等小块面鲜艳色。另外，装饰绸的用色的配色也要根据设计主题和流行色来配置，但一般要求色彩沉着、大方，领带上的装饰花纹用色要明朗，地色大多采用藏青、深咖、枣红等。

二、纺织品色彩设计原理和方法

纺织品色彩设计的目的是根据设计意图，对纺织品图案的色彩做整体规划，并完成纺织品图案素材色彩描绘的过程，形成一幅完整的纺织品图案色彩效果图，在设计过程中，设计师需要结合织物品种的特点，综合考虑色彩的设计要素和色彩配色原理，来完成纺织品图案中素材的色彩设计。

1. 纺织品色彩设计原理

图案色彩依据素材造型进行配色设计，不同的色彩之间会产生相互影响。其主要原因是人眼结构决定了眼睛对光和色彩有不同的适应性，当光线反应主体而进入人眼时，它经由视网膜中的神经末梢反应，再将色彩信息传送到脑中，这样多种色彩同时传到头脑或眼睛连续看几个色彩，色彩间会产生相互影响，如从亮的地方移到黑暗的地方时，我们的视线突然变得不清楚，直到眼睛渐渐地习惯了黑暗，这种过程称为对黑暗的适应。当戴上太阳眼镜时，最初看到的物体都会染上镜片的颜色，但过一会儿，就不会再注意到镜片颜色的影响，这种过程称为对颜色的适应。图案色彩的配色是并列色效应，色彩的影响主要有以下几种。

（1）色相互补。当两个颜色并置，颜色间会相互影响，当把一个颜色放置在另外两个颜色上，该色彩依据邻近的颜色影响原理，同样的颜色就会出现不同的色彩感觉，呈现色相互补现象。例如，橘色会显示得更黄以抵制红色的背景，如果背景是黄色时，橘色则会变得更红。

（2）对比色互补。如果将无彩色的灰色放置在蓝色的背景色上时，灰色将会出现橘色的互补色效果；同样将无彩色的灰色放置在橘色的背景色上时，灰色将会出现蓝色的互补色效果。

（3）纯度互补。当一个颜色放置在不同色彩纯度的背景色上，颜色的效果会产生纯度差异现象，如将低纯度的橘色放置在高色彩纯度的橘色背景上，该色彩的视觉饱和度会降低，而将低纯度的橘色放置在无彩的灰背景上（最低色彩纯度）时，它会显得非常明亮（纯度变高）。

（4）亮度互补。当自然的灰色先被放置在明亮灰色的背景上，然后再放置在黑色的背景时，它会呈现出不同的亮度效果，在明亮的背景上灰色变暗，而在黑色的背景上灰色变亮。

（5）色彩协调方法。根据色彩相互影响的特征，将色彩互补的原理用来设计色彩的协调方法，在全色彩的色相环上，对角排列的二色协调，等边三角形排列的三色调协调、在正方形对角的四色协调，在六角形六边角的六色协调等，在该色彩协调关系下，所有构成中的色彩均匀混合将形成无彩色的灰色，也就是没有任何偏色产生；同样将色彩还原到色相环可以通过旋转关系图来获得新的配色。图5-3-2（彩图见封二）是从蓝绿色、紫红色和黄色三原色中，设计出的12种颜色的色相环。通过色彩协调关系选出的色彩混合后呈无彩的灰色。利用该方法可以根据色彩分布规则方便地进行色彩规范，并用于纺织品图案的配色设计。

（6）色彩构成规范。由于影响色彩设计的因素很多，色彩间又会相互影响，所以对色彩构成进行规范是色彩设计的前提，如果没有一个精准的色彩构成规范作为色标，是很难说明颜色与颜色之间的不同。色彩构成规范提供一个解说颜色关系的一个方法，如图5-3-3（彩图见封二）所示。

色彩构成规范是以色相或纯度为基准。色相环是开始于同样的色调再逐渐地转换到邻近的色调和类似的颜色。类似色是指那些在颜色转周中靠近但不邻近的颜色。中间色是指那些在颜色转周中被90°分开的颜色。不协调色是指那些在色相环转周中相对的颜色，又称为互补色。

颜色有不同的色调可由调整该色相环的亮度和纯度来变得协调。同一色相环中的色彩称

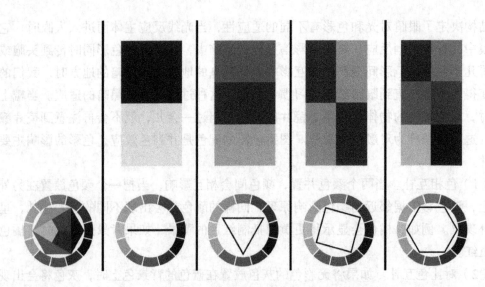

图5-3-2　色彩协调方法示意图

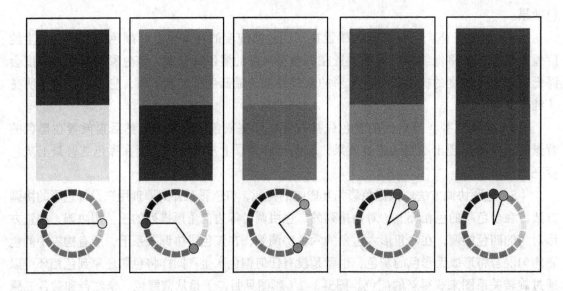

图5-3-3　色彩构成规范示意图

为相同色度的色彩构成，那些类似的和相邻的色相环中的色彩称为类似色度的色彩构成，而那些有较大差异的色相环中的色彩称为对比色度的色彩构成。为了图案色彩设计方便，将色彩按一个色相环12个基本色为单位，以四级明度和四级纯度为变化，设计所得12个不同色度的色相环，不同色度色相环的色彩构成图如图5-3-4（彩图见封二）所示，从下到上为明度增加，从左到右为纯度增加，共计12×12=144个色彩，由于人眼能够识别的色彩数一般在64个，该色彩构成图中的色彩数已经能够满足纺织品图案的色彩设计需要。

　　在图5-3-4中，白色、黑色和色彩纯度最高的色相环分居色彩构成图顶端，其他色彩都分布在三者之间，呈现规律变化的特征。为规范用色方法，在图5-3-4中，可以将四个等级的明度色标划分为三个明度基调，则得出三个明度色调，即低明度色调、中明度色调和高明度色调；再将四个等级的纯度色标划分为三个纯度基调，则得出三个纯度色调，即低纯度色

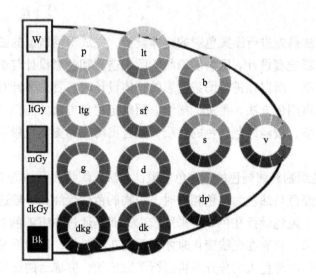

图5-3-4　不同色度的色彩构成图

调、中纯度色调和高纯度色调。低明度色调是由近黑色的暗色组成的色调，这个色调明度较低，色彩纯度轻弱，如黑色、深蓝、深红、深褐、深绿等，在低明度色调里，为了避免沉闷感，应使用少量的中高明度的点、线、面。低明度色调具有沉静、厚重、高雅、忧郁感。中明度色调是由中间两级的中明度色组成的基调，这类色调保持中等明度的效果，其基调具有柔和、甜美、稳定感。高明度色调是由近白色的高明度色组合的基调，如白色、黄色、浅蓝、浅绿、浅红等，这个基调具有优雅、明亮、寒冷、软弱感。高纯度色调是运用纯度较高的色彩进行设计，即保持每套色的鲜艳度，也可以使用小量的灰色，即纯度低的色彩，可反衬高纯色调的鲜艳度，这个色调鲜艳明快，有华丽、兴奋、活跃感。中纯度色调是运用纯度适中的两级色彩进行设计，即保持每套色的中等鲜艳度，该色调可与纯色调和低色调的色彩任意搭配，色彩不张扬，给人以调和的整体色彩感觉，这个色调有低调、融合、亲近感。低纯度色调多配以黑色、白色、灰色，整个色调纯度偏低，低纯度色调具有沉静、典雅感。

　　根据色彩构成图中不同色相环的色彩特征，很容易挑选出相同色度的颜色、类似色度的颜色、对比色度的颜色进行应用，在实际的纺织品图案色彩设计过程中，不同色度色相环中的色彩需要综合应用以达到最佳的色彩效果，不同色度的色彩效果示意图如图5-3-5（彩图见封二）所示。

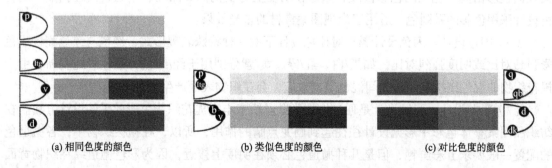

(a) 相同色度的颜色　　　　　(b) 类似色度的颜色　　　　　(c) 对比色度的颜色

图5-3-5　不同色度的色彩效果示意图

2. 纺织品色彩设计的方法

纺织品图案的色彩设计的方法是先进行图案色彩的整体设计，完成不同造型的图案素材的色彩设计，然后进行图案的色彩配套设计。因为纺织品的图案造型和色彩设计与织物的品种工艺特征密切相关，并受其限制，所以在进行图案色彩的整体设计时，首先要针对产品工艺特征来明确应采用的纺织品图案用色方法，再进行描绘。而确定用色方法的前提是先确定提花织物的经纬色和组织结构类型，按经纬色选色的性质，整合出纺织品图案色彩设计常用的用色方法，具体如下。

（1）纯色设计。纯色设计是织物经纬同色的一种色彩设计方法，织物表面的花纹只有纹理效果没有色彩差异。当织物的经色与纬色为同色相配时，织物的色度最纯，一般这种配法在白织中采用，考虑到成本因素，纯色设计在色织中采用较少，而是通过白织染色来完成。纯色设计在视觉效果上是一色效果，只有在光线变化时才能看到花纹效果，因为要考虑到后续工艺，所以在实际绘画中需要将经纬色人为分开后再进行图案描绘，完成后的纺织品图案具有单彩效果，但该效果不等于织物的实际效果。

（2）多色设计。多色设计是织物经纬不同色的一种色彩设计方法，纺织品图案表面色彩由采用至少两种以上色彩的经纬线混合而成，这种设计方法是纺织品图案色彩设计最常用的方法，适用于提花织物如纬重织物、经重织物、双层织物等，经纬向配置的色彩数一般在2~8之间，例如，甲纬与经色相同，乙纬为另一色，纺织品图案的用色效果可以是黑地白花或黑地红花等。纺织品图案的效果能够模拟织物效果。

（3）对比色设计。对比色设计也是提花织物经纬不同色的一种色彩设计方法，纺织品图案表面色彩由至少采用一组对比色彩的经纬线混合而成，对比色有色相对比和明度对比两种。色环上的三组对比色（红、绿，蓝、橙，黄、紫）为强烈对比，而采用复色的冷暖对比为缓和对比。所谓明度对比即深浅对比，最强者为黑白对比。对比色的配法效果强烈、醒目，但一般不宜用在对等的面积上，并常用黑、白、灰、金银色进行调和。

（4）同类色设计。同类色即类似色，同类色设计属于多色设计方法下的一种具体表现形式，一个织物中的几个彩色同属一个大色调。如暖色调（红、棕、橘、金等）、冷色调（蓝、青、绿、青紫、蓝灰、绿灰等）、中间色调（奶咖、豆灰、黄瓦、雪驼），由于同类色设计的织物画面调和，适用性好，此类色彩方案在纺织品图案色彩设计中运用最广。

（5）同种色设计。同种色设计也是属于多色设计方法下的一种具体表现形式，纺织品图案表面色彩由同一色相的色彩构成，只是在明度上有变化，如深红、中红、浅红相配，同种色设计采用色彩的系列色，适用于表现图案素材的影光效果。

（6）闪色设计。闪色设计属于对比色设计下的一种特殊表现形式，经色与纬色配置成色彩强烈对比或明度强烈对比，如黑/白、红/绿、黄/紫分别用于经/纬色，且色彩纯度高，由于提花织物的混色结构是一种空间混色结构效应，会在织物表面产生闪色效应。

（7）彩抛设计。彩抛设计是通过增加彩抛丝线来丰富提花织物色彩效果的设计方法。在纺织品图案整体色彩中彩抛设计往往起到画龙点睛的作用，所以，在抛梭织物中，各抛道色的配置一般要求五彩鲜艳，但是几种抛道色必须在明度上接近，因为彩色抛道纬在织物背面呈条状排列，如果深浅相差过大，则会造成"露道"疵点。另外，织物的地经地纬一定要采用中深色调，避免产生彩色抛道纬露地。

3. 纺织品色彩设计实践

根据纺织品图案色彩设计的基本原理与方法的表述，纺织品图案的色彩设计是纺织品图案设计中贯穿整个设计流程的重要环节。纺织品图案的色彩设计实践从不同造型图案素材的色彩设计开始，经过纺织品图案整体色彩设计，到纺织品图案色彩的配套设计，需要满足织物新产品开发一花九色的试样要求。

（1）纺织品图案同类色色彩设计。该例纺织品图案采用4套同类色进行设计，中纯度的黄色和红棕色呈高明度到低明度排列，图案素材为侧视装饰变形花卉，图案构图为条状花纹，平接方式接循环，花部图案呈现大小条状花排列，底部图案采用泥地混合色彩，整体色彩为深色地配浅色花，深色地配置成经线，浅色花配置成纬线，纬线可用一组也可以用两组。当选择用一组纬时，采用单层色织结构进行织物结构设计；当用两纬时，采用纬二重色织结构进行织物结构设计。根据图案整体风格，该设计完成两组配色设计，一组为暖色调，另一组为冷色调。设计效果如图5-3-6（彩图见封二）所示。

图5-3-6　纺织品图案同类色色彩设计

（2）纺织品图案彩抛色色彩设计。该例纺织品图案采用5套同类色进行设计，其中四色为纯度低的同种色进行明度变化（从高到低）而成，一色为纯度高的色彩作为图案的点缀色，成分段排列。该纺织品图案的图案素材为浮雕效果装饰变形花卉，图案构图采用左右对称排列图案的变化设计，花边与中心花呈左右完全对称的循环方式，画幅中的上半部分和下半部分设计成相同、并呈左右颠倒的状态，也就是说该例设计的纺织品图案画幅的图案长和宽都是最小循环的二分之一。花部图案呈现连缀对称花边加中心花排列，地部图案采用一色效果，整体色彩为深色地配浅色花，再加点缀色。一组经线配置成深色地，一组纬线配置成浅色花；另一组纬线配置成抛道彩色花，织物结构为单层色织结构加抛道结构。根据图案整体风格，该例纺织品图案的配色设计为纯度不同的两种暖色调。图案色彩设计效果如图5-3-7（彩图见封二）所示。

图5-3-7　纺织品图案彩抛色色彩设计

（3）纺织品图案对比色色彩设计。该例纺织品图案采用7套具有对比色关系的色彩进行设计，7套色中3个色彩为中纯度的彩色，其余4套色为无彩的灰色，用于彩色对比的色彩调和。图案素材为正视装饰变形花卉，图案精美，色彩较丰富，纺织品图案的图案构图为左右对称花纹，花部图案为规则排列的装饰花卉，地部采用三彩效果的彩色装饰地纹，整体色彩为彩色地配无彩灰度花，彩色地配置成经线色，无彩花配置成纬线色，经线用三组彩色丝线，纬线用黑白两组无彩色，织物结构采用三组经两组纬的双层色织结构设计方法。根据图案整体风格，该设计在无彩花不变的基础上进行对比色配置，形成两组配色效果，如图5-3-8（彩图见封三）所示。其中一组采用中纯度的红、绿、绿蓝为底色，另一组采用中纯度的黄、浅蓝、深紫蓝为地色。

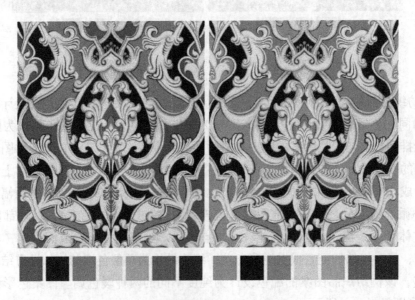

图5-3-8　纺织品图案对比色色彩设计

（4）纺织品图案三彩色色彩设计。该例纺织品图案采用三彩系列色的9套色进行设计，其中8套色可以由3个基本色通过色彩纯度变化而成，1个色彩固定作为地部色彩。该纺织品图案的图案素材为多彩色效果装饰变形花卉，图案层次丰富、描绘精美，图案构图采用左右对称排列图案的变化设计，缠枝花卉相互穿插，生动自然，画幅中的上半部分和下半部分设计成相同、并呈左右颠倒的状态，也就是说该例设计的纺织品图案画幅的图案长和宽都是最小循环的二分之一。花部图案呈现折枝对称花形式排列，地部图案采用一色效果，整体效果为彩色花配单色花，彩色花配置成纬线色，单色地配置成经线色，经线用一组，纬线用三组彩色丝线，织物结构采用单经三组纬的纬三重色织结构设计方法。根据图案整体风格，该设计在多彩花不变的基础上进行地部色彩变化配置，形成四组配色效果，如图5-3-9（彩图见封三）所示。其中一组配色采用浅色的米色，另三组配色采用低明度、中纯度的红、蓝、绿为地色。

图5-3-9 纺织品图案三彩色色彩设计

（5）纺织品图案多彩色色彩设计。该例纺织品图案采用多彩系列色的16套色进行设计，通过高纯度的红、黄、蓝、绿四原色进行混合，来表现五彩斑斓的多彩效果。该纺织品图案的图案素材为亮丽彩色效果的写实装饰花卉，图案色彩丰富、满地花布局，图案采用平接循环方式。花部图案自由排列，相互层叠，地部图案采用满地装饰纹饰，画面层次丰富，呈现自然仿生的装饰效果。该纺织品图案只能采用多色经织物结构来进行结构设计，经线为红、黄、蓝、绿、白、黑六组，纬线为黑、白、灰三组。花纹和地纹均采用经纬结合的显色方式，彩色效果由经线组合显色来实现，纬线起到调节显色色彩明度的作用，根据图案整体风格，该设计在多彩花不变的基础上进行地部花纹色彩的变化配置，形成两组风格一致的配色效果，如图5-3-10（彩图见封三）所示。其中一组配色采用蓝色地纹，另一组配色采用绿色地纹。

图5-3-10 纺织品图案多彩色色彩设计

第四节 纺织品面料造型设计

纺织造型制成品是纺织纤维和纺织面料经体状加工方式制成的纺织造型制品或成品，主要包括针对人类身体造型需要的服装服饰类纺织造型制成品、针对室内外环境造型需要的家纺装饰类纺织造型制成品和针对农业、工业、航空航天等不同产业需要的纺织造型制成品。纺织品的面料造型设计是以纺织面料为基础，根据纺织品的应用领域进行成品造型设计的创造性过程，目前纺织服装服饰品面料造型设计、纺织家纺装饰品和纺织工艺品设计是纺织面料应用造型设计的主要领域，而产业用纺织品的面料造型设计随着产业用纺织品的加工技术发展和应用领域扩大而呈快速增长态势。

一、服装面料造型设计

服装服饰用面料从平面到立体的应用造型设计过程主要可分为三种类型，一是通过裁缝式制作方式将服用面料制作成服装服饰品；二是利用服用面料的二次造型设计制作满足服装服饰品制作所需的特殊面料造型；三是通过半成型或全成型的加工方式将服用面料制作成服装服饰品。另外，在设计过程中需要注意的是：服用面料的图案和色彩设计是一种二维平面的图案设计，而非三维立体的图案和色彩设计，只有在服装服饰品制作完成后才能获得平面图案和色彩的立体装饰效果，因此，需要将服用面料图案和色彩设计与服用面料造型设计在纺织品设计过程中进行统筹构思。

通过裁缝式制作方式将服用面料制作成服装服饰品的造型设计是一种将片状的服用面料经面料版型设计、面料裁剪和面料缝制的加工工艺过程，完成服用面料从平面到立体的造型过程。由于服用面料本身因纺织材料、组织结构、经纬密度、织物加工、后整理等工艺参数的不同，能产生影响服用面料造型设计的因素，如服用面料的软硬度、悬垂性、通透度等，都能够影响通过裁缝式方式制作服装服饰品的造型设计效果。另外，也有一些特殊工艺的服用面料本身就具有三维立体造型，如高花装饰效果的服用面料表面具有凹凸花纹的立体效果，经服用面料造型设计后可以将面料原有的立体效果和裁缝制作的面料造型效果结合，获得叠加的服用面料造型效果。

利用服用面料的二次造型设计制作满足服装服饰品制作所需的特殊面料造型也是服用面料造型设计的常用方法，目的是满足服装服饰特殊造型及设计表达的需要，主要的设计方法是通过对一些服用面料进行再加工，如裁剪、切割、缝合、镶拼、嵌拼、打褶、印绘、刺绣、编织、间绵（棉）等工艺设计，使面料原有的平面片状外观及肌理发生变化。按设计原理和方法的不同，可以分为两大类。

（1）改变单一面料的结构特征，采用的方法有镂空、剪切、切割、抽纱、缝合、折褶、烧花、烂花、撕破、磨洗等。

（2）添加相同或不同的面料或材料，通过缝、绣、植、钉、填充、黏合、热压、特殊物料涂印等方法在现有的材质上进行添加设计，不同的材质会形成不同的对比效果。

此时可以达到将各类不同面料或零散材料组合成一个新的整体，创造出高低起伏、错落有致、疏密相间等新颖的造型效果。

通过半成型或全成型的加工方式制作成服装服饰品是指在设计服用面料时就结合从平面到立体的服装服饰品制作工艺，在面料设计和生产过程中就完成面向服装服饰品的造型设计，可以称为从服用面料到服装服饰造型的一体化设计。利用服用面料半成型或全成型化制造加工的服装服饰品具有缩减加工环节、节约原料、自动化程度高等优势。通过服用面料到服装服饰造型的一体化设计，服用面料与服装服饰的设计及加工融合为一体，故而在服用面料设计的环节需要将服装服饰的造型融入面料设计环节。在此类面料造型设计时需要考虑服装服饰品的款式、廓形、尺寸、平面装饰图案、立体装饰形态、局部结构、颜色、纱线材料分布等多个方面，目前服用面料半成型或全成型造型设计主要包括针织、机织、3D打印、特殊水溶绣花等服装服饰品（包含鞋、包、饰品等）的设计及加工领域。半成型或全成型造型设计体现服用面料设计与服装服饰设计的高度融合，服用面料主要以直接成型或无缝连接的方式来制作服装服饰成品。

二、家纺面料造型设计

家纺装饰用面料从平面到立体的应用造型设计过程，又称居室软装饰面料设计，主要包括对家纺面料色彩、纹样、款式、材质及其相互搭配的设计，以及镶、嵌、滚、盘、手工印染、刺绣、编织、提花织造等工艺设计。由于家用纺织品品种繁多，在设计实践中，设计师创新家纺面料肌理和款式的造型手法也多种多样。

家纺面料造型设计按基本加工原理可以归纳为三种主要类型。

（1）改变材料的表面结构特征，采用的方法有镂空、剪切、切割、抽纱、烧花、烂花、撕破、磨洗等。

（2）添加相同或不同的材料，通过缝、绣、钉、黏合、热压等方法在现有的材质上进行添加设计，不同的材质会形成不同的对比效果。

（3）整合设计零散种类材料，即将零散材料组合在一起形成一个新的整体，创造出高低起伏、错落有致、疏密相间等新颖独特的肌理效果。归纳起来，对面料表面装饰性造型设计手法主要有：刺绣、镶缀、钉珠、拼贴、编织、切割、镂空、填充、抽褶、皱褶、堆积、层叠、绗缝等。

18世纪后，西方面料设计就已经开始以事实姿态引领家居时尚潮流。21世纪初，巨大的家用纺织品市场给纺织行业注入了生机。家用纺织品概念也因此得到了最大限度的扩充和丰富。重新界定后的家用纺织品主要分为巾、床、厨、帘、艺、毯、帕、线、袋和绒等10个大类。家纺设计产品承载着社会文化内在与外在的相关因素，反映着特定时空下人们的生活方式、价值观念和文化心理等不同层面的内容；同时，设计也为人们的物质产品选择、审美心理和审美文化的形成提供了物质前提。所以，家纺设计的质量和水平是影响大众审美表现的基础性要素。

当前家纺面料造型设计已经从最初的功能性走向多元化，趋于将功能、科技、时尚、绿色等融为一体的产品设计，在营造氛围与环境转换中，家用纺织品起着决定性作用。家用纺织品兼具审美性和功能性双重需求，是能够与人的感情心理发生交融的纺织品，时代的变迁使人们的审美意识发生了转变，消费者越来越注重家用纺织品的情调和品位。

时尚与传统共存，家用纺织品的设计集时尚与传统、美观与舒适、功能与生态于一体，才能真正发挥其特有的生命力。家纺面料造型设计中，以传统为基础，创新为主线，舒适、美观、高品质为目的，将高品位、高美观度应用到产品中，把传统文化应用到产品中，同时要及时掌握国际潮流趋势。家纺面料造型设计作为视觉形式的直接元素，影响着人们的审美选择，以美的外形、结构和特有的色彩向大众传播信息，刺激消费者的审美需求，并努力促使这种需求转变为消费需要。在家纺面料造型设计中，弘扬中华传统文化艺术，发掘科学技术潜力，敏锐于世界时尚文化，将时尚与传统、时尚与科技、时尚与生态环保有机地结合起来，已成为设计的重点所在，同时加强家用纺织品的品位和品质。

纺织品面料造型设计是针对面料具体应用的设计，服装面料造型设计和家纺面料造型设计可以采用不同的面料也可以采用相同的面料，图5-4-1所示是采用相同的"青花瓷"主题设计所得面料，进行服装面料造型设计和家纺面料造型设计的设计效果。

图5-4-1　"青花瓷"主题面料造型设计效果

三、纺织工艺品设计

针对纺织工艺品，通过设计构思、方案制订、成本预算和加工制作等设计流程，最终制作成型而实现设计目的的行为过程。纺织工艺品隶属工艺美术品，是采用手工或机械的纺织加工制作方法，在不同的历史时期和区域环境中，形成独特的或具有地域性的工艺技术品门类。纺织工艺品以装饰审美为主要特征，也具有一定的实用功能，是一种艺工结合的造物艺术。

纺织工艺品主要种类有印染、织造、织毯、刺绣、抽纱、编结、服饰等类别。在中国，具体的品种又有多种，如印染包含蓝印花布、彩印花布、雕版布印（夹缬）、扎染、蜡染等；织造包含织锦、缂丝、漳绒、天鹅绒、工艺织带等；织毯包含手工羊毛毯、丝织毯、毛毡毯、艺术挂毯等；刺绣有丝线刺绣、金银线绣、绒绣、珠绣、发绣、麻绣、堆绣（或称堆绫）、挑花、补花、缝纫机绣、电脑机绣等；抽纱有梭子花边、棒槌花边、手拿花边、即墨镶边、扣锁花边、雕绣花边、万缕丝花边、网扣、机制花边、绗缝、绣衣等；编结包含棒针编结、钩针编结（服装、鞋帽、小件）、盘扣、工艺绳结等；服饰包含手绘服饰、工艺鞋帽、戏衣（含戏剧道具）、民族服饰等。

纺织工艺品有单件创意手工艺品、批量模仿手工艺品、批量半机械模仿手工艺品和全机械工艺品之分。所有层次的纺织工艺品都有存在空间，满足不同层次消费者的需要。纺织工艺品多从纯手工制作上发展起来，机械制作多是仿制手工制品，仿制程度有高有低。在使用材料上也有层次，如有贵重材料、次等材料、代用材料等差异。

第六章 纺织品技术设计

纺织品设计需要综合考虑纺织文化艺术、纺织物化（工程）技术和纺织商品经济的各种影响因素，而纺织物化（工程）技术对纺织品创新设计和制作成型起到决定性作用，也是提升纺织品实用性的关键因素，纺织品设计的美学特征包括三部分：表面的艺术美特征、内在的技术美特征和附加的商品美特征。其中纺织品设计内在的技术美特征包括材质美、工艺美两个层面，是纺织品实用性的决定因素。纺织品设计的技术美特征主要通过纺织品技术设计环节来实现。

关键问题：

1. 纺织品技术设计的定位和设计内容。
2. 纺织品原料组合设计原理和方法。
3. 纺织品组织结构设计原理和方法。
4. 纺织品工艺设计原理和方法。

第一节 纺织品技术设计概述

一、纺织品技术设计相关概念

纺织品技术是纺织品物化的加工技术，是实现纺织品技术美特征的主要手段，梳理从科学、技术到纺织品技术设计的相关概念，有利于把握纺织技术在科学技术中的定位，通过纺织品技术设计来提高纺织品的附加值。

（一）科学与技术概述

科学从实践中推导出来的知识，揭示自然界和人类社会的客观规律，并形成体系化的、可检验的理论，而技术是科学的具体表现形式，是人类认识自然、改造自然和社会的重要手段。因此，技术隶属于自然科学中的应用技术门类，技术有着非常明确的研究和应用对象，就如纺织技术，其应用对象是纺织品。从科学知识体系可知，科学技术的应用是对人类哲学思想的实践和验证，其目的是改造自然和社会，所以作为人类科学技术的重要组成部分的纺织技术有着重要的研究和应用价值，对于揭示人类纺织文明具有不可或缺的价值。

1．科学与技术

（1）科学的概念。科学的历史就如同其他相关人类的历史一样，千头万绪，材料无限丰富，因此没有人能够说清楚什么是科学。能够说清楚的就是科学的三层界说：第一，科学是系统化的自然知识；第二，科学是人类的一种社会活动；第三，科学是生产力。第一层界说表明科学知识的来源是自然，是人类认识自然的结果，这里的自然包括自然界和人造自然的社会；第二层界说表明科学的实践主体是人类，其实践活动是社会化的活动；第三层界说表明科学的应用价值和应用形式。因此，科学随着人类认知的增加，其应用价值将不断增强，而科学知识必须通过具体的技术应用才能实现改造自然的目的。同时，科学的三层界说清楚表明：科学的本质内涵是自然化和社会化，而科学的外延形式正是技术化，这是纺织技术产生和发展的必然结果。

（2）技术的概念。从通俗的概念上看，技术就是人类为满足自身的物质生活需要，基于对自然知识和社会知识的理解，逐步发展起来的制造、使用和改造工具，以及创造物质的技艺和能力。技术实施的主体是人类。从技术的本质上看，技术就是科学的技术，是科学理论和知识的具体应用形式，认识世界是科学的使命，而改造自然就是技术的任务，技术改造的自然包括原生态的自然和人造的自然，即社会。

从技术的特征看，首先，技术是科学应用的具体表现形式，科学是技术的形而上。其次，任何技术从其诞生起就具有明确的应用目的，也就是人类某种改造自然或改造社会的目的促进了技术的产生和不断更新，技术的目的性贯穿于整个人类技术活动的过程之中。再次，技术是社会性的活动，技术应用目的的实现需要得到社会支持，通过社会协作来完成，同时受到社会多种条件的制约，诸多的社会因素直接影响技术应用的成效和技术的创新发展。最后，技术具有多元性特征，技术既可表现为有形的工具、装备、机器、设备等有形的物质和硬件；也可以表现为依托硬件的工艺、方法、规则等无形的知识和软件；还可以表现为兼有知识又有物质载体的资料信息、设计图纸等。在当前信息化时代，手工技能、机械化设备和工艺、数据化信息和控制技术已逐步形成现代技术的基本内容，充分满足了人类社会生活的物质需求和精神需求，同时为技术设计的产生和快速发展创造了良好的条件。

（3）科学与技术的关系。科学与技术的关系既关联又有区别。一方面，科学与技术关系密切，技术的发明是人类科学知识和经验知识的物化结果和表现形式。技术的产生和发展，离不开科学理论的指导，在很大程度上，技术可以理解成"科学知识的应用"，同时，科学的发展同样离不开技术，人类改造自然和改造社会对技术的需求往往是科学研究的目的，也是推动科学发展的动力，而技术的进步又为科学研究提供必要的实验和实践条件支持。所以科学与技术的关系是一种互相联系、相互促进和相互制约的关系。可以预见，科学与技术之间的联系在信息化时代还会更加密切，科学知识与应用技术的界限也会变得更加模糊。

另一方面，科学与技术毕竟是两种性质不尽相同的社会活动，二者的区别也是十分明显的。科学的基本任务是认识自然世界，不断从自然世界中发现规律，充实人类的自然和社会知识体系；技术的基本任务是改造自然，包括原生态自然和人造的自然，即社会，通过不断发明技术和应用技术，来创造人类的物质财富，丰富人类社会的物质和精神生活。科学要回答"是什么"和"为什么"的问题；技术则回答"做什么"和"怎么做"的问题。因此，科学和技术的成果在表现形式上也是不同的。科学成果一般表现为概念、定律、理论、原理等形式；技术成果一般则以工具、设备、工艺、方法和资料信息、操作方法、设计图纸等形式出现。科学成果一般不直接进行商业化应用，而技术成果必须通过技术应用和产品开发，通过商业化应用来证明其价值，技术具有较强的实用性和商业化色彩。

因此，技术与艺术一样，是设计不可或缺的两大创新要素，依托设计这一载体，技术与艺术相结合来创造人类需要的物质，为技术应用价值的实现创造良好的条件。

2. 科学和技术的分类

科学和技术彼此无法分离，科学知识需要通过技术的应用来满足人类社会生活的需求。因此，科学和技术在人类日常生活中往往联合在一起称为科学技术，即科学和技术，而不是科学的技术。但从学术上看，科学和技术的分类可以根据研究内容来分。从科学的角度分类，科学中属于自然科学知识部分可以称为基础科学；而具备生产力特征的科学知识部分可以称为应用科学。从技术的角度分类，技术中属于技术基础的抽象形态技术，可以称为技术科学，即技术中的基础科学知识部分，等同于科学中的基础科学；而物化形态的工具、设备和功能形态的加工工艺、方法等可以称为应用技术。所以，综合科学和技术各自的分类，科学的分类可以用基础科学、应用科学和技术科学三部分来表示；技术的分类可以用技术科学和应用技术两部分来表示。而在科学与技术的各自分类中技术科学是共同部分，是承载科学和技术关系转化的桥梁。

（1）基础科学。也可称为自然科学，是以自然界最基本的现象和物质，及其相互关系和运动形式为研究对象的科学，目的在于探索和揭示自然界发展规律。基础科学的研究基于确定的、可重复的实验证据，在此基础上进行有价值的理论推演，获得系统化的知识，包括数学、物理学、化学、生物学、天文学、地球科学、逻辑学七门基础学科及其分支学科、边缘学科。边缘科学有物理化学、化学物理、生物物理、生物化学、地球物理、地球化学、地球生物等。基础科学探索自然现象和物质新领域，发现新规律、新原理，是其他科学研究的基础，并为应用科学、技术科学提供理论依据，没有基础科学的进步就没有应用科学和技术科学的发展，因此，在某种程度上可以说，基础科学的发展水平能够代表人类社会发展进步的水平。

（2）应用科学。应用科学是把基础科学理论转化为可实际应用的知识体系的科学。应用科学以基础科学的理论为指导，以各种具体的应用知识为手段，研究和考察各个应用领域的特殊规律，建立应用理论和应用知识体系，用于指导各种类型应用技术的研发。应用科学的应用领域包括自然、社会和人文领域，其目的是改造自然和改造社会，使其能更好地满足人类社会生活的需求。因此，应用科学所对应的应用知识体系包括自然科学、社会科学和人文科学的应用理论和知识三部分。应用科学起到联系自然科学、社会科学和人文科学的作用，促进科学的理论和知识成为现实的社会生产力，达到改造自然和改造社会的目的。

（3）技术科学。技术科学以基础科学和应用科学为基础，研究应用于社会生产中的具体技术、工艺的科学。技术科学具有科学性和技术性双重特征。从科学的角度看，技术科学是科学理论和知识转化为直接生产力的必要环节，也是基础科学和应用科学的主要表现形式和价值增长点。技术科学研究同类应用技术中具有共同性的理论问题，目的在于揭示同类应用技术的一般规律，形成技术理论，不断充实技术科学的知识体系。另外，从技术的角度看，技术科学是指导各类型应用技术研究的理论基础，技术科学的研究都有明确的技术应用目的，技术科学为各类具体的应用技术的研发提供方法论支持。因此，技术科学在经济发展中占有极其重要的地位，是现代科学中最活跃、最富有生命力的研究领域。

（4）应用技术。应用技术是综合运用技术科学的实践成果，依托各项应用技术，人类才能实现改造自然和改造社会的目的，才能解决自然界和人类社会中具体的工程和技术问题，才能创造新物质、新技术、新工艺和新的生产方式来满足社会生活和社会生产的需要。

根据不同的应用功能，应用技术可分为生产技术和非生产技术。生产技术是应用技术中最基本的部分，如农业技术和工业技术等，是可直接用于物质生产的技术；非生产技术如军事技术、教育技术、医疗技术等，是满足人类各种非物质社会生活需要的技术。

（二）纺织品技术设计及其特点

纺织品技术属于生产技术，也就是纺织品的物化成型的生产技术，传统意义的纺织品生产属于第二产业工业，所以，纺织品技术设计是一种隶属于工业技术的具体产业的产品的技术设计。

1. 工业技术的概念和分类

工业技术从概念上看，属于应用技术中的生产技术，是在工业生产中可实际应用的技术。也就是说，工业技术是人们将应用科学知识或利用技术发展的研究成果于工业生产过程，以达到改造自然和改造社会的预定目的的工具设备和工艺方法。工业技术的应用结果是创造人类改造自然和改造社会所需的物质，包括手工生产制作的物质和机械化生产制作的物质，因此，工业技术包括手工业技术和机械化生产技术。

随着人类改造自然和改造社会所采用的手段和方法以及所达到的目的不同，形成了工业技术的各种形态。按工业生产的内容进行分类，工业技术包括研究矿床开采的工具设备和工艺方法的采矿工程技术；研究金属冶炼设备和工艺的冶金工程技术；研究电厂和电力网的设备及运行的电力工程；研究材料的组成、结构、功能的材料工程技术；研究食品加工材料、设备和工艺的食品工程技术；研究产品包装材料、结构、加工工艺和设备的包装工程技术；研究纺织品材料、组织结构、加工工艺的纺织工程技术等。近几十年来，随着科学与技术的综合发展，工业技术的概念、手段和方法已渗透到现代科学技术和社会生活的各个方面，从而出现了各种新兴工业技术，如生物工程技术、医疗工程技术、核工业技术、航天航空工程技术、互联网工程技术等，工业技术已经突破了传统工业生产技术的范围，通过技术交叉展现出广阔应用前景。

2. 工业技术的特点

科学技术的发展历程与人类社会的发展变迁关系密切，当前现代工业技术呈现出快速发展的趋势，因此，综合传统工业技术和新兴工业技术的基本特点，分析工业技术的基本特征，对于工业技术设计理论的研究具有很好的参考价值。工业技术的基本特征可以表述为实用性、创新性、专利性，而工业技术的设计必须以其基本特征为原则。

（1）实用性。工业技术的实用性是其内涵和本质特性，包含两个层面的内容，一是工业技术必须具有物质生产制作的应用价值而且生产制作的物质具有实用性功能，二是工业技术需要有明确的技术应用方案，也就是考虑各种制约因素后的技术实施的可行性。工业技术的应用价值源于人类改造自然和改造社会的需要，也是人类社会生活的需要。按照人类的需求，去研究和发展工业技术，通过应用工业技术来进行物质创造，通过物质的实用功能来满足人类物质生活和精神生活的需要。例如，水能给人类带来多种利益，也会衍生出多种水害，水利工程建设的任务就是兴利除害。而水利工程技术的应用就是通过水利工程建设来体现技术的实用性。另外，人类创造和使用的每一种工具和设备也都需要有明确的用途和具体的使用方式。工具和设备等劳动物质已经不是天然形态存在的自然物，而是人造的自然物，它们要按照自然规律和人类的特定用途来应用。如果违背自然规律的应用，会出工程事故、产生自然破坏；如果脱离人类的用途，工具和设备及其工艺方法就没有应用价值。因此，工业技术必须有实用性，离开了实用性，它就没有生命力。

除此之外，任何工业技术的应用都以工程技术项目的形式来实施，工程技术项目有具体实施目标，要实现这个目标，会受许多客观条件的约束。工程技术项目的设计内容中包含材料、设备、工艺、人力、环境、规模、资金、能源等约束条件。某项工程技术在设计的构思阶段，都必须考虑人类社会和国家经济发展的需要和可能，而往往可以形成几种方案。然后对各种方案要一一进行分析和评价，从中选出既能满足实用性要求，又能满足上述约束条件的最佳方案，从而具有可行性、具有可实施的价值。当然，工程技术项目实施的可行性，也是一个动态的概念，某项工程在一个时期是不可行的，到了另一个时期就是可行的。各种约束条件也是可变化的，通过采取各种措施，可以积极创造条件，也可以更改条件另辟蹊径。因此，一定要根据实际情况，设计最优化的工程技术项目实施方案，在满足社会经济发展的需要的同时实现工业技术的应用价值。

（2）创新性。工业技术的创新性是其应用和发展特性，包含两个层面的内容，工业技术具有创新应用的特征和自身不断被创新的特征。工业技术用于物质生产制作，其创新应用的特征体现在创新应用的过程方法和创新应用的结果，即创造物质的创新特征上。首先，工业技术的工具、设备及其工艺方法的应用目的是创造物质，相同的工具、设备具有工艺适用性，可以在相同工具、设备上设计不同的工艺方法，用于生产制作不同工艺的物质，其技术应用过程本身就是一个工艺创新的过程。其次，工业技术的某种特定工具、设备和工艺方法具有特定物质的生产制作特点，可以通过工具、设备的配套应用，即与其他工业技术的工具、设备的组合应用来实现物质生产制作的创新。

另外，工业技术的工具、设备及其工艺方法本身也处于不断被创新的过程中，技术科学从基础科学和应用科学中获得知识，用于技术创新，同时技术应用获得的应用成果凝练成技术经验，上升到理论高度充实技术科学的内容。事实上，如今的工业技术通常是许多学科知识的综合运用。它不仅要运用技术科学的知识来完成应用技术自身的创新，同时也要运用社会科学的理论成果，使应用技术的创新在满足人类社会生活需要的同时，满足国家社会经济发展的需要。随着当前工业技术的发展和进步，工业技术的综合创新特征越来越显著。现代工业技术综合运用多种学科的知识系统，通过物料系统（材料、制备、投入）、加工系统（人工、工具、设备、工艺）、信息系统（技术信息、资料数据、图纸方案等）和控制系统（加工目标、进度和过程质量控制等）的组合来构建复杂的综合工业技术系统即使是单项工程技术，不仅它本身往往是综合的，而且要着眼在整个系统中进行综合的考虑和评价。

（3）专利性。工业技术的专利性是其价值和经济特性。工业技术的专利性具有两个层面的内容，一是工业技术具有经济性，能够创造社会财富；二是工业技术发明人能够通过专利权保护来获得利益。工业技术是一种社会生产力，具有实用性和创新性，能够通过物质创造来满足人类改造自然和改造社会的需求，创造社会财富，所以工业技术必须把促进社会经济发展作为首要任务，从而达到技术先进和经济效益的统一。同时，工业技术所创造的物质既是自然物，又是社会经济物，它不仅要受自然规律的支配，而且要受社会规律，特别是经济规律的支配。例如，机械产品是物质生产的重要技术装备。机械产品的要求是效率高、质量好、性能完善、操作方便、经久耐用的新产品，尤其要求机械产品必须具有特定的功能。在设计机械产品时，就要运用科学的方法进行周密的、细致的技术经济分析。可以发现哪些功能必要、哪些功能没有应用价值。在技术方案中，就可以使机械产品有合理的功能结构，使机械产品的功能成本得到最佳结合，这样才能为社会提供经济适用、价廉物美的先进技术装备。因此，如果某种工业技术，尽管它符合最新科学所阐明的自然规律，但它不符合社会要求，不能提高劳动生产率，不能带来经济效益，缺乏竞争力，那么它就不能存在或发展，终将被淘汰。

另外，对工业技术的发明人需要通过专利权保护来保证其利益。技术不同于科学，具有应用价值，在当前的经济社会中，技术具有功利性和商业化价值，因此，为鼓励技术创新和保护工业技术发明人的利益，技术发明人可以通过专利申请获得授权，从而获得专利的专有性来保护自身的利益。专利包括发明专利、实用新型专利和外观设计专利。专利的专有性也称"独占性"，所谓专有性是指专利权人对其发明创造所享有的独占性的制造、使用、销售和进出口的权利。也就是说，其他任何单位或个人未经专利权人许可不得进行以生产、经营为目的的制造、使用、销售、许诺销售和进出口其专利产品，使用其专利方法，或者未经专利权人许可以生产、经营为目的的制造、使用、销售、许诺销售和进出口依照其方法直接获得的产品。否则，就是侵犯专利权。值得注意的是，专利权具有时效性，发明专利有效期为20年，实用新型专利和外观设计专利为10年。失去保护期的专利技术将成为人类共同的技术财富。

通过上述工业技术的特征分析，反映了工业技术的实用性、创新性和专利性的基本特点。同时表明工业技术具有很好的应用价值，在社会经济发展中占有极其重要的地位和作用。

3. 纺织品技术设计的概念

根据上述对科学、技术、基础科学、应用科学、技术科学、工业技术和纺织工程技术的概念解释，纺织工程技术在科学、技术中的定位如图6-1-1所示。要学好纺织品技术设计需要掌握工业技术设计的基本原理和设计方法，同时要结合纺织品艺术设计的基本设计流程，做到工程与艺术的密切结合。

（1）纺织品技术设计的传统概念。纺织品技术设计是纺织品技术美特征的实现环节，如图6-1-1所示，纺织品技术设计属于工业技术设计范畴，工业技术是应用技术中的一种，受技术科学的理论指导，具有实用性、创新性和专利性的技术特征。所以，纺织品技术设计是

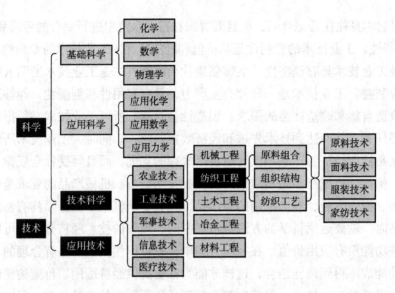

图6-1-1 纺织工程技术在科学和技术中的定位

在纺织生活领域中以实用功能为前提，通过纺织技术的物化手段对纺织材料进行技术综合加工（织、染、绣、编、印）的一种物质创造过程，并以实现纺织品的实用功能和满足纺织生活的物质需求为主要目的。

传统的纺织品技术设计又称品种设计，是纺织品品种设计和工艺设计的统称，决定了产品的内涵与品质。纺织原料的技术设计以纺织纤维原料品种工艺规格表的形式来呈现设计内容，包括棉、毛、丝、麻等纺织原料的品种工艺规格表；纺织面料（织物）的技术设计以纺织面料（织物）品种工艺规格表的形式来呈现设计内容，包括机织、针织和非织的面料品种工艺规格表；纺织造型的技术设计以纺织面料造型的品种工艺规格表的形式来呈现设计内容，包括服装服饰品和家纺装饰品的品种工艺规格表，随着科学技术的发展，特别是计算机信息化、智能化技术在纺织品设计和生产环节中的应用，使纺织原料、纺织面料和纺织造型的服装与家纺品种的技术设计更加高效、快捷。

（2）纺织品技术设计的概念。纺织品技术设计是实现纺织品技术美特征（材质美、工艺美）的设计行为和过程。纺织品技术设计隶属于工业技术范畴下的纺织工程技术领域，从技术的角度来诠释纺织品设计，并用工业技术设计的理论和方法论来指导纺织品的内涵与品质设计，以实现纺织品实用性的设计目标。纺织品技术设计可以从技术科学领域、应用技术的其他门类、工业技术的其他技术知识中获得技术借鉴。

纺织品技术设计从纺织品加工技术形式看，可以分为原料加工技术、面料加工技术、服装服饰品加工技术和家纺装饰品加工技术。原料加工技术是以纤维为材料的纺织原料加工技术和过程；面料加工技术是将纺织原料加工成纺织面料的加工技术和过程；服装服饰品加工技术是将纺织面料加工成服装服饰品的加工技术和过程；家纺装饰品加工技术是将纺织面料加工成家纺装饰品的加工技术和过程。

不论是原料加工、面料加工、服装服饰品加工和家纺装饰品加工，纺织品技术设计从内容看，主要包括纺织品类别设计、纺织品原料组合设计、纺织品组织结构设计、纺织品工艺设计、纺织品后整理设计五个部分。其中纺织品原料组合设计、纺织品组织结构设计、纺织品工艺设计是纺织品工程技术的基本设计内容，而纺织品类别设计是纺织品的前导设计，纺织品的后整理设计是纺织品工艺设计的延伸设计内容。纺织品类别设计是针对纺织原料、纺织面料、服装服饰品和家纺装饰品的产品品种类型界定，如棉纺织服饰制品产品类别可以包含从棉纺织原料品种、棉纺织面料品种到具体的棉纺织服饰品的类型界定；纺织品原料组合设计是根据纺织品类别设计所界定的品种进行纺织原料及其线型和组合应用的设计；纺织品组织结构设计是针对纺织原料、纺织面料、服装服饰品和家纺装饰品的组织和结构设计，纺织原料为线状结构，纺织面料为片状编织结构，服装服饰品和家纺装饰品为体状的造型结构；纺织品工艺设计是针对纺织原料、纺织面料、服装服饰品和家纺装饰品的加工工艺设计，纺织原料为线状加工工艺，纺织面料为片状编织加工工艺，服装服饰品和家纺装饰品为体状的造型加工工艺；纺织品后整理设计是纺织原料、纺织面料、服装服饰品和家纺装饰品的功能性整理加工工艺，其目的是满足消费者对不同应用功能的消费需求。

4. 纺织品技术设计的审美特征

纺织品设计的主体特征中具有物质和精神的双重属性，即实用性和美观性。而纺织品技术设计以实现实用性为主，辅助美观性、经济性的实现。

纺织品设计的实用性由纺织品的物质价值来体现，是产生社会效益的基础，具体可以从纺织品的生产、流通和消费环节进行分析；而美观性就是纺织品艺术价值的反映，具体表现在纺织品的造型、装饰和色彩上。纺织品的物质价值和艺术价值构成了纺织品的价值体系。物质价值和艺术价值密不可分，纺织品的物质价值是产生艺术价值的前提，而艺术价值又是提升纺织品物质价值的主要因素。

因此，对于纺织品的技术美的分析一定要结合织物的物质价值和艺术价值的主体特征，即以纺织品设计深层次的技术美特征（技术美和材质美）为主，结合纺织品表面的艺术美特征（造型美、纹饰美和色彩美）和附加的商品美特征（需求美和价值美），这样才能更好地创造纺织品的实用功能，体现纺织品技术设计的实用性。

二、中国古代纺织品技术流变

中国古代纺织品的技术流变可以从中国丝绸产品，特别是中国丝绸织锦的技术流变中得以体现。中国古代织锦作为一种半手工的工艺品，与纯艺术作品的区别在于对材质的利用上，纯艺术作品只将材质作为表现艺术语言的载体或媒介，而织锦的材质是表达其艺术语言的主要因素，通过对材质的技术加工和艺术加工，创造出具有物质实用性和艺术感染力的作品。同时材质本身的美感通过加工工艺寓于织锦的结构造型中，一起参与构成织锦的技术美特征。有人将中国丝绸织锦比喻为"软浮雕"，正是其工艺结合的美学特征的最好写照。

1. 中国古代三大名锦的材质美特征和技术流变

织锦是丝织原料的加工和美化，丝织原料是织锦创造美的物质基础。在织锦的审美价值中，不以丝织原料取材的贵贱为标准，而因材施艺、显瑜掩瑕才是织锦材质美的具体表现，针对丝织原料材质的特点，合理地进行工艺处理，充分发挥丝织原料的自然美感，在织锦中通过织纹结构的巧妙安排，创造出巧夺天工的织锦艺术风格，这就是中国古代三大名锦的材质美特征的主体特征。中国古代三大名锦的丝织原料是以被称为"纤维皇后"的桑蚕丝为主，织锦的原料处理工艺是丝织技术中最高的色织技术，加上织锦的生产是丝织技术中技术含量最高的提花技术，这样采用提花织彩的生产方式所生产出的织锦，其精美自然无可比拟。而巧夺天工的原料设计、织纹结构设计是将中国古代三大名锦的材质美特征发挥淋漓的必要手段。

中国古代三大名锦属于丝织品，其原料以桑蚕丝为主，偶尔饰以华丽的金银丝，丝织原料的选择已是丝织品中最昂贵的材料。桑蚕丝具有柔和的光泽，柔软又光滑的手感，由于织锦采用的是桑蚕丝经脱胶和染色的丝线，在上机生产前要对桑蚕丝进行必要的精练和染色的工艺处理。桑蚕丝精练的目的是将包覆于蚕丝表面的黏性物质即丝胶去除，以便提高桑蚕丝染色的上色率。《周礼》是最早记载桑蚕丝染色和精练工艺的文献。根据《周礼·天官·冢宰》"染人"记载："凡染，春暴练，"郑玄加注："暴练，练其素而暴之。"除了文献，在先秦的考古实物中就有带丝胶和不带丝胶两种丝织品发现，如河南省安阳殷墟出土的青铜器上残留的丝织品就经过脱丝胶处理的。而精练工艺正是桑蚕丝进一步染色的前提，因此，脱丝胶工艺的发现从侧面证明了中国古代桑蚕丝已经采用染色工艺。中国古代丝绸染色工艺主要采用草木染料，也就是用天然植物作染料。根据《周礼·地官》记载，先秦时就有"掌染草"之职，具体工作就是"掌以春秋敛染草之物"。而《唐六典》则记载："凡染大抵以草木而成，有以花草、有以茎实、有以根皮，出有方土，采有时月。"综合各种文献，中国古代丝绸染色常用的方法有蓝染、红花染、媒染等，用天然植物染料将桑蚕丝染成各种色彩，通过单染和复染工艺可以实现桑蚕丝多种色彩的染色，织出色彩丰富的织锦。另外，织锦的色丝不仅仅是桑蚕丝单丝，还常常应用并丝和捻丝的线型加工工艺来设计不同粗细效果的丝织原料，用来丰富织锦的表面效果和增加织物的牢度、丰厚感。

除了桑蚕丝的精练和染色工艺，在三大名锦中"锦中织金"工艺也是非常突出的特点，金银丝的应用起先用来点缀织锦，增加趣味，到后来，"锦中织金"成为宋锦和云锦区别其他织锦和追求富丽堂皇的主要工艺手段。蜀锦中的加金锦是最早应用金银线的织锦品种，到唐代，织锦加金的品种和工艺得到快速的发展，在宋锦中金银丝的应用已经成为品种特色，形成成熟的织金入锦的技术。宋锦使用的织金原料有两种：一种是使用金箔切片获得的片金；另一种是使用捻丝工艺加工而成的捻金线。早期的片金是由纯金箔打薄后切成的纯金，到宋代为了降低成本和增加丝织原料的牢度，开始将极薄的金箔贴在皮子或绵纸上再切成片金，这种复合片金相对便宜，而且金色由于底衬色而呈现各种不同的偏色效果，非常趣味和独特；捻金线则是采用蚕丝或棉线作芯线，将各种片金以螺旋状搓捻缠绕在其表面，形成圆形捻金线，是一种以黄金为主的古代复合线型丝织原料。如法门寺出土的唐代织金锦中使用的捻金工艺就已经非常精湛，捻金线的直径只有0.1mm。云锦三大类品种中的库缎、库锦和妆花品种主要特征就是锦中织金技术的应用，因此，云锦富丽堂皇的效果离不开织金技术的应用。

2. 中国古代三大名锦的工艺美特征和技术流变

织锦工艺美特征体现在织锦的设计和生产工艺上，丝织技术是织锦的物化手段，直接影响了织锦的组织结构、造型、纹饰和色彩的设计和表现，不同的丝织技术满足不同结构织锦的生产，而织锦造型结构的变化，会形成不同的织纹和色彩效果。中国古代三大名锦设计巧妙，结构复杂，是同时期丝绸产品中的臻品，也是同时期丝织技术进步的代表。中国古代三大名锦的技术美特征由其独特的丝织原料和先进的丝织技术决定，表现在巧妙构思和合理的技术应用上，并通过织锦精美的绸面装饰效果来体现内在的技术美特征。影响中国古代三大名锦生产的技术因素是丝织提花技术，中国古代丝织提花技术的发展主要经历了手工挑花和花楼机提花两个阶段，不同期间的丝织提花技术产生不同的织锦品种，其生产技术的发展变迁与织锦品种的关系见表6-1-1。

表6-1-1　织锦的生产设备与织锦品种的关系

织机类型	原始腰机	斜织机	多综多蹑机	束综提花机（小、大）
织花信息控制	水平	水平	水平→垂直	环状循环
提花综蹑	无	少	组合	少
提花控制	综杆	综框	多综框	花综
人工	单人	单人	双人	双人
织锦品种	早期织锦	经锦为主	经锦/纬锦	纬锦为主
三大名锦		蜀锦	蜀锦/宋锦	云锦

在原始腰机生产时期，可使用的综杆数目在四根以下，所以只能织制简单组织，如平纹和三、四枚的斜纹等，如果要织制复杂结构花纹，只能通过手工压经或挑经来完成，这也是早期织锦的主要制作方法。到公元前五六世纪的战国时期，第一种有机架的织机（斜织机）出现了，斜织机利用综框控制经丝进行开口，脚踏木蹑进行提综，使织工可以手脚分离，不仅大大提高了丝织生产的效率，也为复杂结构的手工挑花提供了可能，以蜀锦为代表的经锦生产开始成型并逐步形成规模。此后，随着斜织机的综框和木蹑不断增加，最终促成多综多蹑织机的发明。到公元前200年的秦汉时期，织机使用的综蹑数已经可达120，一般通用的也在50~60综蹑，只是早期的综蹑只能一一对应来控制经丝，控制简单但操作烦琐，生产效率低。到公元3世纪，汉朝马钧改良多综多蹑织机的控制方式，采用二蹑对应一综的控制方式，利用数学组合的原理，实现12蹑控制66综的运动方式，大大提高了丝织效率。随着多综多蹑织机的发明和成熟应用，在这时期的经锦品种更加丰富，所以，多综多蹑织机的发明和使用是蜀锦品种蓬勃发展的技术基础。但是多综多蹑织机的缺点也十分明显，如果综蹑数过多，机架不能无限制扩大；如果综蹑数过少，织锦品种花色的设计又受限制，这也是经锦的主要技术瓶颈。

束综提花机的发明可以弥补多综多蹑织机的缺陷，束综提花方式最早出现在汉代，发展成型于唐代，与手工挑花的多综多蹑生产方式相比，束综提花利用耳子线来储存提花信息，耳子线排列在花楼的侧面或后面，每一耳子线控制一部分经线的运动，相当于储存了一个投纬运动的经线提升信息，一个花纹所有耳子线编成一个能够循环使用的"花本"，而织绸与提花分别需要由不同的工匠配合来完成。根据织机花本大小，束综提花机可分为小花本机和大花本机，大花本机能用于生产复杂结构和大花幅的织锦。束综提花机的应用，替代了手工挑花的多综多蹑丝织机，解决了设计大循环花纹和生产复杂结构的技术问题。随着束综提花机逐步成为织锦生产的主要设备，织锦的品种开发也发生了根本的变化，经锦逐步被起花方便的纬锦所替代，纬锦成为了织锦的主导品种。随着大花本束综提花机的应用，中国古代纬锦的织造技术走向巅峰，复杂结构变化的纬锦成为织锦开发的主流，为追求奢华生活方式的封建贵族和文人墨客所追捧，这样就为宋锦和云锦的进一步发展和盛行提供了技术支撑和社会环境。

三、世界技术革命与纺织技术的关系

以蒸汽机为动力的纺织机械的广泛应用为主要标志的第一次技术革命，对发展生产力起了巨大的作用。以电力的广泛应用为主要标志的第二次技术革命，使纺织生产领域发生了深刻的革命性变化，大大发展了社会生产力，使纺织企业的劳动生产率有了大幅度提高，促进人类物质文明的进步。以原子能利用、电子计算机和空间技术的出现为主要标志的第三次技术革命，使机械化的大生产与现代科学技术更加密切地结合在一起，从而使生产规模和劳动对象发生了更加深刻的变化，社会生产力和劳动生产率有了更快的发展和更大的提高。而目前正在进行中的第四次技术革命，它将是以电子信息化为中心，以能源、材料、遗传工程等新的突破为主要标志。人类认识自然和改造自然的能力正在大幅度提高。社会生产力的迅猛发展，将对社会生活的各个方面发生更加深刻的影响，将使人类的体力和智力获得更大的解放。

工业技术发展的历史表明，它的发展固然受社会生产、科学技术的强烈影响。然而，一旦在工业技术上取得重大突破，就会带来社会经济发展的繁荣。历史经验告诉我们，人类只有依靠技术进步才是促进社会生产力迅速发展的根本途径。在当代，科学技术是发展工业、增加生产，提高产品质量和降低成本的关键。

第二节 纺织品原料组合设计

纺织品技术设计主要包括纺织品类别设计、纺织品原料组合设计、纺织品组织结构设计、纺织品工艺设计和纺织品后整理设计五个部分。纺织品原料组合设计是实现纺织品设计材质美特征的设计行为和过程。从内容上看，纺织品原料组合设计是纺织原料及其组合线型的设计。

一、纺织品原料组合设计概述
（一）纺织原料概述
1. 基本概念
纤维是构成纺织原料的基本要素和最小单位，根据可纺纤维的特征，一般可将纺织纤维归类为长纤维和短纤维。例如，天然纤维中，蚕丝属长丝纤维；麻、毛、棉纤维属短纤维，

短纤维构成纱和线。常规的纺织原料由长纤维和短纤维构成的纱线原料组成，纺织原料的纤维分类如图6-2-1所示。

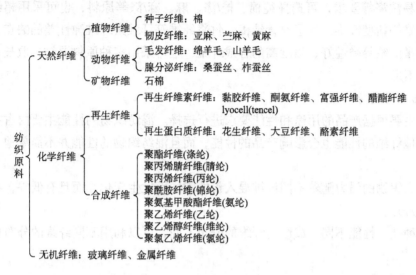

图6-2-1　纺织原料的纤维分类

2. 计量方法

纺织原料的计量单位分国际度量和习惯度量。国际度量的纤维线密度用特克斯（tex）和分特克斯（dtex）表示。线密度是以1000米长的丝线（纱线）所具有的质量（克）来表示，计算式如下：

$$线密度=丝线质量（g）/丝线长度（m）\times 1000$$

习惯上度量纤维细度，长丝和仿丝原料用旦尼尔表示；棉和仿棉型纱线原料用英制支数表示；麻毛与仿麻毛纱线原料和绢纺纱线用公制支数表示。

（二）纺织品原料设计

纺织品原料设计是根据设计意图制订纺织品原料的加工方法。纺织品的性能首先取决于采用的原料，每一种纤维原料都具有独特的性能。纺织品原料的选择是纺织品设计中一项重要的内容。选择纺织品原料时不仅要选择原料品种、类别，还要考虑原料的品质特征，如长度、线密度、卷曲度、长度离散度等指标。若为混纺产品，还需确定不同原料的搭配、混纺比例等。此外，选用原料时，还要考虑生产成本及企业现有生产条件。

1. 原料与产品性能

原料选择时首先要考虑织物的性能和风格要求。织物所用的原料对织物性能的影响起决定性或重要作用。例如，耐酸、耐碱、耐化学品等化学性能以及防霉、防虫等生物性能，几乎完全取决于纤维本身的性能；织物的部分物理力学性能，如强伸性、耐磨性、吸湿性、易干性、热性能、电性能等，纤维本身的影响是主要的；织物外观风格方面，悬垂性、抗皱性、抗起毛起球性、挺括性、尺寸稳定性、织物的色泽、光泽、质感等性能，也都与纤维本身有密切的关系。

织物的性能和风格要求往往多种多样，在设计中要分析主次，选择合适的纤维，满足织物设计的主要要求。例如，设计运动装面料，主要考虑弹性、吸湿排汗等要求，在原料选择上可以考虑棉、涤/棉混纺、吸湿排汗涤纶等；设计夏季衬衫面料，主要考虑吸湿透气、柔软、抗皱、易洗涤等要求，可选择纯棉、棉/涤、麻、麻/涤等原料，也可采用超细涤纶、天丝、竹浆纤维等新型纤维。为了改善纯棉、竹浆纤维等纤维素纤维弹性差的缺点，常在此纤维中加入少量涤纶等弹性好、强度高的合成纤维，也可采用多种原料混纺，取长补短，改善单一纤维的不足。

2. 混纺比的选择

混纺比主要根据产品的用途和性能要求进行选择。混纺织物的性能主要由占主体的纤维而定，但其他纤维的性能也会影响产品的性能，而且混纺织物的性能并不简单地为两种纤维性能的加合。

混纺纱和织物的强力随着不同纤维混入量的不同而发生变化，而且有低谷，在选择混纺比时要注意避开。

纤维的种类、性能不同，成纱后纤维的分布不同，可以利用不同纤维的分布更有效地利用纤维性能。

3. 原料与生产

纺织品的纤维是纺织工艺、染色、整理和产品设计的基础。纤维的性能一方面影响着加工的过程，另一方面受原有加工条件的限制，生产并不是随心所欲的。粗纺与精纺、普梳与精梳、短纤维与中长纤维、天然与化学纤维、纯纺与混纺等，其纺、织、染生产过程有明显的区别。不同原料的加工特点以及对设备的要求不同，加工的可能性和范围都有一定的规律，特别是纺纱和染整工艺条件，受纤维种类和性能的限制较大，在设计时要充分考虑。

4. 原料与成本

目前，一般织物的原料成本占70%左右，纺、织、染整加工所需的费用与原料也是密切相关的。因此，在原料选择和设计时必须考虑原料的成本及加工的难易程度，保证设计的产品既能达到要求的质量和性能，又能为企业带来良好的经济效益。

（三）纺织品常规线型设计

纺织品常规经纬组合设计中，选定原料规格后，还必须按设计要求加工成所需性状的原料供织造用。根据设计意图制订经纬纱线的加工方法称线型设计。线型设计主要通过并丝、捻丝工艺实现。在加工过程中不断改变丝线（或纱线）的线密度、捻度、捻向等，使其性能得到改善，提高强度、弹性，并适度地改变丝线的卷绕形状，以达到实现设计意图的目的。虽然采用同一并、捻丝工艺，但由于选用的材料不同、工艺加工程度不同，所得到的线型性状也不完全相同，这些都直接地影响织物的外观和性能。除并、捻工艺之外，经纬纱线加工尚需说明的内容，若较简单，可直接写在经纬组合的后面。

1. 纱线线密度设计

纱线线密度的确定是织物设计的主要内容之一，纱线线密度的大小对产品的外观、手感、重量及力学性能均有影响。线密度的确定主要考虑产品品种及性能要求。在织物组织和紧密度相同的情况下，采用较低线密度纱线形成的织物，与较高线密度纱线形成的织物相比，其表面较细腻而紧密。在织物设计时可根据织物的厚薄来确定，一般轻薄织物用细特纱，粗厚织物用粗特纱。但是，如果织物既比较厚重又要求表面细腻，则可选择线密度较低的纱线，并通过采用二重或双层组织来增加织物的厚度。

2. 纱线捻度与捻向设计

纱线的捻度对织物的强力、弹性、耐磨性、起球性、光泽及手感都有影响。丝线按加捻程度一般分为平丝（无捻丝）、弱捻丝、中捻丝和强捻丝四种不同的线型类别。以线密度45~65dtex为例，则10捻/cm以下为弱捻，20捻/cm以上为强捻，介于两者之间为中捻。

弱捻丝又称"绫线"，其用途为：①增加丝线的强度，免于在精练、染色和织造时擦毛断裂；②削弱纱线光泽，使织物柔和滑润；③增加经纬纱间的摩擦力，便于打实纬线。

强捻丝，也称"绉线"，主要用途为：①使织物表面皱缩，产生"绉效应"；②增加织物的强度和弹性；③利用绉线的回缩力，设计高花织物。强捻丝具有较强的扭力。为使织物平伏，常用S捻、Z捻线间隔排列，保持扭力的平衡。如用1S、1Z，2S、2Z，3S、3Z的排列方法。

中捻丝是一种特殊的线型，由于反映在织物上的特点不显著，应用较少，中捻丝一般不用左右捻丝间隔排列的方法上机也能使织物平伏，甚至能获得良好的绉效应。

在选择捻度时一般考虑以下方面：纺纱能否顺利进行，即使使用了股线，也应使单纱具有一定强力，以减少纺制过程中的断头；在织造过程中，经纱反复承受较大的张力和摩擦，应采用较大捻度，而纬纱所受张力小，宜采用较低捻度；要求薄爽风格的织物，捻度应适当加大；要求手感柔软丰满的织物，要采用较低捻度；利用不同捻向的经纬纱和不同织物组织的配合，可以开发出具有不同外观效应的织物，并对织物的手感、光泽及对织物纹路清晰度有显著的影响。

3. 纱线纺制工艺设计

不同的纱线纺制工艺，影响到纱线的性能，进一步影响织物的性能。例如，传统的环锭纺纱线强力高；气流纺纱线强力偏低，但条干好、蓬松度好，弹性也比环锭纺要好，耐磨。可以根据不同织物的要求来选择合适的纺纱方法。

二、纺织品原料设计方法

（一）天然纺织原料和仿天然纺织原料设计

1. 棉型纺织原料设计

棉型织物是指以棉纱和棉型化纤为主要原料制成的织品，包括纯纺、混纺和交织品。棉型化纤织物是以化学纤维为原料，其长度（一般为38mm左右）、线密度（一般1.66dtex左右）等物理性状符合棉纺织工艺要求，利用棉纺设备进行纯纺或与棉纤维混纺而成，这类纤维制成的织物一般称为棉型化纤织物。根据设计意图制订棉型纺织原料的加工方法称棉型纺织原料设计。棉型纺织原料设计分为原料种类设计和原料的规格设计。

（1）原料种类设计。棉型织物使用的原料越来越广，各种新型原料已广泛地用于棉型织物，如新型再生纤维素纤维原料，包括Tencel纤维、Modal纤维、再生竹纤维等；新型的蛋白质纤维，如大豆蛋白纤维、牛奶蛋白纤维、蛹蛋白纤维等；还有各类新型合成纤维，如异形截面纤维、超细纤维、中空纤维等。这类纤维在提高产品的手感、弹性、蓬松性、服用舒适性、环保性等方面具有很大的作用。

另外两大类功能纤维也得到了大量的使用：一类是用于生活的保健类产品，如陶瓷纤维、海藻碳远红外纤维、珍珠纤维、玉石纤维、抗紫外纤维、抗菌防臭纤维、甲壳素纤维等；另一类是用于生产的劳保类功能性纤维，包括阻燃纤维、防电磁波纤维、抗静电纤维等。

（2）原料的规格设计。原料规格设计应考虑以下几点：第一，按照所纺纱线的线密度及质量要求设计；第二，原棉的选配应根据不同织物的纱线线密度、用途、质量要求，同时考虑生产效率、成本等因素来综合确定；第三，棉型化纤的选配，应考虑化纤长度、线密度、强伸性、混纺比等的确定；第四，根据产品的用途和加工方式进行原料设计。

2. 毛型纺织原料设计

毛型织物是指以羊毛、兔毛等各种动物毛及毛型化纤为主要原料制成的织品，包括纯纺、混纺和交织品，俗称呢绒。毛型化纤织物是以化学纤维为原料，其长度（一般为65~120mm之间）、线密度（一般为2.75~5.5dtex之间）等物理性状符合毛纺织工艺要求，利用毛纺设备进行纯纺或与毛纤维混纺而成，这类纤维制成的织物一般称为毛型化纤织物。根据设计意图制订毛型纺织原料的加工方法叫作毛型纺织原料设计。原料设计包括纤维线密度设计、纤维长度设计、纤维色泽和光泽度的设计以及混纺产品中化纤的设计等。

（1）纤维线密度的选择。羊毛纤维的线密度与工艺性能和产品质量有密切的关系。羊毛越细，在同样粗细的毛纱横截面中，纤维的根数就越多，纱线的强力也越好。一般毛纱截面应保持40根左右的毛纤维，方可保证可纺性能。

（2）纤维长度的选择。羊毛长度的重要性仅次于线密度，它不仅影响纱线品质，而且决定纺纱加工系统和工艺参数的合理选择。列入精纺用毛的羊毛长度一般在6.5cm以上。3cm以下的短毛含量是影响条干的一个重要因素。

（3）纤维色泽和光泽的选择。羊毛纤维是半透明体，光泽自然柔和，优于棉。正常的白色羊毛可以染成任何色调的颜色，但有色羊毛染色时会受到一定的限制。

化纤的光泽可分为有光、半光及无光三类，可以根据产品的风格加以选择，化纤的白度一般高于羊毛，但不如羊毛具有半透明的晶莹感。利用洁白的化纤和羊毛混纺，可以取长补短，对产品的外观质量起到良好的作用。

在毛型织物中，羊毛和化纤混纺产品占有相当的比重，可以利用化纤的长处弥补羊毛的不足。

3. 丝型纺织原料设计

丝型织物主要指各种长丝类产品，除了蚕丝以外，还大量采用化纤长丝，丝织物中最常用的有涤纶、锦纶、丙纶等合成纤维以及黏胶丝、醋酯丝，还有强烈金属光泽的无机质纤维（金属丝线）等。根据设计意图制订丝型纺织原料的加工方法称丝型纺织原料设计。

（1）原料设计。丝织物中，经组合与纬组合采用同一属性纤维织制的称为"纯织"，采用两种以上不同属性纤维织制的称为"交织"。纯织物在丝织产品中所占比例很大。尤其是桑蚕丝织物，不仅穿着舒适，外观华丽，而且在各方面都有很广泛的用途。但纯丝织物价格昂贵，易皱、易缩、形状稳定性差，这些影响了真丝绸的发展。

人造丝价格虽廉，但使用时软疲、皱缩，而且强力低。特别是湿牢度太差，这也限制了其应用，一般只能用于织制服装里料、棉袄面料、被面等不常洗涤和揉搓的产品。

合纤织物具有很多人造丝织物不具备的优点，但吸湿透气性很差，不适宜织制柔软舒适、吸湿透气性要求很高的内衣制品和夏季服装。

丝织产品中比较受消费者欢迎的是各种交织产品。它们外表美观，特色明显，适应范围广，舒适耐用，而且经济效益较高。但设计比纯纺复杂，在设计时应着重考虑充分发挥纤维的特长和如何发挥最大经济效益等方面。

（2）丝织物分类。丝织物品种确定以丝绸织物的组织结构为主要依据，其次以加工工艺、使用原料以及质地和外观形态，并结合它们的用途为依据，在划分大类时还应照顾到我国古代传统的习惯分法，主要品种分为14大类：纺类、绉类、绡类、缎类、绢类、绫类、罗类、纱类、葛类、绒类、锦类、绨类、呢类和绸类。

4. 麻型纺织原料设计

麻型织物是以麻纤维纯纺或与其他纤维混纺或交织的织物及仿制天然麻织物外观风格特征的非麻类仿麻织物。根据设计意图制订麻型纺织原料的加工方法称麻型纺织原料设计。我国麻类作物可归纳为八大类，即苎麻、亚麻、黄麻、洋麻、苘麻、汉麻、剑麻、蕉麻。天然麻纱毛羽多，条干不匀，纱身常留有少量短小粗节，从而在布面上形成长短和粗细不等的自由短条纹，仿麻织物的表面即具有这种由于条干不匀而形成的独特风格，以及一定的凉爽、透气、挺而不硬、轻而不飘的纯麻织物的特性。仿麻织物可从以下几个方面织制：①采用各种花式线，使布面分布有不均匀的长短条纹，突出仿麻感；②运用组织技巧在织物表面形成似麻织物的风格；③造型要简练，色调多用低彩度的中浅色，以素净为主，从而增加麻感。

（1）原料选配。麻织物的原料品种繁多，织物设计的侧重点各不相同，应根据原料的不同特性进行选择设计。麻型纺织品根据纤维原料不同，可分为苎麻织物、亚麻织物、黄麻织物、混纺麻织物、交织麻织物。麻类织物具有爽身、卫生、抗污、抗静电等优良特性。

亚麻、汉麻、苎麻和罗布麻在纺纱时的纤维形状不同，前两者利用胶质构成的纤维束纺纱，后两者则以单纤维纺纱。亚麻纤维平直，不易沾污，织物挺括；汉麻纤维的端部呈钝角，无刺痒感，亚麻纤维主要用于夏季面料中，如漂白、混纺交织布、色织提花布等；汉麻纤维是一种典型的绿色产品，它吸湿优良、散湿快，抗静电，手感柔软滑爽，无刺痒感，抑菌效果好，能屏蔽紫外线，耐热性好；苎麻纤维较细，能制得高支轻薄的春夏织物；罗布麻纤维的整齐度差但细软，并具有丝般的光泽，是一种野生药用植物，又有良好的保健作用，可用于内衣、T恤及衬衫等贴身保健纺织品。这些纤维的横截面都很不规则，对声波和光波有很好的消散作用，故织物具有较强的抗紫外线性能。

合纤长丝仿麻织物是用涤纶仿麻丝织制的仿麻织物。仿麻丝是由两根不同线密度、熔点和热收缩率的涤纶复丝组成，通过并合、超喂假捻变形、高温热处理，融结成有规律的麻型感很强的仿麻丝。

化纤麻交织物主要体现了麻织物的风格，但又比纯化纤仿麻织物服用性能优良，化纤原料可选用普通涤纶长丝、网络丝、低弹丝，为了增加织物外观麻粒效果还可采用原液丝与普通丝的组合丝；普通涤纶丝与改性丝、异形组合丝；涤纶与腈纶、锦纶、丙纶等复合丝。

（2）织物特点。麻类纤维由于结构中空，可富含氧气，使厌氧菌无法生存，具有抗菌抑菌作用。麻织物大多具有吸湿、散湿速度快，断裂强度高、断裂伸长小等特点。苎麻、亚麻织物的穿着感觉凉爽、不霉不烂。还因麻纤维的整齐度差，集束纤维多，成纱条干均匀度较差，织物表面有粗节纱和大肚纱，而这种特殊疵点恰构成了麻织物的独特风格，有些仿麻织物还有意用粗节花色纱线织造，借以表现麻织物的风格。

（二）化纤纺织原料设计

化纤织物是指用天然高分子化合物或人工合成的高分子化合物为原料，经过化学加工制备的纤维，经过纯纺、混纺或交织制得的织物。这里主要是指由化学纤维加工成的纯纺、混纺或交织物，也就是说由纯化纤织成的织物，不包括与天然纤维间的混纺、交织物，化纤织物的特性由织成它的化学纤维本身的特性决定。根据设计意图制订化纤纺织原料的加工方法叫化纤纺织原料设计。

1. 化纤原料分类

（1）根据原料来源分类。根据原料来源的不同，化纤原料分为再生纤维和合成纤维。①再生纤维是以纤维素和蛋白质等天然高分子化合物为原料，经化学加工制成的纤维。常用的再生纤维有黏胶纤维、铜氨纤维、醋酯纤维；②合成纤维是把简单的化学物质用有机合成的方法制成单体，再聚合成高分子物质通过纺丝制成的纤维。常用的合成纤维有涤纶、锦纶、腈纶、氯纶、维纶、氨纶等。

涤纶是三大合成纤维中工艺最简单的一种，价格也相对便宜，具有结实耐用、弹性好、不易变形、耐腐蚀、绝缘、挺括、易洗快干等特点。锦纶、锦纶面料以其优异的耐磨性著称，锦纶具有耐磨性、吸湿性、弹性好的优点，腈纶的性能很像羊毛，所以叫"合成羊毛"。

（2）按形状分类。按形状不同，化纤原料可分为长丝、短纤维、异形纤维、复合纤维和变形丝。①长丝是指连续的纤维，化纤制丝时喷出的连续丝束，通常用十几根或数十根单根长丝并合在一起织造，织物表面光滑，光泽较强；②短纤维是指长度在几毫米至几十毫米的纤维，是由长丝切断后制成，短纤维织物表面有毛羽，丰满蓬松；③异形纤维跟一般的纤维相比，有诸多特性。如三角异形纤维，光泽柔和；④复合纤维由两种及两种以上聚合物，或不同性质的同一聚合物，经复合纺丝法纺制而成，分并列型、皮芯型、海岛型等；⑤变形丝利用合成纤维受热塑化变形的特点，在机械和热的作用下，使伸直的纤维变成卷曲的纤维。

（3）按用途分类。按不同用途，化纤原料可分为普通纤维、特种纤维。

①普通纤维，如再生纤维与合成纤维；②特种纤维，如耐高温纤维、高强力纤维、高模量纤维、耐辐射纤维等。

2. 化纤原料设计原则

化纤原料根据织物成品的不同用途，挑选不同的化纤原料进行设计。如需要织物表面光滑，光泽较强，用作夏季面料，则可以选择长丝为纺织原料；如需要织物表面有毛羽，丰满蓬松，用于秋冬织物，则可以选择化纤加捻抱合形成连续纱线进行织造。

（1）化纤原料选配。选配化纤原料的技术，包括纤维品种及纤维性能的选配、混纺比例的确定。除选择适当的长度和线密度外，特别要考虑染色性能，以免造成色差。

（2）化纤织物特点。化纤原料织物具有强度高、耐磨、密度小、弹性好、不发霉、不怕虫蛀、易洗快干、抗皱免烫等优点，但其缺点是染色性较差、静电大、吸水性差。常用的化纤原料织物有仿棉织物、仿毛织物、仿麻织物、弹性织物、仿真丝绸织物、人造麂皮和人造毛皮等。

（三）纺织品花式线型设计

花式线型是区别于常规基本线型的特殊线型，由不同的原料组合、不同的原料色彩、不同的线型结构等因素构成，并具有特殊的原料表面效果。花式线型原料在时装面料、装饰织物设计中经常使用，以增强织物表面效果的趣味性。

花式线型没有统一的分类标准，俗称"花式纱线"，但根据原料的基本类型，可以将花式线型细分为花式丝、花式纱、花式线三大类，如图6-2-2所示。

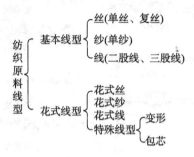

图6-2-2　纺织原料线型分类

1. 花式线型设计

纺织品花式线型设计是指在选定原料规格后，将原料按设计要求经过特殊加工形成截面分布不规则、结构不同或色泽各异的特殊线型的过程。加工程序为：首先芯线和饰线抱合并加捻，芯线张力大而均匀，而饰线的速度和张力规律的变化，使饰线在芯线周围形成规律的毛圈。花式线普遍用于机织物及针织物，包括大衣、西服、衬衫、裙子、外衣、羊毛纱、围巾领带、地毯、沙发布、窗帘布、床上用品、高级贴墙材料等。

由于花式线的线条粗犷，有梭织机进行生产时存在梭纤卷纬数量少、产量低的弊病。随着无梭织机的大量出现，采用花式线投纬十分方便，因此，花式纱线的线型设计更受到重视，品种类型和风格也十分丰富。

（1）花式线分类。花式线以其加工方式的不同大致可以分为以下几类：一是普通纺纱系统加工的花式线，如粗细纱合股线、金银线、夹丝线等；二是用染色方法加工的花色纱线，如混色线、印花线、彩虹线等；三是用花式捻线机加工的花式线，其中按芯线与饰线喂入速度的不同与变化，又可分为超喂型（如螺旋线、小辫线、圈圈线）和控制型（如大肚线、结子线）等；四是特殊花式线，如绳绒线（雪尼尔线）、包芯线、拉毛线、植绒线等。花式线效果如图6-2-3所示。

（2）花式线结构。花式线具有供装饰用的花式外观，其品种很多，生产方法也有多种。花式线的结构由芯纱、饰纱、固纱组成。芯纱承受强力，是主干纱；饰纱以捻包缠在芯纱上形成效果；固纱以相反的捻向再包缠在饰纱外周，以固定花纹，但也有不用固纱的情况。

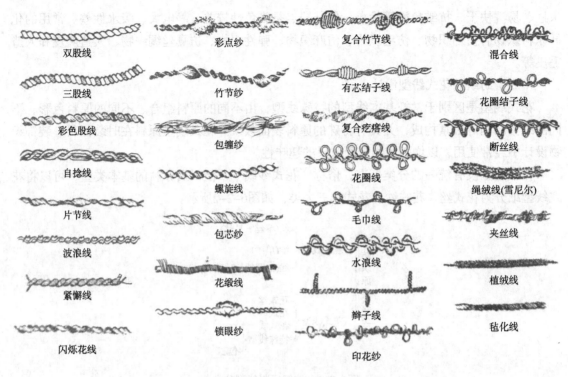

双股线　彩点纱　复合竹节线　混合线

三股线　竹节纱　有芯结子线　花圈结子线

彩色股线　包缠纱　复合疙瘩线　断丝线

自捻线　螺旋线　花圈线　绳绒线(雪尼尔)

片节线　包芯纱　毛巾线　夹丝线

波浪线　花缎线　水浪线　植绒线

紧懈线　锁眼纱　辫子线　毡化线

闪烁花线　　印花纱

图6-2-3　各种花式线效果

（3）常见花式线。①结子线饰纱在同一处做多次捻回缠绕；②波形线饰纱在花式线表面生成左右弯曲的波纹；③螺旋线由线密度、捻度以及类型不同的两根纱并合和加捻制成；④粗节线软厚的纤维丛附着在芯纱上，外以固纱包缠；⑤圈圈线饰线形成封闭的圈形，外以固纱包缠；⑥结圈线饰纱以螺旋线方式绕在芯线上，但间隔地抛出圈形；⑦印花线在绞纱上印上多种色彩形成的花式线；⑧绳绒线也叫雪尼尔线，在芯线暗夹着横向饰纱。饰纱头端松开有毛绒；⑨羽毛线在钩编机上，使纬线来回交织在两组经纱间，然后把两组经纱间的纬纱在中间用刀片割断，使纬纱直立于经纱上，成为羽毛线；⑩菱形金属线在金属芯线（由铝箔或喷涂金属的材料外套着透明的保护膜制成）的外周缠绕另一种颜色、细的饰线和固线，具有菱形花纹效果。

（4）花式线织物特性。花式线本身具有多种造型和色彩，当它用于平素织物时，能以画龙点睛的手法改变产品的外观效应。如用蚕丝做成粒子后加入绢纺中生产的粒子线，使织物不但立体感强，而且穿着舒服；如用结子线织造织物，会使织物表面结子分布不均匀，产生粗犷的风格。在花式线产品中，还可利用多色彩来改善具体外观效果。如最早出现的"火磨司本"（即钢花呢），就是用精梳短毛或其他短纤维先搓成毛粒子，然后染成各种颜色。在纺纱时将染色毛粒均匀加入，纺成彩点纱后，再和普通粗纺毛纱交织。彩点的色泽与底色的相互和谐搭配，达到彩点花呢风格。

2. 花式纱设计

花式纱是一种用特殊工艺制成，具有特种外观形态与色彩的短纤，是指具有结构和形态变化的单股纱。一般可用经过改造的传统纺纱或新型纺纱设备，结合特殊的纺纱工艺或染整工艺加工而成。

　　花式纱设计的纺制方法是在梳棉、粗纱和细纱等工序中采用特殊工艺或装置，从而改变纱线的结构和形态，使短纤纱表面具有"点"状和"节"状的花型，从而产生花式纱。采用不同色彩的纤维作为纺纱原料，或者将本色纱通过不同的印染加工，使花式纱具有不同的色光效应。

　　花式纱设计使得花式纱表面呈现纤维结、竹节、环圈、波浪、辫条或锥形螺旋等外观形态，不同工艺参数可纺制成不同风格的花式纱，常见的有氨纶包芯纱、涤纶包芯纱、竹节纱、结子纱、大肚纱、彩点纱。

　　（1）氨纶包芯纱。目前大都为棉包氨，也有涤包氨。

　　（2）涤纶包芯纱。将纤维包缠在高强涤纶长丝表面，强力高。

　　（3）竹节纱。表面呈间断性的粗细节，粗细节按后道加工要求可长可短、可粗可细，间距也可稀可密。

　　（4）结子纱。表面呈颗粒状的点子附在纱的表面。

　　（5）大肚纱。粗节处更粗，而且较长，细节反而较短。

　　（6）彩点纱。纱的表面附着各色点子的纱。

　　通过花式纱设计改变纱线的粗细、捻度的分布、颜色的变化、原料的异同、纱线的结构和屈曲形态等方法取得不同的花式效应，使纱线带有奇异的花型和色彩，同时使织物富有弹性，穿着舒适。有时也可采用不同颜色的两根粗纱经不同牵伸、不同超喂，生产出不仅粗细变化而且颜色变化的花式纱。

　　用这种纱做成的针织物或机织物，表面粗狂，风格独特，织物表面呈现不规律的花纹。

3. 特种线型设计

　　特种纱线是通过各种加工方法而获得特殊外观结构和质感的纱线，其主要特征是纱线的截面粗细不匀、色彩差异并有纱圈或结子等，具有别致新颖的外观，是纱线产品中具有装饰作用的一种纱线。所谓线型即纱线的造型，是纱线展现于表面的几何结构。按造型的不同，纱线可分为变形丝、平丝、捻丝、花式线等。

　　特种线型设计即由芯线、饰线、固结线按一定的速率超喂，经加捻形成不规则的外形，及各组分纱线色彩不同、光泽变化、热收缩性能的差异，而形成特种纱线。

　　特种线型设计除了影响织物的牢度、弹性、耐磨、吸湿透气等内在性能外，在很大程度上还影响着织物的厚薄、光泽、质感、纹理等外观风格与手感。而织物风格则有起绒、粗狂、光滑、凹凸、起绉、平整及厚、薄、实、色织等类别之分。花式线在其中运用甚多，并以表现绒、粗狂、光、薄等风格最为典型。近年来，国内外流行织物的主要设计手法之一就是巧妙利用线型变化，使织物具有各种丰富有趣味性的肌理效果。

第三节　纺织品组织结构设计

　　纺织品技术设计在完成纺织品原料组合设计后，纺织品组织结构设计是实现纺织品设计材质美和工艺美特征的首个设计行为和过程。从内容上看，纺织品组织结构设计包含纺织原料结构、纺织面料（织物）组织结构和纺织面料（织物）造型结构的设计。这里以纺织面料（织物）中机织物组织结构设计为例进行分析。

一、纺织品组织结构设计概述

传统的两向机织物由纵、横两个方向，经、纬两个系统纱线按一定的规律交织而成，织物中经纱和纬纱相互交错或彼此浮沉的规律形成织物组织，经、纬纱线交叠处称为组织点，经纱在纬纱之上称为经组织点，反之为纬组织点，其排列规律达到重复时的最小单元，成为一个组织循环。在一个组织循环内按照一定原则，合理安排经、纬组织点的过程称为织物组织结构设计。

1. 简单组织设计

简单组织由一组经线和一组纬线交织而成，包括三原组织、变化组织和联合组织。

三原组织是组织循环经纬纱线数相同，单位循环内每根经或纬纱上只有一个经（纬）组织点，其他均为纬（经）组织点，且组织飞数为常数的组织，包括平纹组织、斜纹组织和缎纹组织。三原组织是各种组织的基础。

变化组织是在三原组织基础上，通过变化组织点浮长、飞数、排列方向、纱线循环数等因素中一个或多个而产生的各组组织，包括平纹变化组织、斜纹变化组织和缎纹变化组织。

联合组织是由两种及两种以上的原组织或变化组织，运用各种不同的排列方法联合而成的组织，在织物表面呈现几何图形或小花纹等外观效应。

2. 复杂组织设计

复杂组织是用一组与多组纬线、多组经线与一组纬线、多组经线与多组纬线交织而成的组织，包括重经组织、重纬组织、双层或多层组织。

重经组织是由两组或多组经线与一组纬线交织而成的组织，根据选用经纱组数不同分为经二重、经三重、经多重组织，一般多用于织制后重织物。

重纬组织是由一组经线与两组或多组纬线交织而成的组织，根据选用纬纱组数不同分为纬二重、纬三重、纬四重、纬多重组织，相对重经组织，重纬组织受织造条件限制较小。

双层组织是由两组或多组经线与两组或多组纬线交织而成的组织，能形成相互重叠的上下两层或多层的织物效果，织物上、下层可分离也可连接在一起，有管状双层组织、双幅及多幅组织、表里接结双层及多层组织、填芯接结双层组织、表里换层双层及多层组织等。

3. 特种组织设计

特种组织设计是针对特种组织的结构设计，包括起毛起绒组织、毛巾组织、纱罗组织，一般特种组织配合特殊织机织造，在织物表现能形成特殊的肌理效果。

起毛起绒组织是部分纱线在织物表面形成毛绒或毛圈效果的组织，分为经起绒和纬起绒组织。起绒方法有浮长通割法、杆织法、双层分割法等。经起绒组织由一组地经，一组绒经与一组纬线组成，地经与纬线交织成地组织，绒经通过不同的方式在织物表面起绒或起毛圈，如天鹅绒、乔其绒等。纬起绒组织由一组地纬，一组绒纬与一组经线组成，地纬与经线交织成地组织，绒纬通过不同的方式在织物表面起绒或起毛圈，如灯芯绒、平绒等。

毛巾组织是由两组经纱（毛经与地经）与一组纬纱构成，在织机的送经机构及特殊打纬机构配合下，在织物表面形成毛圈效应的一种组织。

纱罗组织是由两组经纱（绞经与地经）与一组纬纱构成，交织时仅纬纱相互平行排列，绞经在地经左右两侧来回变动位置，形成绞转的组织。在织造时需配合特殊的绞综装置和穿综方法，与之配合，根据组织要求，有普通梭口、绞转梭口和开放梭口三种梭口形式。

纱罗组织分为绞纱组织和罗组织两类。绞纱组织是每织入一根或共口的数根纬线后，绞经与地经相互扭绞一次，在织物表面形成均匀分布纱孔的组织。罗组织指绞纱组织与平纹组织沿纵或横向联合，在织物表面形成横条或纵条纱孔的组织。

二、纺织品组织结构设计原理和方法

（一）纺织品组织结构设计基本原理

纺织品组织结构设计是纺织品面料制成品的造型基础，纺织品组织结构设计的基本原理需要遵循不同类型面料的组织结构构成原理和构成设计形式美的基本法则。以机织物为例进一步说明。

（1）重复。小循环组织重复形成重复的形，在重复的形上可进一步设计小花纹。

（2）近似。不重复但相似的形，如绉组织。

（3）渐变。具有影光效果的组织，常以斜纹、缎纹为基础进行组织点有规律的增减来实现从经面到纬面或从纬面到经面的渐变效果。

（4）骨骼。通过先画骨骼然后填经纬交织点，如菱形斜纹、蜂巢组织。

（5）对称。对称穿综或对称编纹板图而织制的组织。

（6）对比。经纬组织点的对比，能产生丰富的形、组织点、凹凸效果的对比效果。

（7）肌理。经纬组织点滑移形成的结构肌理效果，如组织重复产生的规则肌理和绉组织产生的随机肌理等。

（8）密集。组织点的疏密排列形成的密集效果。

（9）特异。规律重复的组织结构中通过设计对比强烈的组织结构来产生视觉中心，如三元组织上设计小花纹组织。

（10）图与底。经纬组织点的等比例对比，能产生奇妙的组织反转效果，著名的千鸟格面料的组织结构就是图与底构成原理的成功应用。

（11）打散。组织点打散重新组合，如变则缎纹的构成原理。

（12）韵律。连续的组织点能产生重复的规律效果，如曲线斜纹产生的韵律效果。

（13）分割。组织通过组织对比或底片效应产生分割效果，斜向分割以组织点对比为主，横向或纵向分割以底片效应设计为主。

（14）平衡。组织结构中经纬交织次数平衡，经纬交织点布局平衡。

（15）基本形的排列。不变化组织基本形，通过排列组合来设计复杂组织。

（二）形式美的基本法则

在机织物组织结构设计基本原理的基础上，通过综合应用可以设计出各种变化效果的组织结构，在设计过程中需要遵循形式美的基本法则，机织物组织结构设计形式美的基本法则与平面设计一致，包括变化与统一、节奏与韵律和平衡与对称等。

（1）变化与统一（和谐与对比）。在对比中求和谐，可以通过结构效果的主次安排、构图的虚实布置、组织点的聚散排列来实现；或通过组织点集聚的大小、形体变化来实现；或通过组织点产生的线条的粗细、曲直、长短变化来实现。

（2）节奏与韵律（呆板与活泼）。节奏是规律的重复，同一要素连续重复时产生的动感，如音乐中的节拍。韵律是在节奏的基础上的丰富和发展，赋予节奏以强弱起伏、抑扬顿挫、轻重缓急的变化。机织物组织结构是一种典型的规律重复和节奏变化形式。

（3）平衡与对称（动与静）。平衡是在支点的作用下，一种视觉上的平衡状态，支点的作用可以是有形的也可以是无形的，平衡包括同形同量、同形异量、异形同量、异形异量的平衡；对称是有规律的排列，包括左右对称、上下对称、斜线对称、点对称、发射对称、四面对称。视觉上平衡比对称更具动感。对称是机织物组织结构设计最常用的方法，而平衡是机织物组织结构设计过程中较难把握的技术要求，需要在各种组织结构变化设计过程中始终保持经纬交织平衡和经纬组织点平衡，因此机织物组织结构设计中的平衡要比对称更具设计感。

（三）组织设计中的制约因素

（1）浮长。机织物组织设计中的浮长是最基本的因素，织物组织就是由经纬浮长的不同而产生不同的组织效果。图6-3-1是机织物组织不同浮长效果，纵向连续的黑表示经浮长，横向连续的白表示纬浮长。

图6-3-1　机织物组织不同浮长效果

（2）循环（经纬组织循环）。机织物组织设计中的循环是最基本的特征，织物组织就是一个无限循环的效果，因此在织物组织设计过程中需要考虑边缘的经纬组织点的循环效果。由于连续的黑表示经浮长，横向连续的白表示纬浮长。所以上下循环看经组织点，左右循环看纬组织点。图6-3-2为不同机织物组织的循环效果。

（3）组织点平衡（交织平衡）。机织物组织设计中的平衡是最基本的要求，织物组织是一种交织结构，组织经纬变化一次称为交织一次。在织物组织生产过程中，织物组织点如果不平衡就会产生生产效率低或无法生产的窘境。机织物组织平衡包括经向交织平衡和纬向交织平衡。最好的组织设计是经纬都满足交织平衡的要求，其次是满足经或纬一个方向的交织平衡。图6-3-3为经纬交织平衡的原理图。

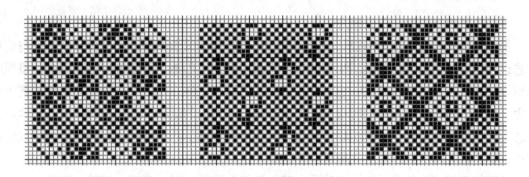

图6-3-2 不同机织物组织的循环效果

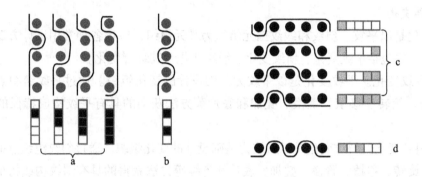

图6-3-3 经纬交织平衡的原理图

（4）组织点间的关系。机织物组织设计中组织点的相互关系的设计是决定组织效果的最重要因素之一。机织物组织由经纬两种组织点构成，经组织点与纬组织点的布局是设计组织的基础，当组织点呈规律排列时，称为规则组织；当组织点排列为无规律和自由时，称为不规则组织。图6-3-4所示是不同的组织点关系所呈现出的不同组织效果。相邻组织点呈相同经纬关系时，组织块面边界呈相互滑移状态；当相邻组织点呈底片关系时，组织块面边界呈相互排斥的清晰状态；而当相邻组织点呈相同经纬和底片关系共存时，组织块面边界呈相互滑移和相互排斥共存的状态。因此，当机织物组织设计时，组织点间相互关系的设计是获得各种组织效果的基础。

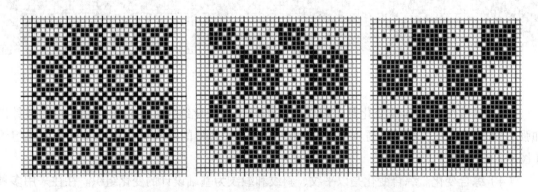

图6-3-4 不同的组织点关系所呈现出的不同组织效果

（四）机织物组织结构设计方法

机织物组织设计是纺织品设计的重要组成部分，与组织学不同，组织设计是美学与纺织工艺设计的完美结合，因此机织物组织设计也是一种艺术创造。除了基本构成原理，机织物组织设计必须遵循艺术设计法，它与音乐和美术的语言一样，每一个组织都孕育着的艺术感染力。但是，织物组织设计同时也受生产条件和产品用途的制约，必须在明确产品用途和限定的工艺条件下进行创作。机织物组织设计可用于设计和生产素织物和花织物。由于素织物和花织物有着不同的生产要求，需要区分对待。

机织物组织结构的常用设计方法是在基元组织上进行加强、镶嵌、旋转、移植、置换、叠加、底片、省综等方法进行变化，包括简单变化和复杂变化两种形式。

1. 简单变化

简单变化是以平纹、斜纹和缎纹三元组织为基元组织，应用各种常用设计方法来设计获得的组织，主要包括平纹变化、斜纹变化、缎纹变化及其综合变化。

（1）平纹变化。平纹变化是以平纹为基础设计的变化组织。通过平纹组织点的经纬向加强、镶嵌、旋转、移植、置换、叠加和底片等方法获得的具有平纹构成特征的变化组织（图6-3-5）。

（2）斜纹变化。斜纹变化是以斜纹为基础设计的变化组织。通过斜纹组织点的经纬向加强、镶嵌、旋转、移植、置换、叠加、底片和省综等方法获得的具有斜纹构成特征的变化组织（图6-3-6）。

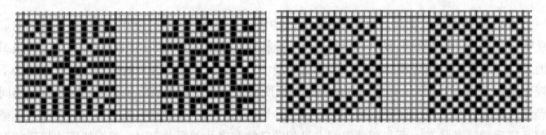

图6-3-5 平纹变化组织效果图

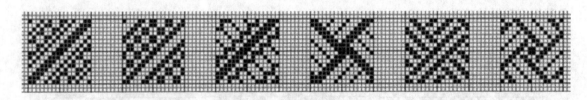

图6-3-6 斜纹变化组织效果图

（3）缎纹变化。缎纹变化是以缎纹为基础设计的变化组织。通过斜纹组织点的经纬向加强、镶嵌、旋转、移植、置换、叠加和底片等方法获得的具有斜纹构成特征的变化组织（图6-3-7）。

（4）综合变化。综合变化是以平纹、斜纹和缎纹为基础设计的变化组织。往往采用多种方法进行叠加设计从而获得丰富效果（图6-3-8）。

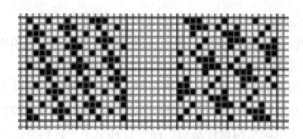

图6-3-7 缎纹变化组织效果图

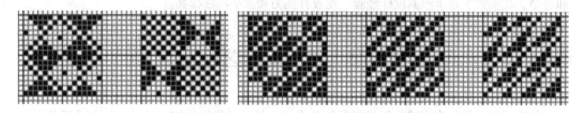

图6-3-8 综合变化组织效果图

2. 复杂变化

复杂变化是以平纹、斜纹和缎纹三元组织为基元组织设计联合组织，在联合组织的基础上再进行变化设计获得的组织，主要包括以下七种方法。图6-3-9为复杂变化组织效果图。

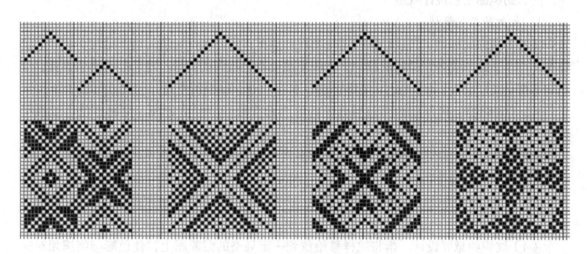

图6-3-9 复杂变化组织效果图

（1）条格组织。通过组织排列获得条格效果。

（2）绉组织。通过重叠、嵌入、旋转、省综、加强、底片、置换等方法和上述方法的综合来设计获得各种绉效果组织。

（3）蜂巢组织。采用分割和组织对比的方法获得的变化蜂巢组织。

（4）透孔组织。在规则透孔组织基础上设计获得的变化透孔组织。

（5）凸条组织。通过组织的对比设计和排列形成凸条效果组织。

（6）网目组织。通过浮长的应用设计形成网目效果组织。

（7）小提花组织。在规则组织的基础上，通过组织对比来实现组织结构形的对比，通过组织的配合来获得小花纹的肌理效果。

目前机织物是纺织品的主导产品，年产量约占织物总量的70%以上。机织物的组织结构决定了机织物的外观和性能，理解和掌握机织物组织结构设计原理和方法是机织物设计获得成功的重要因素，由于组织结构设计是纺织品设计环节中一种典型的"艺工结合"的设计行为，做好组织结构设计需要有坚实的组织结构专业知识和美学知识。同时也需要不断的实践和总结，在实践中逐步积累设计经验，使设计能力和水平不断提高。

第四节　纺织品工艺设计

纺织品技术设计在完成纺织品原料组合设计、纺织品组织结构设计后，纺织品工艺设计是实现纺织品设计材质美和工艺美特征的主要设计行为和过程。从内容上看，纺织品工艺设计包含纺织原料工艺设计、纺织面料（织物）工艺设计和纺织面料（织物）造型工艺设计。这里以纺织面料（织物）中机织物的工艺设计为例进行分析。

一、纺织品工艺设计概述

1. 机织物工艺设计

传统的两向机织物工艺设计指根据织物设计意图，设计选择合理的组织结构、色彩、纹样等，用于呈现织物外观效应的设计，素织物主要是上机图的设计、经纬纱线排列设计，纹织物主要是纹样设计、意匠设计、组织设置、样卡设计、纹板制作等。

（1）素织物上机图设计。包括合理的组织结构设计、穿综方法、穿筘方法、纹板排列等。

（2）素织物经纬纱线排列设计。主要是针对色织素织物产品，包括经、纬色纱的不同色彩排列顺序和根数设计等。

（3）纹织物纹样设计。指根据产品规格、产品设计意图，设计合理的纹样，包括色彩、大小、风格等。

（4）纹织物意匠设计。指将纹样移绘放到一定规格的意匠图上，使色彩与组织相对应的设计，意匠图纵格代表经线，横格代表纬线，纵、横格子比例与织物成品经、纬密度比符合。意匠设计包括勾边、设色、间丝、花地组织处理、纬排信息等。

（5）组织设置。指根据设计意图，选用不同色彩的纱线、不同的组织，使织物能表达纹样设计的色彩效果的设计过程。

（6）样卡设计。指根据织机装造，在相对应的空白样卡中，合理安排主纹针和各类辅助针等设计过程。

（7）纹板制作。指综合根据意匠图、纬排信息、组织设置、样卡等各相对应的信息，制作适合不同提花笼头织造的纹板文件，根据织机提花笼头类型，纹板有不同格式。

2. 机织物上机工艺设计

机织物上机工艺设计是指机织物的织造工艺流程设计，包括原料及纱线规格的设计和织造设计。织造设计包含织造规格、织造器械、纬排方法、成品规格等织造上机参数的设计。

织造工艺流程为：经纱→整经→穿综筘→织造→坯检；纬纱→织造→坯检。

织造上机设计参数包括幅宽、经密、纬密、筘号、入筘数、组织等。织造工艺参数中，经位置线的确定和调节至关重要，它是影响织机效率和内在外观质量的关键。经位置线的确定是通过对后梁高低、齿架高低及前后位置、综框高低的调整实现的。不同纱支、紧度的品种对经位置线的要求不同。不同品种上机工艺参数要做相应的调整，工艺参数的调节主要是对上机张力、闭口时间、车速及经位置线的调节等。

3. 机织物规格设计

传统的两向机织物规格设计是指根据产品设计的意图及消费对象、成本等，设计选择合理的原料组合、产品经纬密度、上机织造参数、后处理等相关信息，用于指导织物生产、报价的一系列设计工作，一般以工艺单的形式呈现，工艺单包括产品一些基本信息、成品规格、织造规格、经纬纱线组合、工艺流程、后整理等相关信息。

（1）产品的基本信息。包括产品名称、编号、设计意图等。

（2）成品规格。包括织物成品的经纬密度、幅宽、原料含量、克重等。

（3）织造规格。包括织物在织机上织造时的经纬密度、幅宽、筘号、筘穿、选纬、纬排、经轴、纱线根数、织缩率等。素织物还包括综片数、上机图，纹织物还包括纹针数、花数、装造等。

（4）经纬纱线组合。包括织物设计选用的纱线线型、纱线线密度、纱线加工到上机织造的工艺流程等。

（5）后整理。工艺包括织物从织机上下来后需要进行的后整理工艺，如去污、拉幅等常规后整理，也包括其他特殊后整理，如增重、砂洗、三防等。

二、素织物工艺设计原理和方法

素织物的织制包括产品设计、上机准备（织机准备、原料准备）及上机试织等工序。其中产品设计是整个过程的灵魂，它决定了素织物产品的基本风格和所需的工艺条件。优秀的素织物产品设计应该是品种、上机图和色彩的完美结合。一般地，把素织物的设计归纳成品种工艺设计和上机图纹制设计两大部分，两者是密不可分的有机整体，相互关联又相互制约，依附于素织物而存在。

（一）品种工艺设计

品种工艺设计是指素织物基本规格的设计，它是素织物设计的先导，它决定了素织物从外观风格到内在结构、质地的总体品质。从内容上主要可分成以下几项。

1. 产品类别设计

产品类别设计包括产品的用途、销售对象、特点、分类及名称等。

（1）用途。一般常见的面料有衬衫面料、外衣面料、里衬面料、裙料、裤料、领带、装饰用料以及产业用织物，不同用途织物的品种工艺设计亦不同，因此在设计时必须明确所设计的产品作何种用途。

（2）销售对象。不同国家、不同地区的经济条件、气候、风俗习惯和爱好均不相同。色彩、材质、风格的恰当运用与否，与产品是否畅销有密切关系。此外，还要明确销售对象的性别、年龄，以确定所设计产品的厚薄、花型和色彩等。

2. 经纬原料组合设计

经纬原料组合设计包括原料的选用、经纬原料的线型设计、经纬密度设计及排列方式等。

（1）原料的选用。在选用织物的原料时主要根据织物质地要求、外观要求以及原料来源等因素进行综合考虑。此外，还要考虑在织造时所用原料是否能够承受织造所需须的摩擦力及张力。例如，经线在织造时要经受反复开口所产生的张力，在穿过综眼和筘齿等部件时所产生的摩擦力，以及在打筘时所产生的摩擦力。因此，如果以强力较好的桑蚕丝做经线，一般可以不上浆；如果选用强力较差或容易擦毛的人造丝或棉纱做经线，则要求经过上浆工序。合成纤维做经线一般要经过网络化或低捻上浆等工序。纬线的选择则根据织物质地和外观的要求，可直接选用一般原料，也可用弱捻线、强捻线、强弱捻合股线以及各类花式线等。纤维原料对织物性能的影响见表6-4-1。

为了使织物外观有丰富的色彩以及多变的风格，往往在同一品种上使用不同的原料。例如，考虑粗、细结合，易收缩与不易收缩相结合，不同捻向与不同捻度相结合等方法。此外，还可使用异形丝、金银丝、扎染丝线以及各种类型的花式线等。选择原料除考虑上述条件外，还要考虑降低织物成本，提高经济效益。也就是说，可以用低档原料达到设计效果的就不要采用高档原料，或者在同一产品中有目的地合理配置高低档原料，以降低生产成本。

表6-4-1　纤维原料对织物性能的影响

性能	蚕丝	羊毛	棉	麻	黏胶纤维	富纤纤维	涤纶	腈纶	锦纶	维纶	丙纶
耐用性	较好	较好	中	中	差	中	好	较好	好	好	好
舒适性	好	好	较好	中	中	中	较差	中	较差	中	较差
外观性	好	好	中	中	中	中	中	中	中	较差	中
照料性	差	中	差	差	差	差	好	中	较好	中	中

（2）线型设计。确定原料或纱线纤维种类后，还必须按设计要求将其加工成符合设计需要的纱线供织造用，根据设计意图制订经纬丝线的加工方法称"线型设计"。线型设计主要通过并丝、捻丝等加工工艺不断改变丝线或纱线的线密度、捻度、捻向和张力等因素，使纱线的强度、弹性等性能得到改善，并通过改变丝线（或纱线）的卷绕形状以增加制成织物的装饰性和趣味性。在此把组成织物的长丝和线统称为纱线，不同纱线结构、不同结构纱线的配置，会产生外观丰富多样、功用性能完善的产品。纱线具体可以分为以下几类。

① 丝：丝是采用长纤维经过工艺处理形成的线型。如厂丝、人造丝、网络丝、低弹丝等；② 纱：纱是由一种或者几种短纤维经过不同的纺纱工艺加工而成的。如纯纺纱、混纺纱、混色纱、中捻度纱、强捻纱、弱捻纱、S捻纱和Z捻纱等。纱是生产服装面料、特别是家纺面料的常用原料；③ 线：线由纱复合而成，具有纱的性能，并完善纱的不足。如双股线、三股线、多股线及多次合股线；捻向有异向捻、同向捻以及两根单纱异捻向的合股加捻线；合股纱中的单纱可以由相同线密度并合，也可由不同线密度并合；④ 花式线：经过特殊的工艺加工，制成使织造成的织物具有某些特殊效果的线型。如双色股线、结子线、毛圈线、断丝线、竹节纱、彩点纱、扎染纱、印线等。

（3）经纬密度设计。经纬密度的设计与原料选用、丝线的线密度和捻度、织物的组织结构和产品的用途等密切相关。例如，桑蚕丝质地柔软、光滑，线密度较细，用它作原料，经纬密度应适当大些，以较好地反映织物细腻、爽滑的特点；合成纤维织制的织物透气性差，影响服用效果，故设计时应适当减少经纬密度；丝线越粗，捻度越高，织物的组织交织点越多，所选用的设计密度应越小。此外，还要根据织物风格需要（如轻薄透明或坚硬挺括）选择合适的经纬密度，常用基本组织采用不同纱线的织物经线密度可以参考表6-4-2。

表6-4-2　经线密度设计参考

纱线规格		经线密度/（根/cm）					
tex	旦尼尔	平纹	三枚斜纹	四枚斜纹绉组织	四枚破斜纹	五枚缎纹	八枚缎纹
2.2以下	20以下	65~80	70~90	80~100	110~130	130~150	150~170
2.2~3.3	20~30	65~75	65~80	75~85	105~120	115~140	130~150
2.9~5	35~45	60~75	65~75	70~75	1001~20	115~130	120~140
5.6~6.7	50~60	50~65	50~75	55~75	7510~0	85~100	100~110
7.8~8.9	70~80	45~55	45~65	50~70	70~85	75~85	85~90
9.4~11.1	85~100	35~55	40~60	50~65	60~70	65~75	75~80
13.3左右	120左右	32~50	35~50	40~55	45~60	65~70	70~80
16.5左右	150左右	30~35	30~40	35~50	40~55	50~60	60~70
22.2左右	200左右	25~30	30~35	35~40	40~55	50~55	
27.8左右	250左右	20~25	22~30	25~35	30~40		
44.4左右	400左右	18~22	20~24	22~26	24~30		
88.9左右	800左右	10~12	12~14	16~20			
133.3左右	1200左右	8~10	10~12	12~14			
222以上	2000以上	6~8	7~10	8~12			

注　1. 本表适用于设计单层织物时参考，单位为根/cm。
　　2. 以变化组织为基础的织物经密，可参照交织紧度类似的其他组织。

（4）排列方式。经纬纱线的排列方式变化分别对应"扦经变化"和"投梭变化"，其主要通过色条、色纬、原料或线型变化等使织物产生条格或小花纹效果。由于素织物的组织结构变化受到生产设备的局限，因此，经纬纱线的排列方式变化在产品设计中极其重要，色彩变化的效果可以通过配色模纹设计来反映，原料和线型的变化可以通过计算机模拟或者试织小样来反映。

3. 素织物规格设计

素织物规格设计包括总经数、幅宽、筘号、筘穿入数、成品内外幅、经纬密度、织物重量设计等。它们是规格设计中密切联系的各部分，它们之间的关系如下。

（1）关于经线数计算。

$$总经线数（根）=内经线数（根）+边经线数（根）$$

$$内经线数（根）=成品内幅（cm）×成品经密（根/cm）$$

$$=钢筘内幅（cm）×机上经密（根/cm）$$

$$=钢筘内幅（cm）×筘号（筘齿数/cm）×穿入数（根/每筘齿）$$

$$边经线数（根）=每边成品边幅（cm）×成品边经密（根/cm）×2$$

$$=每边穿筘齿数×穿入数（根/每筘齿）×2$$

（2）关于幅宽计算。

$$坯绸幅宽（cm）=\frac{成品幅宽（cm）}{1-染整缩幅率（\%）}$$

$$在机幅宽（cm）=\frac{坯绸幅宽（cm）}{1-织造缩幅率（\%）}$$

$$=\frac{成品幅宽（cm）}{[1-染整缩幅率（\%）]×[1-织造缩幅率（\%）]}$$

$$=\frac{内经穿筘总齿数}{内经筘号}+\frac{边经穿筘总齿数}{边经筘号}$$

（3）关于筘号计算。筘号（筘齿数/cm）分内经筘号和边经筘号。计算式如下：

$$内经筘号=\frac{内经线数（根）}{钢筘内幅（cm）×穿入数（根/每筘齿）}$$

$$边经筘号=\frac{每面边经线数（根）}{每面内幅（cm）×穿入数（根/每筘齿）}$$

设计新产品时筘号计算，如有小数常以0.5计，常用筘号为5~44号。

常用长丝与短纤维的织物缩幅率见表6-4-3。

表6-4-3　常用长丝与短纤维的织物缩幅率

生产方式	缩幅率/%							
	纬丝原料							
	桑蚕丝		柞蚕丝		人造丝		涤纶丝	
	长丝	短纤维	长丝	短纤维	长丝	短纤维	长丝	短纤维
白织	4~6	6~9	5~15	7~15	9~12	10~13	10~12	10~13
色织	1~4	2~5	3~7	4~7	2~4	4~8	4~8	4~8

注　上表适用于无捻单层平纹织物的设计参考。

（4）关于经纬密度计算。

$$坯绸经密（根/cm）=成品经密（根/cm）\times [1-染整缩幅率（\%）]$$

$$=成品经密（根/cm）\times \frac{成品幅宽（cm）}{坯绸幅宽（cm）}$$

$$机上经密（根/cm）=坯绸经密（根/cm）\times [1-织造缩幅率（\%）]$$

$$=成品经密（根/cm）\times [1-染整缩幅率（\%）]\times [1-织造缩幅率（\%）]$$

$$=筘号（筘齿数/cm）\times 穿入数（根/每筘齿）$$

纬密的计算参考经丝密度的计算方法。染整缩幅率和织造缩幅率主要根据实际生产经验得到，在工艺计算时可参考表6-4-4、表6-4-5。

表6-4-4　不同组织结构的缩幅率（长丝）

组织	缩幅率/%										
	无捻			中捻			强捻			强捻顺纡	
	桑蚕丝	黏胶丝	涤纶丝	桑蚕丝	黏胶丝	涤纶丝	桑蚕丝	黏胶丝	涤纶丝	桑蚕丝	黏胶丝
平纹	4~6	9~12	10~12	4~7	8~12	10~12	8~10	9~13	10~12	8~20	20~26
斜纹	4~5	8~10	10~12	5~8	10~14	10~12	10~14	12~16	10~12	8~20	20~26
缎纹	3~4	7~9	10~12	6~9	12~16	10~12	12~16	16~20	10~12	8~20	20~26

注　供白织织物的设计参考。

表6-4-5　常用其他工艺缩率表

原料	项目	缩率/%
桑蚕丝	漂练、染色、脱脂、上乳化蜡浸泡	1
	水纡	1
化学纤维	锦纶自然回缩	3
	锦纶落水预缩	5
	锦纶染色	9
	涤纶落水预缩	2

续表

原料	项目	缩率/%
化学纤维	涤纶染色	11
	涤纶、涤黏混纺染色	2
羊毛	羊毛预缩	6
	羊毛染色	6
人造丝及其他纤维	人造丝、人造棉、棉纱、绢丝漂练、染色	1
	棉纱脱脂	1
	人造丝绞浆	1
	人造棉、棉纱、绢丝绞浆	2
	人造棉、棉纱丝光	2.5

注 凡具有两种以上工艺缩率者，按最大缩率算即可。

（5）关于织物质量计算。

全幅每米长的成品质量（g）=每米成品的经线质量（g）+每米成品的纬线质量（g）

$$每米成品的经线质量（g）=\frac{经线根数（根/cm）\times 1m \times 线密度（tex）}{1000 \times [（1-经线长度总缩率（\%）]} \times [（1-质量耗损率（\%）]$$

$$每米成品的纬线质量（g）=\frac{成品纬密（根/cm）\times 在机幅宽（cm）\times 线密度（tex）}{1000} \times [1-质量耗损率（\%）]$$

$$每平方米成品质量（g）=\frac{全幅每米长的成品质量（g）}{成品幅宽（cm）} \times 100$$

4. 绸边的设计

织物的边由大边和小边两部分组成，大边指正身外侧的边，小边又处于大边的外侧，主要用于练白、染色、印花、整理等工序中保护织物正身和方便加工。绸边设计主要包括边幅、边原料、边组织、边密度以及边字牌的设计。优良的绸边应是平挺、缜密，与正身厚薄相仿且与正身的经向保持一致的缩率。要达到上述要求，边组织的设计是关键，边组织的设计不能脱离织物本身的基本组织和所采用的主要组织进行考虑，应力求边组织简洁、坚牢，故以平纹或平纹变化组织为主。

5. 后整理工艺设计

后整理工艺设计包括对织物进行染色、印花、砂洗、涂层、磨毛等常规整理或烂花、刮色、压花、压绉、复合等特殊整理的设计，以达到特定的使用性能和风格。

（二）上机图纹制设计

素织物的上机图纹制设计是与织造工艺规格相关的织物织纹图案设计和组织结构设计，它是素织物设计的主要环节。如果说素织物的品种工艺设计决定了素织物产品的内涵与气质，那么花色纹制设计就是素织物产品的外观与形象设计。内涵与外观这两者的结合便形成了织物的整体风格，从内容上看，素织物的纹制设计可分为上机图设计和配色模纹设计两部分。

1. 上机图设计

上机图是表示织物织造工艺条件的图解，用来指导织造过程中的上机工艺。织物上机图主要包括组织图、穿筘图、穿综图和纹板图四部分。上机图的布置一般应符合织机上的工作位置。图6-4-1和图6-4-2所示为一小花纹组织的上机图，在上机图中组织图位于最下方，穿综图位于最上方，穿筘图位于组织图与穿综图之间。纹板图位于穿综图的右侧为左手织机上机图，如图6-4-1所示；纹板图位于穿综图的左侧为右手织机上机图，如图6-4-2所示。

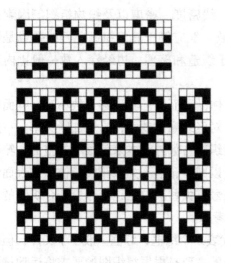

图6-4-1　左手织机上机图　　　　图6-4-2　右手织机上机图

（1）组织图设计。在组织图上，每一横格代表一根纬线，每一纵格代表一根经线，纵横交跨成的方格代表一个组织点，方格内作有符号者表示经组织点（经浮点），不作任何符号的白格表示纬组织点（纬浮点）。经线的次序为自左至右，纬线的次序为自下至上。组织图设计实质上便是织物经、纬系统纱线交织浮沉规律的符号表示，是构成织物的最主要要素之一。织物组织的种类千变万化，根据参加交织的经、纬线组数以及交织规律等因素，可作以下分类：

① 简单组织。

原组织：是各种组织的基础；

变化组织：由原组织变化而成；

联合组织：是由两种或两种以上的原组织或变化组织按不同方式联合而成。

② 复杂组织。这类组织是用多组经、纬线交织而成的组织，其结构较为复杂，有下列几种。

重纬组织：由两组或两组以上的纬线与一组经线重叠交织而成的组织；

重经组织：由两组或两组以上的经线与一组纬线重叠交织而成的组织；

双层组织：由两组经线与两组纬线分别交织而成的两层重叠的组织；

多层组织：由多组经线与多组纬线分别交织而成的多层重叠的组织；

起绒组织：由一组经线与一组纬线交织构成地组织，另一组绒纬（或绒经）在织物的表面竖立形成绒毛或绒圈的组织；

纱罗组织：由地经与绞经互相绞转地与纬线交织，使织物具有纱孔效应的组织。

无论简单组织还是复杂组织，只要设计者熟练应用，灵活掌握，均可用来织成表面素洁的素织物或样式新颖的小花纹织物，也可用来设计出丰富多彩的大花纹织物。

（2）穿筘图设计。穿筘图用意匠纸上两个横行表示相邻筘齿，以横向方格连续涂绘符号表示穿入同一筘齿中的经线根数，如图6-4-1和图6-4-2的穿筘图中，表示每筘齿中穿入两根经线。

每筘齿穿入数应结合织物经丝原料的性能、线密度、密度以及织物组织等因素加以考虑，以不影响生产和织物的外观为原则。穿入数一般应等于其组织循环经线数或是组织循环经线数的约数或倍数。为了使绸边坚固，便于织造和整理，边经穿入数一般比内经穿入数多。

筘号应与筘齿穿入数的确定同时考虑，视具体品种而定。筘齿穿入数小时，绸面比较平整，但筘号应大，筘号越大，筘齿间距离越小，对经线摩擦就大，易增加断头率。一般熟织物，筘号选大些为好，生织物可适当小些。平素织物，如外观本来就很不匀整的，筘号可小些。如要求表面匀整细密的织物，筘号宜大些，以减少筘痕。如果筘痕能被织物表面形态所掩盖，则筘号可小些，高经密、低特数织物，筘号宜大些。总之，筘号应结合织物的外观要求、组织结构、经线粗细、加工工艺等因素综合考虑。

（3）穿综图设计。穿综图中的每一个横格代表一个综框，综框一般小于20片，但目前也有采用28片及以上综框的电子多臂机。穿综的目的主要是根据组织图的要求将运动情况相同的经线穿入同一片综框，运动规律不同的经线穿入不同的综框，以便在织机运作时形成梭口投入纬线而织成织物。常见的穿综方法主要有以下5种，如图6-4-3所示。

（4）纹板图设计。纹板图中每一横条代表着一块纹板，一块纹板控制着全部综框的一次运动，并完成一次开口。简单组织的上机图中纹板图可能与组织图相同，但大部分情况下，由于将运动规律相同的经线合并，纹板图比组织图简洁。上机图中各个部分紧密联系，除穿筘图外，已知任何两图就可求出其余一图。如已知组织图和穿综图得到纹板图［图6-4-4（a）］；已知纹板图和穿综图得到组织图［图6-4-4（b）］；已知纹板图和组织图得到穿综图［图6-4-4（c）］。

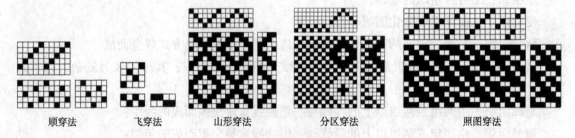

顺穿法　　　　飞穿法　　　　山形穿法　　　　分区穿法　　　　照图穿法

图6-4-3　常见穿综方法示意图

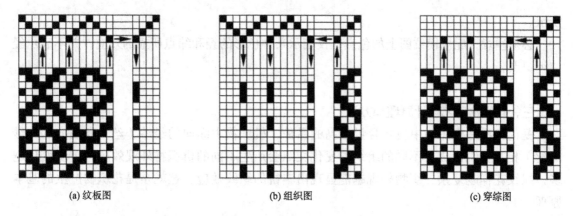

(a) 纹板图   (b) 组织图   (c) 穿综图

图6-4-4 穿综图、组织图和纹板图之间的互求关系

2. 配色模纹设计

（1）配色模纹的概念。色织物的外观除了利用组织的自身变化，使其显示出种种花纹之外，还可以利用不同颜色的丝线排列与组织配合，使织物表面显现出各种不同风格与色彩的花纹。把组织与有色彩的经纬线排列相配合，在织物表面构成花纹，称为配色模纹。

配色模纹得到的外观效果随着经、纬浮点和经、纬色线的配置而变化，配色模纹循环的大小，由色线循环和组织循环而定，其循环一般是色线循环和组织循环的最小公倍数。

（2）配色模纹的绘制方法。配色模纹实际上是一张着色的组织图，其设计绘制的方法并不复杂。如图6-4-5所示，配色模纹的绘制分成四个区，1区绘制基础组织循环，2区绘制各色纬线的排列，3区绘制各色经线的排列循环，4区绘制所形成的织物外观，即配色模纹图，其绘制步骤如下：①设计和确定组织图；②确定色经排列顺序与循环及色纬排列顺序与循环，再求出配色模纹的循环；③在色经排列循环区和色纬排列循环区分别用符号填绘，以表示不同颜色的色经和色纬排列，根据配色模纹的循环在模纹绘制区将组织图进行展开，如图6-4-5（a）所示；④根据色经的排列顺序，在相应色经纵行的经组织点处，涂绘与色经相应的颜色。同样，在相应的色纬横行的纬组织点处涂绘与色纬相应的颜色，如图6-4-5（b）

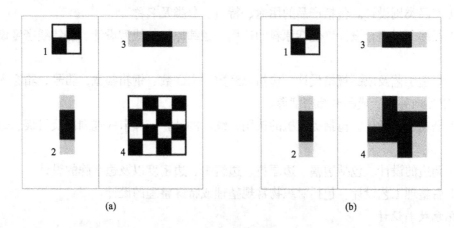

(a)   (b)

图6-4-5 配色模纹绘制示意图

所示。

必须注意，配色模纹图上的色点，仅表示某种色彩的经和纬点所显的效应，并不表示经纬组织点。

三、花织物工艺设计原理和方法

提花织物是机织物中技术含量最高的品种，机织物由纵向的经纱（丝）和横向的纬纱（丝）相互交织而成，不同的组织的变化交织会产生不同的机织物外观效应，组织变化越多，织纹花样越复杂，织物外观越能显现出丰富的织纹效应，这就是提花织物产生的基本原理。

提花织物是融艺术性和技术性为一体的产品，具有良好的装饰效果和高附加值，被广泛应用于制作高档服装、服饰用品、室内装饰品和旅游工艺品等，是具有实用性和装饰性的产品。提花织物是经纬交织织物的一种，其设计与纺织品设计有着相同的原理和过程，也有着自己特有的专业特点。从设计构思、规划、预算到实施分析提花织物的三个主要环节：设计构思、织物设计和成品与应用设计，其设计流程如下。

设计构思 ——→ 提花织物设计 ——→ 成品与应用设计

品种工艺设计 　　　　成品造型与结构设计

花色纹制设计 　　　　应用效果设计

从设计环节看，在提花织物设计时应交互考虑其前面环节的构思和后面环节的应用设计，虽然提花织物根据生产方式不同有白织、色织、提花加印花和特种提花品种之分，但在基本的提花工艺设计环节上具有相同的设计流程。在完成设计构思后，提花织物的设计将进入两个主要环节为：品种工艺设计和花色纹制设计。

1. 品种工艺设计

品种工艺设计是指提花织物的基本规格的设计，是着手织物设计的先导，它决定了提花织物从外观风格到内在结构、质地的总体品质。从内容上可分成以下几项。

（1）产品类别设计。包括产品的用途、特点、分类及名称。

（2）经纬原料组合设计。包括原料的选用、经纬原料的线型设计、经纬线密度设计及排列方式。

（3）织造工艺及成品规格设计。包括总经数、内经数、钢筘幅宽、筘号、筘穿入数、投梭排列、成品内外幅、成品经纬密度等。

（4）提花方式设计。包括提花机的选用，纹针的计算，样卡的规划以及目板、通丝穿吊方法等。

（5）绸边的设计。包括边幅、边原料、边组织、边密度以及边字牌的设计。

（6）后整理工艺设计。包括对织物常规整理或特殊整理的设计。

2. 花色纹制设计

提花织物的花色纹制设计是与生产工艺规格相关的织物织纹图案设计和组织结构设计，

它是提花织物设计的主要环节。如果说提花织物的品种工艺设计决定了产品的内涵与气质，那么花色纹制设计就是提花织物的外观与形象设计。内涵与外观这两者的结合便形成了织物的整体风格。从内容上看，提花织物的花色纹制设计可分成以下几项。

（1）纹样设计。纹样是纹制设计的首要环节，由专职纹样设计人员根据产品的工艺特点，经过纹样题材的选择，合理布局，配置花型，运用各种绘画工具和各种描绘技法绘制出合适的纹样。提花织物纹样设计的题材包括自然花草、山川风物、飞鸟蝴蝶等具象、抽象的题材。纹样的构图、布局因织物的种类不同而异，有单独纹样、适合纹样、二方连续、四方连续多种格局。在纹样的花地比例上，通常用清地、满地和混满地来表示，以合理的花样布局来获得良好的织物视觉效果。纹样的描绘技法有平涂、勾勒、块面分色、晕染、影光处理等，通过对原始纹样题材提炼、概括、夸张、变化后运用合适的描绘技法完成纹样的描绘，以求达到最佳的织纹图案效果。其次纹样设计中的另一个至关重要的环节就是色彩设计，纹样的色彩设计要以纹样的画面内容为主，兼顾织物的工艺特点和使用功能，合理配置几组色彩，通过色彩设计弥补纹样中的不足，丰富纹样的内容，通过流行色彩的应用，来满足人们追求时尚的审美情趣。

（2）意匠设计。意匠是提花织物设计过程中最重要的一个环节，提花织物用意匠处理示意图来表示织物生产的组织结构特征，意匠设计是纹样与组织结构结合的过程。在绘制意匠图前必须先了解设计意图，然后按步骤进行并附上意匠绘法说明，其内容有：意匠纸的选用，上机图绘画，纵横格的计算，意匠的分格方法，织物上机制织时正面朝向，组织编制说明，意匠的设色和勾边，间丝点的点切方法等内容。与传统的意匠设计不同，目前的意匠设计多采用计算机辅助设计的方式进行。

（3）样卡编辑。根据开口设备的基本工艺要求确定选用的提花机类型和所需使用的控制方法，控制方法用样卡来表示和规划，用于确定纹板格式，如提花机的纹针数、边针数以及其他辅助针数，在提花机纹针样卡图上进行合理规划，作为纹板轧制的依据。

（4）纹板轧制。完成意匠设计和样卡编辑后，就可以进行纹板制作，传统的纹板制作用手工完成，先根据上机图和意匠纹板轧法说明，按工艺要求将组织信息处理成可以控制开口设备的纹板，纹板上包含织物生产的结构信息，是丝织物设计和生产的桥梁。随着计算机辅助设计系统的应用，传统的手工纹板制作逐渐为计算机控制的自动化纹板制作所取代，电子纹板的应用，使提花织物的设计和生产合为一体，大大提高了纹板处理的速度和产品开发的效率。

从提花织物的设计环节中的内容来看，计算机辅助设计方式已经普遍应用，提花织物的品种工艺设计和花色纹制设计相辅相成。品种工艺设计确定提花织物的基本工艺要求，花色纹制设计在此基础上配置出合适的织纹图案，以得到最佳的织物风格。

案例一　素织物品种（雷格绸）工艺规格（表6-4-6）

表6-4-6　雷格绸工艺规格

<table>
<tr><td colspan="2" align="center">品号</td><td colspan="3" align="center">特点</td><td colspan="2" align="center">柔软，格子效果</td></tr>
<tr><td colspan="2" align="center">品名</td><td colspan="2" align="center">雷格绸</td><td align="center">用途</td><td colspan="2" align="center">服用织物</td></tr>
<tr><td rowspan="4" align="center">上机工艺</td><td align="center">穿幅</td><td align="center">外幅119.9 cm</td><td align="center">内幅118.4cm</td><td align="center">边幅0.75cm×2</td><td align="center">筘号30.5</td><td align="center">边筘号30.5</td></tr>
<tr><td align="center">筘穿</td><td align="center">正身2</td><td colspan="2" align="center">大边：2根/综，1综/筘</td><td colspan="2" align="center">小边：4根/综，1综/筘</td></tr>
<tr><td align="center">装造</td><td align="center">纹针</td><td align="center">花数</td><td align="center">花幅　cm</td><td align="center">造数</td><td align="center">把吊</td></tr>
<tr><td align="center">素综</td><td align="center">4片</td><td colspan="2" align="center">储纬器/梭箱2</td><td colspan="2" align="center">经轴</td></tr>
<tr><td rowspan="4" align="center">经线数</td><td align="center">甲</td><td align="center">5628（7236）根</td><td align="center">甲</td><td align="center">45根/cm</td><td align="center">甲</td><td rowspan="4" align="center">二纬排列</td></tr>
<tr><td align="center">乙</td><td align="center">1608（7236）根</td><td align="center">乙</td><td align="center">根/cm</td><td rowspan="4" align="center">纬排方法</td><td align="center">乙</td></tr>
<tr><td align="center">丙</td><td align="center">　　根</td><td align="center">丙</td><td align="center">根/cm</td><td align="center">丙</td></tr>
<tr><td align="center">边</td><td align="center">（44+4）根×2</td><td align="center">丁</td><td align="center">根/cm</td><td align="center">丁</td></tr>
<tr><td rowspan="4" align="center">经组合</td><td align="center">甲</td><td colspan="5" align="center">4/20旦/22旦厂丝　深色</td></tr>
<tr><td align="center">乙</td><td colspan="5" align="center">4/20旦/22旦厂丝　浅色</td></tr>
<tr><td align="center">丙</td><td colspan="5"></td></tr>
<tr><td align="center">丁</td><td colspan="5"></td></tr>
<tr><td rowspan="4" align="center">纬组合</td><td align="center">甲</td><td colspan="5" align="center">4/20/22旦厂丝　12S捻/cm　深色</td></tr>
<tr><td align="center">乙</td><td colspan="5" align="center">4/20/22旦厂丝　12S捻/cm　浅色</td></tr>
<tr><td align="center">丙</td><td colspan="5"></td></tr>
<tr><td align="center">丁</td><td colspan="5"></td></tr>
<tr><td rowspan="4" align="center">成品规格</td><td align="center">外幅</td><td align="center">113.5cm</td><td rowspan="2" align="center">原料含量</td><td align="center">桑蚕丝100%</td><td rowspan="2" align="center">g/m</td><td rowspan="4" align="center">基本组织</td></tr>
<tr><td align="center">内幅</td><td align="center">112cm</td><td align="center">%</td></tr>
<tr><td align="center">经密</td><td align="center">64.5根/cm</td><td rowspan="2" align="center"></td><td align="center">%</td><td rowspan="2" align="center">g/m²　126</td></tr>
<tr><td align="center">纬密</td><td align="center">48根/cm</td><td align="center">%</td></tr>
<tr><td rowspan="7" align="center">备注</td><td colspan="6">
1. 生色品种，估计织缩5.7%。
2. 工艺流程
　经向工艺：原检→网络→整经→穿结经→织造
　纬向工艺：原检→络丝→织造
3. 一个经组织循环36根经线，整幅计201个组织循环，7236根，其中甲经5628根，乙经1608根；一个纬组织循环26根纬线。
4. 组织循环：36×26。
</td></tr>
</table>

成品规格行：基本组织　平纹/透孔　边组织　平纹

续表

意匠规格 8/8	意匠色	组织	勾边和间丝
正面朝上			
组织合　36×26			
每格轧一张			

上机图／配色模纹

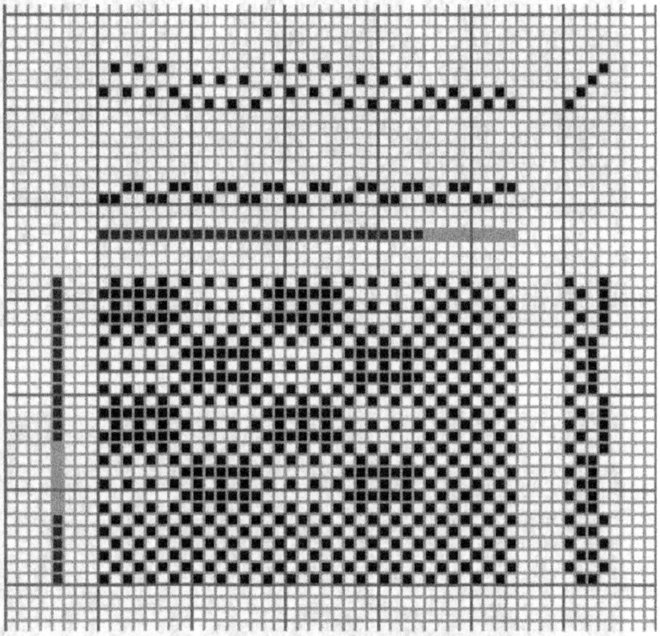

上机图

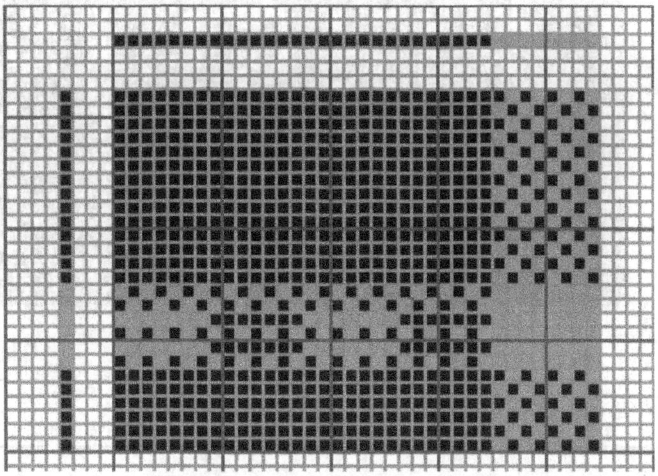

配色模纹

经纬排列	整经排列：28甲8乙 28甲8乙 …总计7236根 穿综方法：1，2，3，4，5，6，7，8　1，2，3，4，5，6，7，8…重复426次 投梭排列：6甲6乙14甲

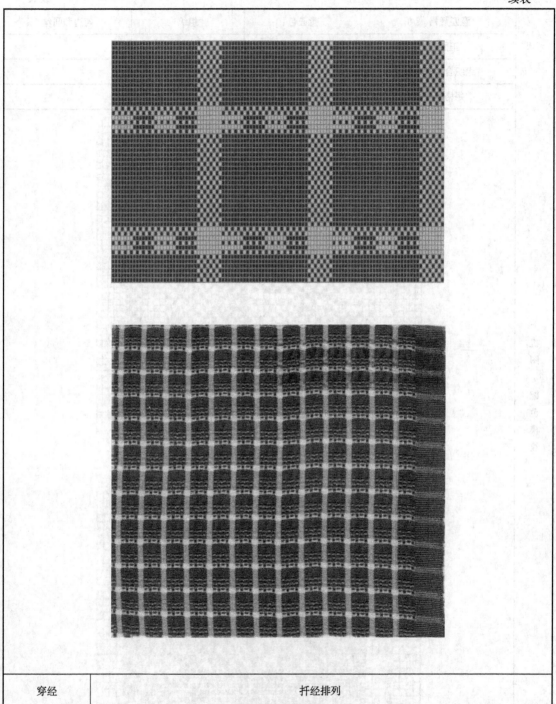

穿经	扦经排列

案例二　花织物品种（彩锦缎）工艺规格（表6-4-7）

表6-4-7　彩锦缎工艺规格

品号				特点		华丽，富有光泽		
品名				用途		传统服用/装饰		
上机工艺	穿幅	外幅79.8 cm		内幅77.8cm	边幅1cm×2	筘号 18.5	边筘号 12	
	筘穿	正身 6(4/2)		大边：4根/综，2综/筘		小边：8根/综，1综/筘		
	装造	纹针960/480		花数7.5	花幅12cm	造数大小造	把吊单	
	素综	48片（棒刀）		储纬器/梭箱 4×4		经轴双		
经线数	甲	5760根	纬线数	甲	27.5根/cm	纬排方法	甲 甲	甲
	乙	2880根		乙	27.5根/cm		乙 乙	乙
	丙	根		丙	根/cm		丙	
	边	（甲）96根×2		丁	根/cm			
经组合	甲	［44.4dtex×1（1/40旦）锦纶 8S捻/cm×2］6Z捻/cm，熟色						
	乙	133.3dtex×1（1/120旦）有光人造丝，粉红/浅蓝/黄绿浆丝						
	丙							
纬组合	甲	133.3dtex×1 (1/120旦)人造丝，深黄						
	乙	91.1dtex×1 (1/82旦)金色铝皮（不氧化）						
	丙							
成品规格	外幅	74cm	原料含量	尼丝39%	g/m	基本组织	8枚经缎纹	边组织 $\frac{2}{2}$经重平
	内幅	72cm		人造丝48%				
	经密	80/4根/cm		金皮13%	g/m² 190			
	纬密	28/28根/cm		%				

备注

1. 预设织缩为8%。
2. 边：每侧12羽，共96×2根边经。
大边：4根/综，2综/筘共11筘 88根。
小边：8根/综，1综/筘共1筘 8根。
3. 经向工艺
甲（绞）：原检（绞）→络丝→捻丝→并丝→捻丝（定型）→成绞→染色→色检→再络→整经→穿结经→织造
乙（绞）：原检→染色→色检→保燥→络丝→整经织造→穿结经→织造
4. 纬向工艺
甲（绞）：原检（绞）→染色→色检（保燥）→络丝（保燥）→卷纬→织造
乙：原检→卷纬→织造

续表

意匠规格26/8	意匠色	组织	勾边和间丝
正面朝下	1大红	乙纬花	自由勾边双起间丝
组织合 8×8	2黄	甲纬花	自由勾边双起间丝
每格轧2张	3蓝	乙经花	双针勾边双针间丝
纹板 560/560 张	4空白	八枚经缎	自由勾边间丝免点
纹样规格：12cm×20cm			

意匠示意

意匠绘法 / 上机图

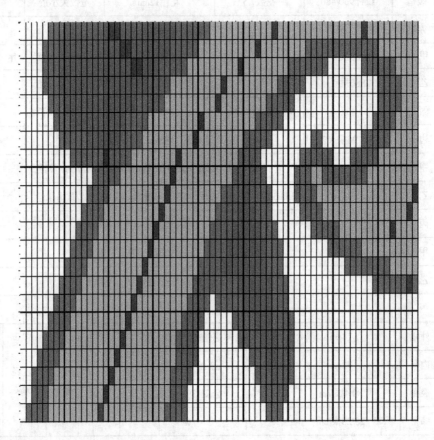

组织示意

大造小大小大小大小分格纬排

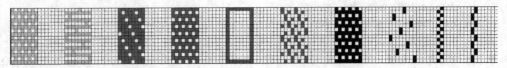

黄红蓝空白

甲纬花乙纬花乙经花地

大造：纵向一格轧一孔；小造：纵向二格轧一孔

纹板轧法	轧法表 **甲纬（大造）** 黄：轧色空间丝 红：轧①单平；②双平 蓝：轧①单平；②双平 空白：轧1，6，3，8，5，2，7，4 边：轧①1，3；②1，4 　　③2，3；④2，4	**甲纬（小造）** 黄：全轧 红：空①4，8；②1，5 　　③2，6；④3，7 蓝：空色轧间丝 空白：全轧
	乙纬（大造） 黄：轧1，6，3，8，5，2，7，4 红：全轧空间丝 蓝：轧①1，5；②2，6 　　③3，7；④4，8 空白：轧1，6、3，8，5，2，7，4 边：轧①1，3；②1，4 　　③2，3；④2，4	**乙纬（小造）** 黄：轧①单平；②双平 红：全轧 蓝：不轧 空白：轧①单平；②双平

扦经排列	大造 （甲经）	色号	深黄	深黄	深黄
		根数	240	240	240
	小造 （乙经）	色号	粉红	浅蓝	黄绿
		根数	120	120	120
	排列比：甲：乙=2：1				

续表

样卡规划

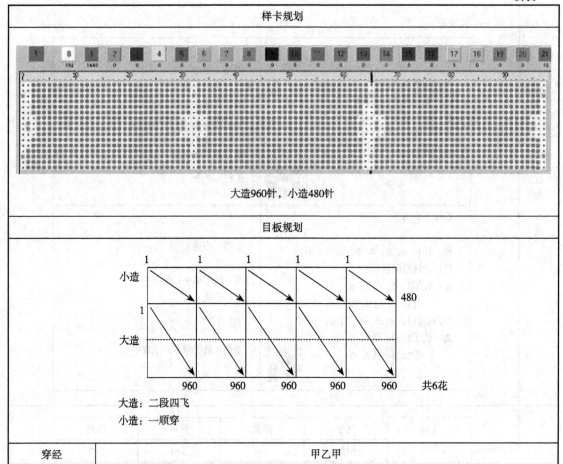

大造960针，小造480针

目板规划

大造：二段四飞
小造：一顺穿

穿经	甲乙甲

第七章 纺织品设计营销

纺织品设计、生产和营销是纺织产品链中最重要的三个环节，其中设计与营销环节处于微笑曲线的两端，是当前提高纺织品附加值的最重要环节。所以研究纺织品设计和纺织品营销营特征，把握其发展趋势具有十分重要的意义。在传统纺织产品链中纺织品设计和纺织品营销是相对独立的环节，设计师由于没有直接渠道面向消费者，所以制约了纺织产品创新开发的效率。随着信息化时代发展到互联网阶段，网络销售平台的建立和使用，传统的纺织品设计、生产和销售模式受到颠覆性的冲击，纺织产品依托网络平台进行销售，显著提高了销售效率。以往割裂的纺织品设计、生产和销售三个环节的联系将更加紧密，将传统纺织产品链中设计和营销相对独立的内容和形式得以真正结合，是信息化时代解决纺织产品设计创新问题的有效手段。

关键问题：

1. 纺织品设计营销概念。
2. 纺织品"设计营销一体化"研究。
3. 纺织品"设计营销一体化"模式构建和应用。

第一节 纺织品设计营销概述

一、概念

1. 设计营销

"设计营销"概念的产生，得益于市场经济环境下产品"设计"和产品"营销"的快速发展，随着网络营销平台的应用普及，"设计"行为和"营销"方式在保持内涵特征的同时，其外延已经逐步融合成一体，为"设计营销"概念的提出和实际应用创造了条件。

在工业革命之前，人们的日常生活品由纯手工制作的产品来满足。但是工业革命之后，随着机械化程度加深、产品成本降低，人们对于产品的艺术价值（造型、纹饰、色彩）有了更多的追究。设计使目标产品在同类型产品中脱颖而出，从而被人们普遍用于产品开发中。市场经济条件下，产品是商品，产品需要依靠营销才能将产品价值转换为经济效益。

只专注于设计无法使产品获得利益最大化。在一般产品生产公司中，通常具有营销和设计两个部门。虽然公司中的两个部门都能完成各自单一任务，但是作为一个整体来说略显美中不足。通常情况下，产品设计者仅仅通过对于艺术设计、流行趋势的判断来完成自己的设计方案，或者市场营销人员只凭借营销理论知识和营销经验完成市场营销环节，这种设计和营销两者隔离的状态，会导致设计方案和市场需求两者的不协调，最终降低产品的品牌价值。为了增强设计和市场的对接性，在21世纪初，随着网络技术的成熟和应用普及，设计与营销融合的设计营销理论应运而生。

最早的"设计营销"概念是一种营销式的商业行为，只是商家的一种销售策略。在销售产品过程中，商家以设计师、艺术风格、产品色彩等设计相关点作为促销手段，以此来提高产品的销售量。此后，也有人从设计方法的角度对"设计营销"的概念进行阐述，其主要内容是通过市场分析确定产品设计方向。所以从某个意义上讲，设计营销的偏重点在于单单是设计或营销的环节，在形式和内容上也只是将设计和营销之间的某些有联系的节点进行黏合，但是都能从各自功能出发，使得产品获得市场良好的反应。

从概念上规范，设计营销应该属于设计学的设计批评环节。它指的是设计主体为了达到一定的设计目标，依据营销理论、方法和技术，对设计对象进行市场分析、目标市场选择、营销战略及策略制订、营销成效控制的完整活动过程。设计是科学技术、哲学艺术有机统一的创造性活动，而营销是通过市场作用实现商品和潜在需求的交换活动。设计和营销在社会经济方面的交叉，决定了两者的结合将在市场上拥有乘数级效应。在产品设计师或者设计师群体拥有独特的产品创造能力的基础上，设计营销积极致力于满足客户需求、通过产品的设计营销来实现设计价值等目标，设计营销的一体化有利于开创设计师和消费者双赢的局面。

2. **纺织品设计营销**

纺织品设计营销是以实现纺织品设计及其产品价值为目的，将纺织品设计行为与商品营销方式有机结合，把纺织品设计从产品创造环节延伸到商业营销环节的行为过程。纺织品设计营销也是纺织品设计批评的商业化行为，包括纺织品设计消费对象分析、目标市场选择、营销策略制订、营销模式构建和营销过程控制等内容。

随着网络化销售平台的建立和使用，纺织产品的关注点从大规模定制的生产服务模式向个性化定制的平台设计模式发展，其中协同设计平台的开发已成为纺织品实现在线定制的有效途径。在如此技术条件下，设计、生产、销售三者具备融合的条件。如图7-1-1所示，传统的纺织品设计和营销从分离状态［图7-1-1（a）］逐步向关联状态［图7-1-1（b）］发展，随着网络营销平台的建立，基于网络的纺织品设计和营销将逐步从传统的相互关联向相互叠加［图7-1-1（c）］发展，最终实现纺织品设计与营销环节在互联网背景下的相互融合［图7-1-1（d）］。在纺织品"设计营销一体化"模式下，设计师与消费者无缝链接，设计师可以直接面向消费者，消费者可以真正参与产品设计环节，以满足其对个性化纺织品的需求，从而提高纺织产品创新、开发、销售效率以及产品附加值。

3. **纺织品设计营销管理**

以实现纺织品设计及其产品价值为目的，将纺织品设计行为与商品营销方式有机结合，进而规划和实施营销理念、制订市场营销组合的动态、系统的管理过程。纺织品设计营销管

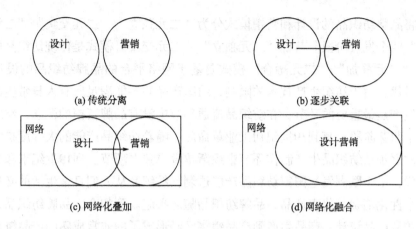

图7-1-1 基于网络的"设计营销一体化"进程示意

理也是对纺织品设计批评的商业化延伸，主要包括纺织品设计目标定位与纺织品设计营销规划两部分，具体过程为：分析市场机会、选择目标市场、拟定市场营销组合、组织执行和控制市场营销。

（1）纺织品设计目标定位。根据所设计纺织品的特点，分析目标消费者需求，综合考虑自身核心竞争优势和竞争者产品在市场上所处的位置，选择合理的细分市场定位，制订相应的目标市场竞争战略。首先通过流行趋势分析、消费者访谈、行业展会调研等多种方法和渠道对目标消费者及其购买行为进行全面的市场分析和评价，包括对产品的市场规模、性质、特点、市场容量及吸引范围等进行全面的调查和分析，挖掘营销机会；进而结合产品特点、自身核心竞争优势和竞争者产品在市场上所处的位置，认真分析消费者需求下产品定位的目标价值，综合分析评估后选定目标细分市场，制订差异化的目标市场竞争战略。

（2）纺织品设计营销规划。根据制订的纺织品设计目标，选择有效的营销策略，制订系统、详细的纺织品营销计划，并建立相应的营销规划实施控制系统对营销全过程实行有效管控的过程。具体而言，根据选定的特定目标市场的需求和针对特定目标市场制订的竞争性定位战略，对产品结构、产品价格、销售渠道、促销组合、品牌计划等各种营销因素进行优化组合和综合运用，考虑整体协同作用，制订合理有效的产品营销组合策略，以实现产品的战略目标和营销目标。加强销售网络建设，科学设计规划销售渠道，应重视新媒体传播渠道和电子商务、移动网络等新型终端模式，建立多层次的产品销售渠道。制订合理的品牌计划，可以有效提升品牌在研发、设计、生产、销售、物流、服务以及宣传推广各环节的整合能力。为保证营销目标的实现，通过营销规划实施的控制系统可及时发现营销规划本身和营销规划实施中的问题，分析原因并及时反馈给有关管理者和决策者，及时修订营销规划及实施方案。

二、纺织品设计和营销模式的发展历程

"设计营销"理念的提出基于设计产品的营销，而对于设计和营销本身特征的变化至今没有系统的研究，纺织品作为民生产品，在历次产业革命和设计创新运动中都起到了典型代表的作用。本研究以时间为线索，通过分析传统与现代纺织品设计、生产和营销三环节的

关系变化，将品牌纺织品的设计和营销模式分为"二元独立""二元交集""二元叠加"和"二元融合"四个发展阶段。其中"二元独立""二元交集"模式是传统纺织品的设计与营销模式，而"二元叠加""二元融合"模式是基于网络平台的品牌纺织品的设计与营销模式。在农耕时代，由于纺织生产技术的限制，纺织产品并不能满足所有人日常生活的需求，纺织品加工生产是最重要的环节，在纺织品流通环节中没有品牌营销的概念，纺织品设计与营销仅仅处于萌芽阶段。直到19世纪初工业革命后，随着纺织品产能的大幅度扩大，纺织品设计与营销才逐步从纺织品生产制作环节中逐渐孕育成独立环节。到19世纪末和20世纪初的后工业化时代，由于欧洲发达国家纺织品产能过剩，纺织品从人们日常生活的必需品逐渐成为体现人们个性化消费的代表产品，品牌纺织品随之兴起。到如今，品牌纺织品，如品牌服装、品牌家纺从产品设计、产品生产到产品销售已经形成了的非常成熟的产品链，而纺织品设计和纺织品销售逐渐成为实现品牌纺织品附加值的两个主要环节。

1. 传统纺织品的设计与营销模式

在网络应用未兴起之前，传统纺织品的设计和营销模式经历了"二元独立"和"二元交集"两个发展阶段。

（1）二元独立。工业时代初期，由于蒸汽机和珍妮纺纱机的发明，解放了生产力，此时纺织品的机械化生产技术处于发展阶段，其市场行为主要表现为谁掌握了技术，谁就能通过规模生产迅速占领市场。纺织品设计、生产、营销三者之间的关系，表现为纺织品生产包含纺织品设计和营销，但是这种包含关系只持续了较短的时间。由于纺织品生产企业内的分工逐渐明确，生产部分逐渐拆分出设计和营销部门，并且其纺织品产品链逐渐形成固定模式：纺织品设计师给出设计方案，然后投入工厂进行生产制作，纺织产品由营销部门通过渠道拓展进行销售，其产品主要满足大众日常生活的基本需求。二元独立模式下的纺织品设计、生产、营销的关系如图7-1-2所示。

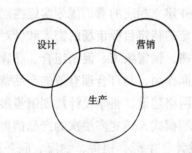

图7-1-2 纺织品设计、生产、营销二元独立关系图

（2）二元交集。随着工业化程度的加深，纺织品机械化生产技术已经逐渐普遍，纺织品生产形成一定规模效应。纺织品的价格在竞争中逐步走低，利润被缩减。此时，纺织品需要通过营销手段来拉动纺织品的销售量，其营销环节的地位逐渐提升，甚至重要性超过生产。由于营销手段很容易被其他竞争者复制，通过设计来创造高附加值纺织品成为主流，因此，纺织企业在兼顾生产和营销的同时，对于纺织品设计倾注了更多的精力，来满足日益增长的纺织品个性化需求。这个阶段的主要特征主要表现为设计和营销对于纺织品的重要性逐渐超过了生产。纺织品设计和营销成为纺织企业利润的主要来源。其产品链为：为了避免库存，

纺织品设计师需要根据市场反馈信息进行主动设计，设计方案通过筛选后投入生产、销售，营销部门在产品销售后反馈市场信息给设计师，作为改进设计和下一轮设计的依据。二元交集模式下的纺织品设计、生产、营销的关系如图7-1-3所示。

图7-1-3　纺织品设计、生产、营销二元交集关系图

2. 基于网络的纺织品设计与营销模式

随着信息化时代的到来，特别是网络技术的应用，传统品牌纺织品的设计逐渐实现数码化，营销方式从线下发展到了线上，品牌纺织服装企业纷纷成立电子商务部门，纺织品设计和纺织品营销在网络平台上逐步交叉和融合，也就是相互进行内容的渗透，基于网络的品牌纺织品设计与营销模式经历了两个阶段的变化，即"二元叠加"和"二元融合"模式。

（1）二元叠加。随着信息化时代进入互联网阶段，依托数码化设计、自动化生产、平台式营销，纺织品真正摆脱了在二元交集阶段产生的"渠道为王"的传统运营思维，借助互联网颠覆式的商业模式，提高了纺织品设计、生产到营销各环节的运转效率，同时也促进了纺织品设计与营销内容的交叉、叠加。B2C（business to customer）网站的兴起，就是二元叠加阶段的开始。在这个阶段，纺织企业逐渐意识到纺织品设计环节在创新产品、建立忠实消费群体中的重要作用，设计师的职责和价值也越来越被发掘。此时，线下渠道逐渐演变为体验中心，而市场份额主要依靠线上获得。纺织品依托网络平台进行销售，设计师通过跟踪产品生产过程，并从网络销售平台获得反馈信息进行设计方案的优化，实现纺织品价值在设计和消费中的良性循环。二元叠加模式下的纺织品设计、生产、营销的关系如图7-1-4所示。

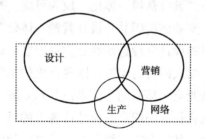

图7-1-4　纺织品设计、生产、营销二元叠加关系图

（2）二元融合。网络技术应用全面覆盖纺织品设计、生产到营销三个环节，此时相比较于传统运营方式所需要的高成本，线上销售已经具有明显优势，纺织企业投入线下的资源将会越来越少。但是为了配合线上的高效运行，纺织企业还需要通过线下的管理和运营，来满足消费者对纺织品真实体验的需求，从而实现双线并行。当纺织品设计、生产、营销能够依托网络平台实现数据化，设计师直接面对消费者，D2C（designer to customer）网络设计和

营销融合的模式逐渐成为纺织品个性化消费的主流。此时，纺织生产环节对于纺织品价值的影响力弱化，而设计环节成为产品价值的主要影响因素并占据总价值的较多比重，营销环节则通过实现纺织品产品价值转化和传递逐渐成为纺织品在市场中的必要环节。在网络的作用下，纺织品各环节的影响力较传统线下的影响力会被放大。因此，该阶段下的纺织品设计、生产、营销三者之间的关系发生了明显变化。其中，纺织品设计是实现产品创新构思与实践的最有力的环节，其贯穿纺织品产品链各个创新能动环节；纺织品营销利用网络平台，围绕用户真实需求和生活习惯，紧密布置各相关要素，维护纺织品价值链的流动和疏导纺织品设计与消费市场的关系。通过营销的作用，设计的内容和形式延伸至纺织品产品链全流程，如售后消费者对于设计方案的建议和反馈，纺织企业可以及时调整优化纺织品设计方案。而纺织品的生产任务则交给了具有代加工、货运物流等硬件资源的第三方来合作完成。二元融合模式下的纺织品设计、生产、营销的关系如图7-1-5所示。

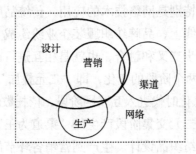

图7-1-5 纺织品设计、生产、营销二元叠加关系图

第二节 纺织品"设计营销一体化"研究

基于网络的应用，纺织品"设计营销一体化"成为可能，基于网络的纺织品"设计营销一体化"模式的理论研究，主要涵盖纺织品"设计营销一体化"模式的基本要素研究，人、事、物之间的关系研究，"事的设计"理论研究三方面内容。纺织品设计营销理论发展历史是纺织品"设计营销一体化"模式的有力支撑。随着历史的车轮缓缓移动，从瓦特蒸汽机的发明至珍妮纺纱机的改进；从亚当·斯密的《国富论》到威廉·莫里斯的工艺美术运动，人们在选择设计、营销、生产三者作为纺织产品价值体现上的思考，正因为科技生产、经济文化水平的提高在逐渐发生变化。其三者在纺织品的产品链中的应用强度虽有表现为此涨彼伏的状态，但是随着社会分工的明确，三者交叉的部分反而越来越多。为了解释这种现象，本文从纺织品设计的角度，对于人、事、物的本质关系进行分析，得知其主要原因是人们需求在逐渐发生变化。人们除了对于纺织品有着功用性需求外，体现消费者的情趣、意志、情感等精神层面的需求有着明显的提高。所以"设计营销一体化"模式在结合人、事、物之间的种种联系的基础上，需要利用"事的设计"理论从产品设计源头创新设计方法，来满足人对于事和物的共同需求，构建共性和个性相结合的物质文化。

一、纺织品"设计营销一体化"的基本要素

基于网络的纺织品"设计营销一体化"模式，通过将纺织品设计和营销两个环节进行融合，实现了对纺织品设计、生产、营销三个环节的重新组合。分析基于网络的品牌纺织品"设计营销一体化"模式的前提是梳理出影响该模式构建的基本要素和运行规律，在生产技术和营销渠道都相对成熟的条件下，以纺织品设计创新为核心，对创新模式进行要素分析和模式构建显得格外重要。从纺织品设计创新的行为特征出发，基于网络的纺织品"设计营销一体化"模式的基本要素可以归纳为纺织产品的创新主体、产品客体和网络平台三个部分。

1. 创新主体

纺织产品的创新主体是完成"事"的设计的主体，属于纺织品设计创新中的能动要素。"事"是消费者的事，即消费者的个性化需求，具有排他性。当"设计营销一体化"模式确立后，纺织产品的创新主体具体指参与和影响品牌纺织产品构思和实践的主体。在传统模式下，纺织产品的创新主体专指设计师。但在"设计营销一体化"模式下，设计师、营销人员和消费者可以全部或部分在网络平台中参与纺织产品从创新构思到价值实现的全过程。在此产品链中，设计师和消费者的关系将更加密切，消费者参与产品创新的程度将逐步扩大，而成为广义的纺织产品设计师群体，即纺织产品创新的主体，产品创新从单一设计师职责转化为共同参与的行为，从而激发产品高效率创新的潜力。

2. 产品客体

纺织产品客体是"物"的部分，是指可供识别的品牌纺织产品本身。它是创新设计活动的成果，也是产品营销和满足消费者需求的物质条件，属于一种不断积累的要素。当基于网络的品牌纺织品"设计营销一体化"模式确立后，纺织品的品牌效应将更为突出。在纺织品创新活动与创新产品不断循环的过程中，完成纺织品创新知识、经验的逐步积累。在这个过程中，创新的动态过程和产品的静态特征是可供品牌识别的主要因素。随着品牌纺织品创新过程和产品的知识与经验的不断积累，通过建立产品数据库为纺织产品的创新主体提供产品创新开发所需的技术、产品的知识和信息资源。

3. 网络平台

网络平台是指品牌纺织品"设计营销一体化"的产品创新平台，主要服务于纺织产品的创新主体针对品牌纺织品进行"事"的设计创新和纺织产品"物"的客体不断积累。平台拥有三大组成部分，分别是针对品牌纺织品进行"事"的设计创新的设计系统、营销系统和产品数据库，为纺织品设计创新提供工具、渠道、信息等网络化的物质条件。

二、纺织品"设计营销一体化"理念下人、事、物关系分析

在二元融合阶段，人、事、物三者之间的关系从传统单一的人与事、人与物、事与物的关系，演变为人、事、物相互联系；事和物相互结合；事、物共同服务于人的需求，表现为人产生事、人创作物、事与物合成器的形成关系，具体如图7-2-1所示。人是物质与意识的结合，而物是物质的；事是精神的。所以从哲学层面讲，人的需求不仅仅是单方面的，它需要同时满足物质和精神、外在与内在、具体或抽象等各种明确的或模糊的描述。人可以创作物，产生各种各样的事。因此，事对于人的意义就在于时间和空间上的坐标痕迹，而物是人

对于自然界的认知在宇宙天然存在物质上的表达。为了迎合互联网时代特性，尽可能满足人除功用之外的其他深层次需求，所以本文首先根据马斯洛需求理论将物和事相区分，并且对人、事、物三者之间的关系进行了研究。

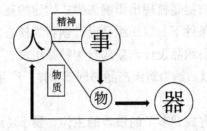

图7-2-1　二元融合模式下人、事、物三者关系示意图

1. 马斯洛需求理论拓展

人、事、物的关系的改变，简而言之就是人对物的需求向人对事的需求的转变。其本质在于人的需求逐渐从功用性、实用性、美观性等基本需求，发展为个人情感消费需求，而利用消费者的事作为设计主题契合了消费者情感性的设计要求。因此，根据马斯洛需求理论，可以将人对于物的需求归纳为生理和安全的需要；人对事的需求归纳为尊重、爱、自我价值等其余的需要，具体如图7-2-2所示。此时，对于纺织品设计而言，这里的事就是消费者的事。事具有的情感性，可以作为纺织品设计的设计主题，事的表达可以利用纺织品的物来渲染，从而凸显消费的消费意志、个性等独特标识。

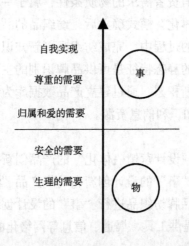

图7-2-2　马斯洛需求理论对应的事和物

生理和安全的需要是纺织品的基本物理属性：遮羞与保暖。对于纺织品而言，而尊重、爱、自我价值等需要的体现，除了与众不同的造型、外观设计外，利用事的感性来传递消费者的价值主张则更能让物和人相契合。这种契合度是由人、事、物本质属性所决定，因为人的本质是人的自我意识的最深层次，也是对人作为社会存在物的最基本的规范和诉求，所以人对物质和意识表达的需求，自然成了人的天然秉性。

在二元融合模式下，人的角色可以是设计实施者、设计获得者之一，或者两者兼备。通过网络平台的作用，人对于事的需求可以清晰快速地传达，经过各项可控的环节目标纺织品可以及时得到满足。

2. 人与事之间的关系分析

基于时间和空间的转换移动，人不时产生各种各样的事，每件事都与人息息相关而又形影不离，直接或间接地影响着人的生活、工作和学习。在二元融合模式中，人与事的关系不仅仅存在于产生而已，它更是人深层次需求的另一种表现，即人和事的结合，产生了需求。如图7-2-3所示，这种需求的性质表现为真实性和唯一性两种。真实性体现在每个消费者的事都是实际产生、真实存在（过）的。唯一性指的是每件消费者的事都是唯一的，虽然各种事相互独立，不同的情感基调又相互影响并随着时间发展变化，但是消费者在内心对于每件事都拥有自己独特的情感诉求。

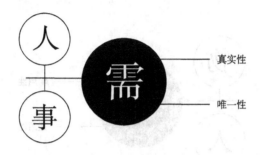

图7-2-3　二元融合模式下人与事的关系示意图

3. 事与物之间的关系分析

事与物相结合，成为器。简单来讲，设计师在传统的纺织品"物的设计"基础上添加消费者的事，所得到的产品就是器。器与物的区别，等同于事与物的区别。事较物在于功用、美观的基础上，升华了情感意义，赋予纺织品独特的情感体验。器具有两种性质，一种是物质性，另一种是精神性。生活中，对于纺织品物质性的表征，每个消费者都有一套基于纺织品的审美、功用等特性的评判标准，如传统或现代、实用或无用等，虽然大家各不相同，但是终归是具象的。而事的情感性，则是抽象的概念。大多数情况下，消费者的结合实际情感的产品需求是模糊而不稳定的，这需要设计师深度挖掘。因为事的发生地域、时间、对象、内容，都会对消费者的情感产生影响，而且消费者随着时间的变化，这种情感也呈现为动态变化的过程。二元融合模式下的事与物之间的关系如图7-2-4所示。

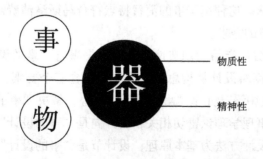

图7-2-4　二元融合模式下事与物的关系示意图

4. 物与人之间的关系分析

物与人之间的关系，主要体现在人对于物的实用性和适用性上，即物和人结合在于用，如图7-2-5所示。实用性指的是，纺织品对于消费者而言，应该具有稳妥解决某种牵扯到物理、生物、化学等实际问题的功能，如保暖、遮羞。如果就智能化纺织品而言，纺织品应具有某种特殊性能，如抗菌、防辐射、导电性等。纺织品的实用性给予了人对纺织品的基本需求的满足，而人所具有的社会性，使得本人对于纺织品的认识会随着环境的变化而发生变化，从而衍生出纺织品的适用性。而适用性的本质在于环境对个人的影响，主要表现为消费者对于纺织品物的使用交互性和舒适性的感知，不同情境下人使用纺织品会有不同的感受，而在大多数的情境中，本人对于纺织品评判会受到他人的影响。随着纺织产品不断涌现，纺织品在于各种情境下的适用性也得到增强，如今其通常也比实用性更加受到消费者的关注。

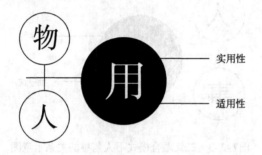

图7-2-5　二元融合模式下物与人的关系示意图

三、基于纺织品"设计营销一体化"理念的"事的设计"

纺织品兼具实用性和美观性的双重特征，在纺织品为紧缺物品的时代，人们对纺织品的需求以"物质"的实用性为主，这种满足基本物质需求的设计属于"物的设计"范畴，只是综合运用纺织加工技术将纺织材料制作成纺织产品这一实用物质，而不会去关注纺织品情感性、深层次的美学特征。这种消费特点符合马斯洛消费需求理论中的生理、安全两种民生阶段的需求。而"事的设计"理论在于"事"的设计的提出是事理学理论和叙事化设计方法的结合，指的是将现实中的"事"结合进纺织品造型、纹饰和色彩的艺术加工环节，并通过纺织材料和加工技术来完成产品制作，以"艺工结合"的设计手段来为纺织产品这一简单的"物"赋予"事"的意味。这种基于事的消费特点符合马斯洛消费需求理论中的尊重、爱、自我价值等追求个性阶段的需求。

纺织品设计是针对纺织产品的创造性工作，根据事与"事的设计"的理论表述，基于"事的设计"的纺织品创新设计从构思到实现主要包含三个要素：设计元、设计向、设计节，如图7-2-6所示。其中设计元是"事的设计"核心，解决"事的设计"构思中的设计主题问题，其理论基础与事理学理论密切相关；设计向是"事的设计"的设计主题转化成设计方案的环节，以叙事化设计方法为基本原理；设计节是"事的设计"的设计实践环节，利用信息化交流方式，辅助设计实践，促发消费行为。

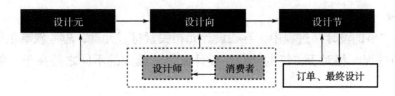

图7-2-6 "事的设计"中三要素的关系图

1. "事的设计"理论依据

由于"物的设计"强化产品实用性，而对于美观性去异求同（忽略个性化审美的表达），注重产品直接价值而忽视其衍生附加值。为了实现将消费者事的情感依附在纺织品上的构想，"事的设计"需要依托于工业设计领域内的事理学理论和现代设计方法的叙事化设计的理论基础，从而在满足消费者关于"事的设计"的纺织产品的同时，纺织品本身不脱离物的轨道、舍弃原先"物的设计"的精华。事理学完成"事的设计"的设计主题方面的思考和筛选，而叙事化设计负责"事的设计"方案的美化和寓意升华。

（1）在设计理念上，以个性化"事"的需求替代单一"物"的需求，采用事理学原理来发现和剖析"事"的潜在价值，整合"事"的设计要素，确定"事"的设计主题，达到引导消费的目的。

（2）在设计方法上，采用叙事化设计的方法来取代传统机械的设计方法，赋予产品情感体验，并且通过"设计营销一体化"网站平台加强与消费者的情感交流，发现设计机会同时吸引和培育潜在消费者。

2. 设计元

设计主题的确立能简化产品设计概念、提高设计产品感染力。"主题"通常指文艺作品中蕴含的基本思想，在设计产品类中具体指的是设计师对于现实的观察、体验、分析、研究以及对材料的处理、提炼而得出的思想结晶。设计元的本质要求是设计师对于流行事件中消费者的需求解读和分析，而确定设计主题。针对热点收集而言，主要是信息的跟踪和获取。而对于主题筛选而言是基于热点收集后的事件处理过程。

热点收集利用时间、地域、人、行为四大类搜索关键词，完成信息的搜索任务，从而获得事件热点。时间是热点信息时间流的约束；地域是集文化、政治、经济、社会于一体的空间；人是对于个性和共性的区分；行为是人在时间、空间点中的痕迹。信息链由信息发出者、传播途径、信息接收者组成，所以热点收集的渠道就可以从三方面入手。搜索的工具可以是各大搜索引擎，也可以是新媒体附带的搜索、推荐系统。因为具有全民互动特点的新媒体，综合了信息传播的三者功能，可以为设计师在热点收集中提供高效性和便利性。

对于热点收集获得的事件信息利用现在大数据的科研成果，可以使人们在海量的信息中汲取具有创作价值的事件主题信息的有效条目。首先，主题筛选根据事件的基本属性完成初始筛选。其中基本属性包括事件内容、基调。在初始筛选中，首先，应该保证事件内容在不违背道德法律的基础上，健康向上；其次，关注事件态势和发展趋向；最后，关注事件受众数量和层次，以及受众对于事件的情绪。通过初始筛选后，需再根据事件的影响因子对剩下事件进行分级处理。根据消费者需求和设计师意愿完成设计主题的挑选工作。

3. 设计向

设计向是"事的设计"过程中，寻找设计元相关素材、元素，思考叙事化设计方案，确定设计雏形的过程。相对于传统的纺织品设计流程，最大的不同之处在于，叙事设计的表达上。

设计元的作用，使得设计主题得以确立。在事件主题的解读和分析的基础上，设计师利用本身的设计经验、知识完成设计主题相关素材和元素的汲取；然后设计师通过与消费者的信息交流中，确定表达方式。

叙事设计的作用是产品情感体验的实现，事件内容和情感基调是设计师思考叙事设计的方向。通过对于设计内容和情感基调的联想，确定现实生活中的具体事物，用以表达消费者的情感目标。在此过程中，设计师可以完成设计方案，创作出设计雏形。

4. 设计节

设计节指的是在整个设计过程中，设计师与消费者利用网络对于目标产品信息进行交流、完成设计实践的环节。"事的设计"中的事件分为常态和突发两种性质，在此基础上，设计主题根据受众的数量多少可以分为三类：粉丝主题、团队主题、定制主题。粉丝主题具体有大众化设计的特点，如世界杯、战争、选秀比赛等。团队主题满足小众设计需求，属于有组织性的市场行为，如游行、校庆等。定制主题属于私人定制的"事"，该主题的确定主要通过客户传达，如结婚纪念日、情人节等。

因为受众数量的不同，对应的消费层次也会不同，所以不同的设计主题对应不同的设计节。粉丝主题、团队主题、定制主题分别对应的是agent custom（简称AC）、best custom（简称BC）、circle custom（简称CC），如图7-2-7所示。AC表示的是设计师完成产品设计并限量发售，消费者选择的过程。BC表示的是设计师即成设计，对于满足消费者个人品位、爱好改良的过程，主要体现于面料的更换、图案的定制等小范围的改动。CC表示的是消费者与设计师互相交流确定最终设计的过程，消费者提出消费价值、设计师提出响应设计构思。CC虽然时间成本很高，但设计利润也水涨船高，所以设计过程中寻找两者之间的平衡是关键性问题。

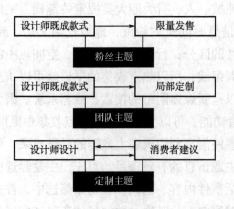

图7-2-7 设计节中所对应的设计主题

第三节 基于网络的纺织品 "设计营销一体化" 模式构建和应用

一、"设计营销一体化" 模式构建

基于网络的纺织品 "设计营销一体化" 模式，主要依靠设计、营销、生产环节中的数据化系统进行运营。设计系统在于消费者和设计师的交流，实现设计方案的原始信息的积累、设计方案改进和定型，即服务于从设计信息获取到纺织品最终设计方案形成的设计创作全过程。营销系统是指针对纺织品价值与消费者需求相联系的定位、推送、出售、售后等一系列策略和服务的自动化优选系统，并且服务于纺织品从设计方案变为产品的代工商选择、监督加工生产、控制产品运输的过程。产品数据库主要积累各类纺织产品型号、数量、销量等相关信息以及产品设计资源，从而促进品牌价值日新月异、不断提升。

与传统单链式分布的纺织品设计、生产和销售模式构架不同，在基于网络的品牌纺织品 "设计营销一体化" 模式构架中，设计与营销环节在纺织产品快速创新的消费需求下融为一体，成为品牌纺织品 "事" 的设计主体，而设计系统、营销系统和产品数据库则组成了平台的核心部分，其模式构架如图7-3-1所示。在网络化设计营销平台中，消费者将不再是被动消费的客体，可以多渠道参与品牌纺织品的产品创新设计，为纺织品个性化需求提出 "事" 的设计要求。在模式构架中，品牌纺织品的产品加工生产和网络化销售渠道服务可以通过与优质的第三方建立紧密合作共同实施完成，降低 "设计营销一体化" 模式跨界建设和运营的风险。目前纺织产品的生产技术与产能已经超出市场容量而出现过剩现象，而 "设计营销一体化" 中的每一个网络化的销售渠道都已经具备拓展到世界每一个角落的延伸能力，从而可以大大缓解纺织品库存压力。

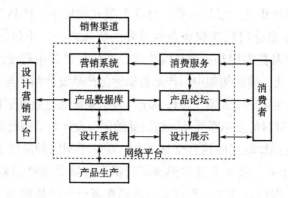

图7-3-1 基于网络的纺织品 "设计营销一体化" 模式构架

1. 设计系统和设计展示

在基于网络的品牌纺织品 "设计营销一体化" 模式构架中产品设计系统需要满足对 "事" 的设计的快速响应，其定位是纺织产品设计的专家系统，除了传统计算机辅助产品设计的基本功能外，还包含设计素材库、工艺库以及纺织产品设计知识库。设计素材库是纺织品创新设计过程中设计素材的积累；工艺库是纺织品创新设计过程中产品工艺的积累，包括

各种类型纺织品的工艺参数；纺织产品设计知识库是纺织品创新设计过程中产品"艺工商"各方面的专业知识和经验的积累，包括"艺工商结合"的纺织品设计理论、方法和实践案例，为设计师高效率利用设计素材库、工艺库进行产品创新提供必要的理论和方法。

设计展示是依托设计系统的外围平台，起到创新设计构思与产品的展示和发布作用，同时消费者以及相关人员可以参与到创新过程中来，对创新设计的构思、计划、实践的各个环节进行批评和建议。

2. 营销系统和消费服务

在基于网络的品牌纺织品"设计营销一体化"模式构架中，产品营销系统满足消费者对基础纺织品的便捷消费要求，以及对个性化纺织品终生设计服务的要求，其定位由传统的产品营销方式向产品与设计相融合的营销方式转变。营销系统将主要由客户信息库、产品销售信息库和产品营销综合管理模块三部分组成，更加注重消费者的产品消费体验和消费者参与产品创新的程度，以顺应纺织品个性化消费日益增长的趋势。客户信息库是产品消费客户的数据信息资源库；产品销售信息库是针对每一个产品的消费统计数据库；产品营销综合管理模块解决产品与消费者之间的双向流动的过程管理，即产品销售给消费者和消费者反馈体验的过程管理，同时也包括与产品设计系统、产品生产等相关环节的关系协调和信息资源交换。在网络化消费普及的今天，原属于传统营销环节的销售渠道拓展、消费支付和产品物流可以通过第三方紧密服务来完成。

网络化的消费服务逐渐超越以传统面对面为主的消费服务方式，在通过创新产品设计展示和设计发布来吸引消费者的同时，将依托客户信息库强化消费者的终身产品消费和设计服务，依托产品销售信息库的数据来分析纺织产品的消费现状和趋势，为纺织品创新提供依据。

3. 产品数据库和产品论坛

在基于网络的品牌纺织品"设计营销一体化"模式构架中，产品数据库是品牌纺织品的全数字化产品库，是信息化时代纺织企业最重要的资源之一，不仅是企业历史的见证，还是企业创新的基础。产品数据库是企业从诞生起，在运行过程中对设计与销售产品的原始积累。在"设计营销一体化"模式构架中，产品数据库与产品设计系统与产品营销系统共同构建起了一种密切的数据和信息交换关系。设计系统与营销系统通过数据更新不断对产品数据库进行补充，产品数据库的资料信息不断为品牌纺织品的创新设计与营销行为提供行动依据。

产品论坛是产品数据库附属的信息交流平台，在基于网络的品牌纺织品"设计营销一体化"模式构架中，设计师、服务人员和消费者将根据权限共享产品数据库的全部和部分信息，并依托产品论坛，提供设计师、服务人员和消费者分享产品构思、产品销售服务情况、消费者需求等信息的交流空间。

二、"设计营销一体化"模式平台设计

1. 目标流程

虽然服用纺织品和家用纺织品属于两种不同类别的纺织品，但它们的"设计营销一体化"模式的应用方法可以基本统一，其应用流程如图7-3-2所示。流程按产品链顺序包括以

下三个环节：消费者注册成会员，参与"设计营销一体化"平台交流，接受终身产品设计服务；消费者下单，提出产品消费需求或个性化设计服务，并通过平台参与到产品设计过程的互动体验，直到第三方生产商完成产品生产制作；消费者接收产品，通过第三方提供的支付和物流系统实现产品交易交付，消费者对消费体验反馈意见，完成产品从设计构思到价值实现的整个过程。

与传统纺织品产品链相比，基于网络的品牌纺织品"设计营销一体化"模式的应用具有三个显著特征。首先，依托平台建立与生产商和渠道商的第三方紧密合作关系，确保创新产品能够保质保量地满足消费者的个性化要求，同时通过消费者、设计师、服务人员、生产商、渠道商共同参与的平台论坛的集聚作用发展潜在客户；其次，采用消费者会员注册制将确保消费者在平台中能充分享受过程参与的乐趣，消费者的需求将成为品牌纺织品产品开发的核心，消费者将成为品牌纺织品终身服务的对象；最后，构建起产品数据库作为不同权限下的共享资源，将品牌纺织品设计营销过程以及消费者、生产商和销售商的信息数据汇集到产品数据库，这不仅是产品经验的积累，更是品牌纺织品可持续创新不可或缺的基础。

在基于网络的品牌纺织品"设计营销一体化"模式构架中，作为产品创新的行动者（设计师）与产品价值实现者（消费者）可以直接交流，因此产品销售人员在产品创新中的传统桥梁作用大大降低。若是消费者在平台上进行二次及以上消费，"设计营销一体化"模式依托第三方渠道商所提供的支付和物流系统，在保护消费者隐私的前提下，设计人员可以获得查阅权限，将获得的消费信息作为产品创新构思的参考信息，使得设计人员的设计更加熟悉消费者的偏好。与此同时，消费者可以通过"设计营销一体化"平台参与到个性化产品的设计构思和过程中来，享受到产品设计和消费过程体验的乐趣。

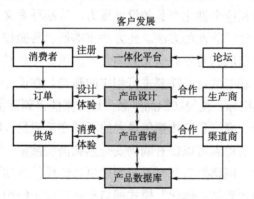

图7-3-2　"设计营销一体化"模式应用流程图

2. 运营方案

首先纺织品通过客户开发完成消费者的原始积累，获得纺织品一体化模式产品销售的市场条件。平台流量引进后，其页面显示、营销系统、服务品质等成为影响消费者感知平台用户体验的主要因素，与纺织品产品设计感知一同决定了订单量的多少。消费者确认订单后，设计师凭借本身业务素质与消费者进行即时交流设计相关信息，同时消费者可自主选择直接或间接参与尺寸规格、原料质地、风格图案等纺织品设计方案的制订。待纺织品设计方案敲定后，系统将任务发布并由相应代工厂接单对目标纺织品完成加工，最后通过物流运输完成交货程序。

三位一体，开发客户。三位一体指的是纺织品品牌运用文字、图案、视频三种类型的网络宣传形式，进行大范围的用户挖掘工作。相比于传统的广告宣传，网络软文具有成本低、传播范围广等优点，随时随地都能通过计算机、移动的终端进行操作。目前社区化的交友软件，如空间、微博、朋友圈等已具备新媒体运营的能力，免费为纺织品品牌开设了信息发布平台，只要品牌账号拥有较多粉丝就可能产生爆炸式的营销效果。虽然文字信息简单，便于阅读；图片信息直接，便于感知；视频信息丰富，便于传达。但是，它们各自都有相应的缺点，例如，文字不能给消费者具象的产品信息，消费者凭想象产生的目标纺织品往往会与最终产品存在较大的差距，造成用户流失。所以，文字、图片、视频三种方式联合运用，可以极大地弥补各自缺点。当然，在实际运营过程中，纺织品品牌也可根据实际情况选择适宜的方式，例如，选择文字和图片的配合使用，建立公众号并发布相关信息，以达到快速开发客户的目标。除了使用第三方软件平台，纺织品品牌也可以建立并运用自身品牌APP，实施客户开发，如优衣库、ZARA等。

网络交流，设计共享。"设计营销一体化"模式的重点在于设计，而消费者可以参与设计方案制订是该模式的一大特色，其参与方式有直接和间接两种。直接的方式指的是消费者直接与设计师交流，并不断参与设计方案的思考和修改的过程中，直至获得较满意的个性化纺织品；间接的方式指的是设计师已经产生了纺织品设计方案，一般都有相应的成品，消费者只能在即成设计的基础上稍做修改，如文字修改、图片替换等。为了更好地满足消费者多样化的选择需求，模式在引入消费者进入设计方案环节前，就已通过BBS论坛、贴吧、QQ群等交流平台，收集网友们的设计需求和建议，建立了若干个设计雏形，从而有利于缓解设计师给消费者从无到有设计相应个性化产品的设计压力。从某种意义上讲，这种设计前试验性的环节，是一种简单的设计开放性的方法。此方法成本低、易操作、集思广益，增加了产品设计的可行性，但是信息获取的对象并非实际消费者，很多信息具有局限性。所以，设计师要根据自身设计主张，将获取的信息需要进行相应的筛选。在设计交流过程中，代工商也可以直接与设计师交流工艺指标，使得纺织品产品设计方案能得到落实。

科技应用，优化体验。网络和实体销售最大的不同在于视觉、听觉、触觉等感官体验。基于高质量的感官体验，消费者可以提升购物安全感和消费欲望。而相比之下，线下所具有的条件是线上无法比拟的，网络销售平台需要构建更加优质的购物体验，才能保持网络市场持续性的高速发展。"设计营销一体化"模式网络平台定位于纺织品设计类型平台，所以其设计感要强且符合审美要求，尤其应通过网站平台布局、功能实施、响应速度、人性化设计等具体方面，综合利用网页设计和计算机技术向消费者提供具有品牌特色的交互体验。消费者在浏览设计作品时，网页文字和图片的呈现方式要具动感性，不能都以静态的形式存在。而且对于文字的字体、字号、颜色和图片的格式、大小、色彩、图形等方面都有相应的具体规定，在平台上应保持统一风格，建立良好的平台形象。优化消费者与设计师的交流方式，使得交流过程更加简单、便捷、迅速。除此之外，积极跟踪当前先进网络技术，如3D商城、网上试衣、虚拟橱窗等，选择合适的方式运用于平台中，不断从技术角度更新平台，完善并提供优质服务和体验。

精准营销，服务售后。精准营销是衡量纺织品品牌营销能力的有力依据，通过数据库和功能模块自动实施产品推送、服务增值、交易提醒等功能，实现消费者实际需求和相应纺织产品准确连接。在"设计营销一体化"模式下，精准营销的应用在于消费者的"事"关联度上，通过合理分析消费者的购物记录，得出消费者的情感追求，从而给设计师在"事"的选择和设计元素的确定上，提供参考。精准营销分三步走，数据收集、投其所好、反馈分析，贯穿了消费者整个购物过程。纺织品如要保持良好的品牌形象，需要加入售后环节。售后通过建设社区化的网站论坛，能够快速收集售后信息，及时回复消费者的各种提问，满足消费者的售后需求。同时，精准营销与售后相结合，向消费者定时定向推送优质的服务信息，对消费行为进行善意的引导，可提升人们对于特定纺织品的用户忠诚度，促使客户频繁消费该品牌产品。

3. 网站方案

纺织品"设计营销一体化"网站最基本的要求需要有四个模块，分别是设计师铺、产品展示、我的账户、讨论社区，图7-3-3所示为初步的建站方案。案例中的设计师铺只提供了设计师的联系方式，并没有相应平台内置的交流工具，需要消费者手动添加微信、QQ等聊天工具进行信息交流，所以消费者与设计师的具体聊天内容无法实现系统的保存，万一发生纠纷，取证比较难，可以按需要进一步添加。同样，由于建站方案只是达到基于网络的纺织品"设计营销一体化"模式的最低要求，尤其对于数据库的运用，还需要计算机专业人士对目标纺织品的产品大数据进行网络化的不断完善。在完成网站建设自主开发的产品数据库后，需要一定的用户资源，这些资源可以通过自我开发或者购买数据内容获得，但是无论哪种方法，需要支付获得数据资源的相关费用。由于图7-3-3所示的建站方案只是纺织品设计营销

图7-3-3 "设计营销一体化"网站示意图

一体化网站的基本要求，为了达到简化网站的目的，在方案中并没有列出相应的数据库，只是对于网站框架进行设计和应用，在实际的网站建设方案中可以根据不同的需要对纺织品"设计营销一体化"的实用功能进行选择性添加，来满足不同纺织产品落实"设计营销一体化"的现实要求。

基于第一版设计网站的不足之处，提出了第二版的设计方案。第一，通过数据开发合作，建立相应的营销、代工商、物流数据库，实现数据库从无到有的进阶，随后慢慢添加数据。第二，完善网站的交互体验，包括界面的重新设计、模块的重新定义，仿效其他大牌网络销售网站。第三，特别针对纺织品设计环节，除了设计师和消费者一同参与纺织品的设计外，消费者个人也可以通过专家设计系统，自行完成纺织品的个性化定制，所以专家系统的开发也是一个重要因素。第四，订单系统的优化，需要选择优秀的支付方案，并且调动物流系统，进行货物跟踪。第五，论坛板块的升级，加大对于论坛的培育体系，并且通过营销系统的协同作用，完成售后服务以及新的纺织品需求数据分析。第六，在论坛和订单系统外，需要铺设订单评价系统，结合营销系统、物流系统、代工商系统的数据库，完成最优化的订单评价机制，利于平台内的代工商、生产商、物流商的竞争和发展。

综上所述，纺织品兼具民生保障和个性化消费的双重特点，通过将纺织品的设计与营销设定为两个研究点，以时间为线索将纺织品的设计与营销的模式归纳为逐步递进的"二元独立""二元交集""二元叠加"和"二元融合"四个阶段，可以得出结论：随着信息化时代的发展深入，纺织品网络设计与销售平台的应用普及，围绕纺织品创新这一核心，传统营销的内容和形式必然会分离，与纺织品创新设计与价值实现相关的营销内容将逐步融合，因此，基于网络的"设计营销一体化"模式将会逐渐成为信息化时代品牌纺织品设计与营销的主流模式。

通过分析纺织品的创新主体、产品客体和创新平台三个基本要素的相互关系，构建起品牌纺织品"设计营销一体化"模式的研究框架和应用方法。在该模式构架中，实现纺织品高效率创新的设计系统、营销系统和产品数据库是主体，将技术更新周期长、产能过剩的生产加工环节和成熟的网络化销售渠道确立为第三方紧密合作关系，以适应纺织品创新的动力源于消费者个性化需求的现状。

第八章　纺织品流行设计

随着社会的进步，不同的阶段的人们对纺织品的物质和精神需求不同，在现阶段除了满足人们最基础的物质需求外，精神需求的因素已经成为影响纺织品设计的重要因素，特别是20世纪末创意产业的兴起，纺织品流行设计已经成为纺织产品创造过程中最重要的预测环节。本章着重分析纺织品流行设计的基本概念、关键问题和主要内容，开启纺织品设计实践的思辨环节。

关键问题：

1. 纺织品流行设计的基本概念。
2. 纺织品流行设计的基本原理。
3. 纺织品流行设计的关键问题。
4. 服装面料与时装面料设计的方法。
5. 装饰织物与家纺面料设计的方法。

第一节　纺织品流行设计的基本概念

纺织品流行设计是针对纺织品流行的预测，是纺织品设计的第一步，也就是在纺织品制作成形前进行设计思辨并预测流行趋势的设计。

一、基本概念

（一）流行和流行设计

1. 流行

流行是一种盛行于人类团体之间的消费习惯和潮流，本质上讲是一种社会现象，这种现象需要依托一种具体的风格，这种风格具有明确的时间效应。根据不同的流行产品，产品所表现出来的流行风格可能持续一月、一年或更久的时间。"流行"和"时尚"的英文相同，都是"FASHION"，理解流行的特征需要与时尚结合，"时尚"是"时之风尚"的缩写，即引领时代流行的风格和尚品。显然，流行与时尚的区别在于：流行是以风格为主，产品为辅；而时尚是以产品为主，通过产品来营造时尚风格。

2. 流行设计

流行设计是设计师从风格、品位、高雅、时髦的规律中发掘流行要素，结合流行资讯，通过综合设计来进行流行预测和流行发布的行为过程。因此，流行设计是通过构想思辨来创造时尚产品、营造流行风格的行为过程。创造引领流行的时尚产品是流行设计的终极目标。

从基本特征上看，流行设计是一种活动，包括消费趋势研究、流行预测报告、产品设计等过程，每一个环节都具有前瞻性、挑战性、创新性。流行设计需要团队合作完成，包括原料制造商、设计师、色彩学者、成品制造商、营销人员以及公关人员。而流行设计是一种居中协调的活动。流行设计是持续不断的工作，虽然时尚是短暂的，但流行设计周而复始，永无止境。人类捕捉新风潮的心理就像用网捕蝶，流行设计新鲜、刺激，具有成就感。因此，精准分析流行资讯、驾驭流行趋势、进行流行设计和展示是成功设计师的必备素质。

3. 流行与流行设计的特点

（1）流行的整个过程中具有周期性。在流行引入期阶段，接受者很少，产品价格、利润率高，但销售量少；成长期阶段，接受者慢慢增加，仿制品以不同价格在市场中出现，利润与销售额同期增长；成熟期阶段，社会接受者达到高峰，服装销售量最大但竞争激烈，价格开始下滑；当多数人接受流行以至于失去新鲜感时，进入衰退期阶段，厂家不再生产，存货被大幅度降价销售。

（2）流行的整个过程中具有循环特性。从流行的时间上看，纺织品流行都有消亡的过程。虽然一个生命周期结束后，在特定时段、特定条件下还会出现，但这种流行的回归不会完全照搬以前的纺织品，细节上必然有新变化。所谓历史经典纺织品也需不断加入新鲜因素，在不同时代呈现不同的细节特征。

（3）流行设计与价格无关，也与促销无关。纺织品的流行地位与价值，决定于其产品美学特征及消费者的接受层次，而非纺织商品的价格水准。由于被大众接受的纺织产品在美学特征上有优劣之分，因此，同一个流行样式的会以不同的价格在市场上被不同层次的目标消费者所接受。另外，因为消费者是纺织品流行的最终环节，而广告促销仅仅给消费者提供选择的机会或消费利益，但无法强迫消费者购买其不想要的纺织品。不合时尚的产品，并非靠着促销即可造成流行潮流，纺织品的流行与否不受广告促销的制约。

（4）流行设计的最终决定者是消费者。纺织品消费价值链模式是：原料供应商、成衣制造商、批发商、零售商、消费者。在这个模式中，后者选择前者，决定前者的产品是否被采用，最后环节即消费者才可能最终决定流行设计的产品是否能流行。每季的展示会和市场上推出的流行纺织品成千上万，但绝大部分将不会被采用进行加工生产，只有少数被消费者接受并广泛传播的产品才会成为流行纺织品。

（二）流行的发展

流行时尚实际上就是单位时间内群体的喜爱偏好，流行时尚的起源至今没有定论，但从古至今流行时尚对人们的生活方式影响很大，《礼记·檀弓上》就有"夏后氏尚黑"的描述。殷商流行白色，周朝流行红色。春秋时，齐国风行紫色，齐桓公穿上紫袍后，紫色的纺织品成为流行时尚。据西方历史记载：罗马恺撒大帝（约公元前100—公元前44年）曾穿一身金边紫色丝绸长袍在剧场观戏，在场的王公大臣面对那光彩华丽的丝绸，一时无心看戏，把目光都集中在皇服上，称羡不已。在恺撒的带动下，当时，丝绸被罗马贵族视为奢侈的象征，达官显贵都以拥有丝绸为荣。许多国家的商人都经营中国的丝绸，因为远途运输，售价极其昂贵，每磅丝料的价格竟与黄金等价，高达十二两。流行时尚的魅力可见一斑。

　　流行和时尚成为人们主要的生活方式是经济模式转变的必然结果，人类社会经济模式的转变经历了物的经济、知的经济到智的经济的模式转变。物的经济源于7000年前的原始社会，是以满足物质需求为主（基本物质保障）的物质生产模式，通过艺术美的纺织品的创造来体现人们实用又经济的社会生活要求；知的经济源于18世纪60年代的西方工业革命，是满足物质和精神双重需求的知识主导的物质生产模式，通过艺术与技术结合纺织品的创造来体现人们实用、美观、经济的社会生活要求；智的经济开始于20世纪末的创意产业，是以满足精神需求为主（时尚个性化）的大数据主导的智能制造生产模式，包括物质生产和精神生产两个层面，通过艺工商结合的纺织品时尚设计来体现人们实用、美观、经济、时尚的社会生活要求。图8-1-1所示是时尚设计的发展与经济模式转变的关系。

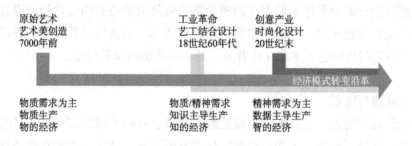

图8-1-1　时尚设计的发展与经济模式转变的关系

二、纺织品流行设计

　　纺织品流行设计是通过构想思辨来创造时尚纺织产品的一种行为过程，因此，纺织品流行设计需要将传统纺织与时尚纺织结合，构思包括引领时代流行的纺织生活方式，以及其表现出来的风格和附属的纺织产品。显然时尚纺织需要通过纺织产品来体现时尚纺织生活、流行纺织艺术、领先纺织技术三个因素。

　　从概念上看，纺织品流行设计又称纺织品时尚设计，是在综合分析前沿纺织品流行资讯和精准把握未来纺织品流行趋势的基础上，针对生活方式和消费需求所开展的前瞻性纺织品设计行为，其目的是发掘潜在流行要素，判断未来流行趋势，为纺织品设计提供明确的方向指引。目前，流行（时尚）在纺织品设计当中扮演着愈加重要的角色，已经成为影响整个纺织品生命周期的关键要素。针对特定人群的消费文化和消费习惯，洞察消费需求，预测和应用流行趋势进行流行设计是纺织品设计师的必备素质。

　　纺织品流行设计的内容包含纺织品流行资讯分析、纺织品流行趋势预测和纺织品流行设计展示三部分。

1. 纺织品流行资讯分析

纺织品流行资讯分析是对能引发流行消费的社会因素的客观分析。流行过程是指社会上一段时间内出现的或某权威性人物倡导的事物、观念、行为方式等被人们接受、采用，进而迅速推广直至消失的过程，是一种普遍的社会心理现象，涉及社会生活的各个领域，包括纺织、服装、家居、音乐、美术、娱乐、建筑、语言等。纺织品流行资讯是与纺织生活相关的客观资讯，是在一定人群或市场中被广为消费接受和模仿传播的纺织品客观现象与特征，纺织品流行资讯分析是流行趋势预测工作的重要组成部分。

2. 纺织品流行趋势预测

纺织品流行趋势预测需要反映未来一定时空条件下的人群或市场在政治、经济、文化、科技、艺术、心理等多种因素影响下，对纺织品的消费价值取向和购买行为特征。纺织品流行趋势预测应当以市场需求为导向，针对社会政治、经济、文化、消费状况及纺织品流行资讯等基础信息进行定性与定量分析，预测在未来一定时空内将在某种消费人群或市场中被广为消费接受和模仿传播的纺织品所具有的流行要素和时尚共性等设计特征，并通过纺织品流行设计来进行前瞻性展示。

3. 纺织品流行设计展示

纺织品流行设计展示是把人们潜在的消费需求以及消费心态的变化趋向通过设计元素表现出来，包括流行主题风格、色彩、图案、原料、技术、功能以及款式等。纺织品流行主题风格需要综合体现时代特色元素和文化背景，并具有明确的审美特征。

三、纺织品流行发布

纺织品流行设计的先导性行为，由权威性行业协会或相关组织实施，其目的是引导产业链上下游纺织品设计、生产、采购与消费，代表不同国家、地域、产业在市场竞争中的时尚话语权。它是在阶段性专业研究与市场调研后，针对特定时间、特定地域和目标市场的相关纺织品流行趋势进行预测，并系统性地通过展览、展会、发布会、宣传出版物等形式将之公开报告的系列活动。

纺织品流行发布以纺织品流行趋势研究成果为基础，围绕纺织全产业链及相关细分领域展开，根据当季流行趋势研究主题分区呈现，一般至少提前12个月。纺织品流行发布目前主要有以下两种形式。

（1）针对终端应用领域进行发布。按照男装、女装、运动休闲装、衬衫、牛仔、内衣及家居服、童装等细分终端应用领域，从消费者生活方式出发，结合对纤维、纱线、面料、织造、染整、服装服饰品和家纺装饰品等方面的专业研究，提出包含主题风格、色彩、图案、纱线、面料、辅料、服装服饰品、家纺装饰品等内容的流行趋势研究成果，有针对性地对纺织品进行专题化的系列展示，指导纺织品流行设计的时尚创意。

（2）依据产业发展方向进行发布。为顺应中国纺织产业"时尚、科技、绿色"新定位，在大型专业展会如中国国际纺织面料与辅料博览会上，以时尚概念区、科技和功能区、可持续时尚区和高品质区进行纺织品流行产品展示，并就科技和功能、可持续时尚、高品质等维度建立标识体系及标签，体系化呈现中国纺织产品开发的综合实力与内涵，确立中国纺织产业的时尚话语权。

在中国，纺织品流行发布的主要组织者为中国纺织工业联合会旗下的专业机构和专业协会，包括：中国纺织信息中心、国家纺织产品开发中心、中国流行色协会、中国服装协会、中国家用纺织品行业协会等，主要发布活动包括：中国色彩流行趋势发布、中国纺织面料流行趋势发布、中国服装流行趋势发布以及中国家用纺织品流行趋势发布等。按照国际惯例，一般每年度发布两次。

四、纺织品流行设计的关键词

纺织品流行设计的关键词主要有四个，分别是风格、品位、高雅和时髦。这四个关键词是分析流行现象、做好流行预测、实施流行设计的重要因素。

1. 风格

纺织品的风格是指纺织品客体表现出来的审美特征，是人们在纺织生活中表现出来的对特定纺织品的审美消费现象，纺织品的风格具有时代性、独特性和差异性，可以体现出各地区、各民族、各阶层、各行业、各年龄人群的纺织生活方式和消费特征，纺织品的风格需要综合体现时代特色元素和文化背景，并具有明确的审美特征，如嬉皮、雅皮、牛仔、朋克、HIP HOP等风格。

2. 品位

纺织品的品位是消费者对纺织品的消费品位，是指消费者在纺织生活过程中形成的消费习惯和消费定位，纺织品的品位需要明确的纺织品风格定位，具有消费专一性和识别性，是品牌确立的前提，如上海滩就是典型的中国风品牌；纺织品的品位是对纺织产品的流行风格和消费者消费定位的观察、批评和赞赏，消费者的品位有拙劣和出色、保守和夸张之分，品位是相对的，随时会变化或反转。

消费者的品位是对消费者对流行风格和时尚产品的消费批评与接受，品位与个人修养有关，具有专一性，但会受影响而变化，甚至反转，特别是品位未定的年轻人，是品牌商品的潜在消费者。

3. 高雅

纺织品的高雅是通过时尚纺织生活和纺织品消费体现出来的高尚风雅的个人形象，是纺织品风格和消费品位的综合体现。纺织品的高雅需要表现出个人具有良好教养，具有高尚举止和消费情趣，以及与之匹配的特定纺织品风格。通过纺织品高雅的消费展现出来消费者的丰富涵养，单纯却强烈，低调却内涵。高雅是通过时尚纺织生活和纺织品消费展现出来的个人风格最高境界，追求高雅的人具有强烈的性格，具有感召力，能引领消费风尚。

高雅是个人风格的最高境界，通过消费行为表现个人的消费情趣、良好品性、丰富涵养、优雅举止。

4. 时髦

纺织品的时髦是一种前卫的、符合时尚纺织生活潮流的纺织品消费现象，时髦的人会不断追逐流行，也会发展自己的纺织品风格和品位。纺织品流行趋势隐藏在生活方式中，通过设计师的发掘和创造、消费者的消费认同来加速纺织品流行的产生，好的纺织品流行设计是时髦纺织品的载体。因此，预测、发掘和驾驭流行趋势是成功设计师的必备素质。

第二节 纺织品流行设计的关键问题

纺织品流行设计是基于流行趋势预测之上的创造性活动。研究纺织品的流行趋势要权衡多方面因素,如政治经济、文化艺术、科学技术、生活方式、地域文化、民风民俗、宗教信仰等。因此,掌握流行预测的概念、方法和影响因素是做好纺织品流行设计的基础。

一、纺织品流行预测

1. 纺织品流行预测的基本概念

纺织品流行预测是流行设计的最基本的环节,在于解决两个问题:一是未来会发生的流行趋势;二是目前所发生的流行事件中,有哪些足以对未来的纺织品流行造成深远的影响。

国外采用流行预测的形式干预和引导消费品的使用,其历史大致起自第二次世界大战之后。在社会心理学研究取得大量积极成果的基础上,流行趋势预测逐步成为融文化、社会心理、经济、科学、审美为一体的综合性行为。与纺织品有关的流行预测主要有三类:一是色彩,二是面料,三是成品。

(1)色彩的流行预测以设在巴黎的国际流行色协会所作的最为权威,通常是由各会员国分别递交流行提案,最后经讨论确定几组颜色为流行色。色彩流行预测的发布以文字、色卡、实物的组合形式进行。主要强调某组颜色混合搭配的整体效果而不着重于某一单纯的色彩。

(2)面料的流行预测通常是由著名的纺织面料博览会及研究机构发布,如每年两次的中国国际纺织面料与辅料博览会等。主要注重于面料的颜色、肌理组织、原料成分,以及因不同原料和后整理工艺而造成的不同的色质感。在形式上常采用一个主题、一段文字、一幅应用效果图、一套实物样本的做法。文字是对主题的联想式阐发,应用效果图是围绕文字阐发由各种织物按色彩流行拼合的照片或色块组合,实物样本是对应用效果图的具体、形象的说明。

(3)成品的流行预测包括服装服饰、家纺装饰产品等,形式有图文组合、成品实物静态展示、动态展示等数种,以及以上几种形式的组合。服装服饰、家纺装饰产品流行预测多为行业性组织发起,广义地说,是对色彩、面料、成品流行趋势的综合性预测。许多纺织品设计师也以流行预测的形式表达他们对未来流行的看法。纺织品的流行预测多为主题性的,主题之中有一段遐想性文字阐述,说明一些突出的风格和细节,如紧身、收腰,并配以由纺织品应用效果图或照片组成的画面。静态展示是将纺织品组合应用于人体模型之上,动态展示则是以模特表演的形式进行。动态展示与静态展示因各有所长,所以经常同时使用。

国外的纺织品流行趋势预测通常是预测半年至10个月以后的流行情况,如巴黎、米兰在每年3月发布本年度秋冬的流行趋势预测,9月或10月发布下一年度春夏的纺织品流行趋势预测。并且国外的流行趋势预测建立在两个充分条件的基础之上,首先充分了解、分析大众消费心理及消费需求,保证流行预测对民众的吸引力;其次要充分考虑行业特点和现状,保证流行产品的商业行为顺利进行。从国外的流行预测中我们可以发现，纺织行业的任何一种新科技的运用、新产品的问世，都会在第一时间出现在流行趋势预报之中。这也是国外流行预测得以深入持久地开展的原因之一。

纺织品的流行趋势一般提前半年以上发布，流行不是孤立的，有延续性和发展性。以服装为例，首先是色彩的流行报告，其次是服装面料，然后才是服装成衣。而色彩预测一般会提前24个月发布，面料一般会提前12个月，成衣则至少提前半年，4月不仅仅是发布秋冬时节的流行趋势，很多品牌的成衣早已设计完成，并开始召开各种秋冬服装订货会了。一般说来，服装流行趋势一年发布两季，即春夏和秋冬，但一些著名品牌则完全打破了季节概念，一年发布四季甚至六季。

今天中国的纺织品消费已不再处于流行趋势的初级阶段，不需要再盲目追随外来的消费理念，越来越多的消费者讲究纺织品消费的"个性"与"品位"，这种诉求让当今中国品牌纺织品市场趋势预测呼之欲出，发布中国自己的纺织品流行趋势预测的结果也势在必行。这样，以纺织品消费人群研究为流行趋势的核心，以纺织品消费人群生活方式为研究根本，以国内市场调研为研究基础，以国际文化思潮为研究依据，以提升纺织生活方式为研究目标，以引领文化生活为研究高端的中国纺织品流行趋势的出现，是一个历史阶段的必然产物，在这个时期得到了新的生命力和发展空间。对国际流行信息人文思潮、定位人群变化分析、趋势创意概念、纹样、设计方案的提出、流行趋势展示方式和流行趋势在市场、品牌、产品以及文化领域的运用等内容进行了系统的、完善的研究和解析。同时借助媒体，特别是与流行趋势人群定位相吻合的自主创新的本土纺织品品牌参与发布，逐渐确立中国纺织品流行趋势预测发布和设计应用研究的权威，实现中国纺织品主导流行趋势逐渐影响世界纺织品流行走向的远期目标。

中国作为纺织品的生产大国和消费大国，国际设计机构对中国非常关注，也会针对中国市场做流行预测。而中国的纺织企业则将根据自己品牌的定位、受众的消费习惯、去年甚至前年销量好的商品特点等因素，并结合这些流行预测，从而设计出有自己风格的纺织品。流行趋势发布内容应该是以纺织品品牌的系列将纱线、色彩、面料、款式以及搭配的流行风格进行展现，使纺织品流行趋势预测更加市场化、实用化、产品化，力求给予中国纺织品品牌和消费者更加直接、更容易理解的趋势内容。

2. 纺织品流行预测的方法

（1）流行预测的主要任务。流行预测包括流行资讯、流行报告和流行设计三部分，每一个部分都需要具有前瞻性、挑战性、创新性。因为流行预测是弹性的活动，需要通盘考察与产品相关的资讯，并要得到一个满意的结果。所以流行预测的任务要求如下：①辨别现阶段的各种流行风格趋势；②持续不断地接受来自产业界与消费者双方的信息；③分析各种流行趋势兴衰的原因，寻找新的流行趋势切入点；④其他产业流行趋势的互动，寻找未明所以和未被发掘的流行线索和亮点。

（2）纺织品流行预测的基本方法。目前我国纺织品设计没有成立专门的流行趋势预测机构，企业设计师的流行设计主要是以借鉴国外纺织行业内著名品牌的流行设计为主，观察国内市场的反应，做出适合企业生产的产品策划方案。因此，目前国内纺织品流行预测的方法主要有品牌跟随者策略法、定性预测法、统计预测法三种。

①品牌跟随者策略法。品牌跟随者策略法来源于营销学，是目前国内纺织企业采用较多的方法。学习品牌领导者的经验，模仿或改善品牌领导者的产品或营销方案。纺织企业为了保证产品销量，派企业设计师或开发人员前往欧美等发达国家进行实地考察，参与与企业产品细分市场类似的著名品牌的流行发布会，以及购买热销产品，进行流行模仿与款式改善，开发企业新产品。这是目前纺织企业进行产品设计采用较多的方法，也是我国纺织品每季流行起步都会晚于欧美国家的原因，难以在国内外纺织品市场中占有商业先机，只能跟随的主要原因。

②定性预测法。定性预测法是指流行预测者以纺织品设计专家的意见，再通过一定形式综合产业链各方面的意见，作为纺织品设计流行预测未来的主要依据。纺织品设计领域专家熟悉纺织品设计业务知识、具有丰富的纺织品设计经验和综合分析能力，目前主要以英国、美国、法国、意大利欧美四大时尚之都的流行趋势预测为代表，特别是优雅代表的法国和商业化代表的美国专家的流行预测方案和意见，他们对全世界纺织市场有着丰富的感受，并具备引领时尚的专业知识和历史积淀。我国纺织品设计师在借鉴国际流行趋势的基础上，针对世界纺织流行产品，根据自己的直觉经验和综合分析，来预测企业纺织产品的流行趋势。

③统计预测法。这一方法以缜密的调研和数据统计作为基础，强调逻辑上的规律性和数理性。统计预测法以世界各地的代表性时尚之都的流行趋势数据为基础，主要包括欧美和亚洲时尚之都的流行趋势数据，如2019年世界排名前十的时尚周为巴黎、纽约、伦敦、米兰、上海、北京、东京、首尔、莫斯科和孟买，设计师非常重视流行趋势开发前对市场和消费者进行的调研工作，并从采集到的翔实数据中分析纺织品信息的变化趋势。目前我国纺织品设计师在观察国内市场反应时较多采纳这一方法。大数据时代流行趋势预测，主要采取这一方法。

二、纺织品流行预测的影响因素

1. 纺织品流行预测的基本要求

（1）纺织品流行预测需要紧密结合实际。纺织品流行预测是非常复杂的系统工程，因为服装的流行具有强烈的时代性，始终极为敏感地反映着当时的政治、经济、文化、科技发展等社会内容。因此，要预测流行，就必须研究这些社会内容的变化规律，探讨其与流行的关系。同时要认真研究过去的流行，总结各种流行之间的因果关系和变化规律，更加清晰和准确地认识现在的流行，并结合当时社会环境的变化趋势和动向，从而推测出未来的流行。

（2）纺织企业运用流行预测积极适应、引导市场。关注纺织品流行、追求市场成功是纺织企业的基础和主要任务。纺织企业应该运用流行趋势预测促进产品开发，运用流行趋势的预测指导产品开发，同时可以通过流行趋势的发布宣传自己的产品，扩大销售渠道，达到促销目的。运用好流行趋势信息，使纺织企业不再是被动和盲目地顺从市场，而是主动积极地引导市场。通过广泛的宣传，甚至从消费市场着手，来诱导和推动消费者使用他们的产品。

2. 纺织品流行预测的影响因素

在当今社会，人们对于流行时尚的追求，已经达到了痴迷狂热的程度，一阵流行风刮来，使得人们不约而同地走入流行的行列。从思想观念认识，到生活方式的变更；从言谈举止，到争先恐后的行动；从吃、穿、住、行、用，到学习、工作、娱乐、休闲，流行时尚的潮流驾驭着人们生活的方方面面。

纺织品流行预测为纺织品流行设计服务，自然会将时尚、前卫、个性连在一起，所以，纺织品流行设计与流行时尚有着密切的联系，也受到潮流生活的影响。流行纺织品是传达时尚的物质载体，流行纺织品与以往产品最大的区别在于其更新周期越来越短，流行信息已经成为纺织品消费的一个重要特征。流行趋势就是在一定的空间和时间内为大多数人所认可并可能形成社会普遍消费现象的信息分析、研究和发布，它反映了一定文化结构、一定审美倾向人群的消费意愿和行为需求，具有非常明显的社会、人文的时代特征，是对消费者的生活方式、情趣爱好和价值观念的综合分析和积极引导。

纺织品的流行是一种复杂的社会现象。影响纺织品流行预测的因素是多方面的，政治经济、文化与艺术、科学技术以及人们的日常生活方式等都会对纺织品流行的形成、规模和时间长短产生不同的影响。

（1）政治经济。在世界各国的历史上，政治经济事件是影响流行时尚的重要因素。凡有重大的政治变革，纺织品消费形式亦随之产生很大变化。社会变革常常会引起纺织服装流行的变化，如孙中山领导的资产阶级革命，形成了中山装、西装、马褂共存的现象。社会上的一些重大事件也常常成为服装流行的诱因，英国王子查尔斯举行婚礼时，戴安娜王妃的黑色塔夫绸面料的晚礼服，引起了妇女的争相效仿，一下子风靡英国，成为当时的时尚。

经济水平的提高，促进了纺织工业的发展，也使人们对纺织品的造型、花色、材质、工艺等不断提出新的需求。因此，纺织品消费的进展带动了纺织业的快速发展，加快了时尚速度。一种新的样式是否在社会上流行，首先要求社会具有大量提供该样式的物质能力，其次人们须具备相应的经济能力和闲暇时间，从某种意义上说，流行或时尚实际上追求的是一种奢侈的、高雅的生活方式。现代社会由于经济的急速增长，产品的大规模生产和成本的降低，人们收入的增加，生产水平和消费水平的大幅度提高，一方面加速了纺织品流行的节奏；另一方面使时尚成为一种人们普遍追求的大众化的生活方式。20世纪90年代，由于欧美经济的持续不景气影响了时尚领域，设计师不谋而合地倾向于返璞归真和人性的回归，简约风格的纺织品设计愈演愈烈，成为时尚。

（2）文化与艺术。文化与艺术是直接影响纺织品流行预测的重要因素。纺织文化是人与自然环境、社会环境相互作用下发生、发展和变化的。在长期的社会实践中，人类不仅发展丰富了纺织材料和纺织品的加工制作技术，使得纺织品的使用功能日趋完善，而且还形成了一套关于纺织生活方式和纺织消费行为的社会规范。虽然不同时代、不同民族观与纺织生活的社会规范各有不同，但对于生活于该文化背景下的人都有一定的约束作用，同时纺织品中的服装服饰、家纺装饰品也是人们装饰审美意识的反映，是人们表达感情、思想的方式。而近几十年随着纺织品的大规模生产，纺织品已经成为人们自我表现和闲暇生活的时尚个性化消费品。纺织品已经开始脱离了其物的实体性，而成为社会文化和精神文化的象征。

流行文化是人类共同享有的一种个人行为，如某人喜欢红色衣服，代表的是个人的爱好和习惯，而不是一种文化模式。在人类社会中，妇女穿裙子、留长发被认为是正常的行为，是人类社会中文化观念作用的结果。一个社会或民族的道德观念、风俗习惯、基本生活技能是在社会化过程中习得的。通过文化的习得，使其不断地积累和继承。如清代满族人的缺襟长袍，就是为了适应中国东北地区寒冷的天气以及满足人们骑射的习惯而产生的一种特殊的服饰形式。纺织服饰可以作为传承民族文化的载体，如生活在云贵高原的苗族没有本民族的文字，他们是通过在衣裙上刺绣纹样的方式，来记录祖先迁徙途中经过的河流、山川和曾经拥有过的城池。

社会中的艺术思潮在纺织品信息中也是一个重要的影响因素。一些具有文化背景的艺术思潮的兴起，对于纺织品流行设计产生了重大的影响。不同的时代有不同的反映其时代精神的艺术风格与艺术思潮。每个时代的艺术思潮都在一定程度上影响着该时代的纺织品艺术风格。无论是哥特式、巴洛克、洛可可、古典主义，还是现代派艺术，其艺术风格和精神内涵无一不反映在人们的衣着服饰风格上。现代妇女的解放思潮使女装表现出了男性化、个体化的意识。

追随流行时尚的人们保持着对新事物的敏感和兴趣，他们对思想文化艺术方面的各种新思潮、新作品、新术语和新人物保持着经久不衰的兴趣和热情，甚至对自己不理解的东西也努力去适应。法国荒诞派戏剧《等待戈多》在上海演出时观众虽然看懂的不多，但场场爆满的景象就是例证。

（3）科学技术。纺织品的流行时尚的兴起是科学技术发展的必然结果，随着纺织科学技术的发展，纺织面料的生产日新月异，品种花样繁多，为服装服饰与家纺装饰品的生产奠定了良好的基础。因此，纺织科学技术也是影响纺织品流行预测的重要因素。

纺织品的流行时尚有很大一部分原因应归属于纺织技术的发展。在早期手工作坊的生产模式下，纺织品是手工制作的工艺品，传统的工艺美术设计理念和制作技巧是其产品开发的基础，纺织品手工制作技艺是纺织品流行时尚的关键因素，但人们使用的主要是手工织布机，生产效率低，生产出的面料花色单一，色牢度不高，因此流行时尚在古代并不是纺织品设计的主流；到19世纪初，随着工业革命的来临，工业化大生产的兴起，纺织产品的机器化生产使纺织品设计理论倾向于指导工业化产品的开发，促使现代设计理论的发展成型，并成为现代设计理论的重要组成部分，艺工结合的纺织品设计成为纺织品流行时尚的关键因素；到20世纪中期，随着信息化时代的开端，纺织产品开发的电子化、快速化、全球化标志着纺织品信息化设计时代的到来，为纺织品流行时尚的快速发展奠定了基础；在20世纪末期，随着化纤工业和材料科学的快速发展，纺织产品的现代设计理念又受纺织材料进步的影响，纺织材料的科技进步为纺织品流行时尚增添材料创新的流行因素；在20世纪末和21世纪初期，随着创意产业的兴起与快速发展，纺织产品的设计理念又受创意设计的影响，突出纺织品创意设计的价值，"艺工商"融合的纺织品流行时尚成为纺织品设计的主流，现代社会的传播媒体使得人们可以迅速了解即将和正在流行的纺织时尚。因此，在整个纺织技术发展历程中，纺织材料和纺织加工工艺的进步不仅为纺织品流行时尚的兴起创造了条件，而且不断推动纺织品流行设计的发展。

在整个人类历史进程中，科学技术是纺织流行时尚兴起和快速发展的推动力。科学技术的应用不仅推动了纺织技术的进步，同时也影响了纺织流行时尚发展相关的通信、交通领域的应用发展，缩短了人们时空距离，人们通过电视、广播、报纸、杂志即时了解到全世界时尚之都正在流行的时尚信息，为纺织流行时尚的信息传播创造了条件。

（4）生活方式。随着社会的发展，劳动活动将生活方式化，工作和休闲的界限将模糊化，生活方式所涵盖的领域将逐步扩大。在很大程度上可以说，面向人类未来的发展，人与社会的发展和进步程度是以生活方式涵盖领域的扩大和层次提升为标志的。因此，人们生活方式的变化直接影响到纺织品流行预测和纺织流行时尚的发展。

生活方式是指人们在物质消费、精神文化、家庭及日常生活领域中的活动方式。生活方式的定义有广义和狭义之分。广义的生活方式是包括经济、政治、文化、劳动、艺术、道德、宗教、家庭、娱乐生活等一切人类社会生活的各个领域、各个方面、各个层次的全部社会生活现象的总和。狭义的生活方式是指人们的物质消费活动和个人可支配的闲暇时间活动的方式。人类的生活方式，随着物质生活和精神生活的提高而变化。生活方式对消费心理影响之深体现在，当生活方式发生变化，人们的消费行为也随之改变。

生活方式对纺织品流行预测有着多方面的影响。不同的自然环境和社会环境，对人们的纺织生活有一定的影响。人们为了生存和社会交往，必须使自己的纺织生活能适应特定的自然条件和社会环境。20世纪80年代之后，工业生产带来的负面效应，刺激了人们的环保意识，全球掀起了一股反对过剩消费，反对资源浪费的环保热潮。表现在纺织品消费上则是对工业化生产的面料进行再造，如面料上加大制作成品的针脚，成品衣服上故意出现破洞，牛仔裤也在不同部位进行摩擦做旧处理。著名设计师三宅一生推出的"一生褶"面料和服装，德国设计师推出的"金属面料"和服装都是对传统消费观念的革新。到现代社会，人们的闲暇时间增多，活动范围增大，对纺织品的健康消费要求也越来越多样化，就出现了运动休闲纺织产品的流行。

预测流行趋势，选择流行时尚的纺织生活方式，不仅仅是在于流行本身，而是源于对这种思考方式、表现方式抱有同感的人与日俱增。与此同时，在日常生活中不受他人感觉左右、选择完全符合自己所喜好的纺织商品风格，并充分享受其中乐趣，这样的流行时尚意识越来越被现代人推崇，与此相配的是许多流行时尚的纺织品产品的推出，反过来，流行产品又进一步地推动了某种生活方式和时尚风气的产生和流行。

国内外成功纺织企业的经验表明，纺织品流行趋势的研究、预测和发布对于纺织企业规避市场风险、避免生产盲目性、减少社会资源的浪费，具有积极的意义。成功的纺织企业，在其流行设计方面应该有一个三分之一理念，将流行设计分为三部分：一是过去流行所沉淀下来的经典，二是现在流行的时尚，三是将要流行的前瞻。这样就把流行的时尚贯穿为一条线，让流行有了一定的延续性。在此基础上，其流行预测只比市场提前半步。过多则超前，消费者不认可；过少则陈旧，没有卖点。

其实纺织品流行趋势并不是由几个权威和几大公司所能决定的，任何时尚的产品都要受到社会、经济、人口、教育、家庭、民俗、性别和气候等因素的影响。精确地预测纺织品流行趋势是不可能的，但流行的变化和发展是有规律、是可预测的。我们要认真地研究中华民族的传统文化和消费心理，分析和评判当今影响我国纺织品流行的诸多因素，借鉴发达国家的成功经验，用科学、系统的数据来说话，这样我们才能够把握纺织品流行的变化规律，做好纺织品流行设计。

三、纺织品流行设计的关键问题

纺织品流行设计就是通过构想思辨来创造时尚纺织产品的一种行为过程，而消费者、设计师、制造商、零售商、媒体是创造纺织品流行时尚的直接参与者。关键的问题有六个：一是谁决定流行；二是流行如何引导；三是全球市场如何统一；四是影响流行消费的主要因素有哪些；五是设计师如何发挥创意，创造流行；六是媒体如何发挥作用。

1. 谁决定流行

流行是一种产业，推动它持续发展的是纺织品设计师的创意工作。流行风尚核心是产品的流行，从产品设计、生产到销售，逐渐形成一种产业，推动它持续发展的是设计师的创造性工作。

设计师作为流行时尚的引导者曾经占据了很长一段时间。在设计师引导流行时尚的时期，国际知名设计以各种方式将流行时尚传入世界。最主要的形式是时装的流行，当设计师要求腰线变宽，它就变宽，要它变窄，它就变窄。自从高级流行服装服饰、家纺装饰产品问世以来，许多法国设计师就介入了真正的流行概念，这些设计师包括瓦伦蒂诺·加拉瓦尼（Valentino Garavani）、克里斯汀·迪奥（Christian Dior）、加布里埃·夏奈尔（Gabrelle Chanel）、约翰·加利亚诺（John Galliano）、卡尔·拉格菲尔德（Karl Lagerfeld）、伊夫·圣罗兰（Yves Saint Laurent）等。

随着人们的物质生活水平的提高，蕴藏于内心深处的个性也日益被发掘出来，在消费上表现为购物时，讲究品种，追求个性，把真实的自我在消费中得以张扬和体现，不再追寻大众化，如个性开朗的人喜欢明快的天蓝色，而喜欢自然的人则对木纹色很感兴趣，不同的消费者有不同消费个性，产品必须因人而异进行个性化的设计。设计师的作品与消费者愿望的契合在很大程度上是对生活方式的理解一致的前提下所导致的一种共识和共鸣。可以试想，一个设计师如果不是在这个层次上深刻理解消费者，即使提供给他非常详细的市场报告，如许多调研工作所做的那样消费者在哪里工作、在哪里娱乐、看什么样的杂志、饮什么牌子的酒如此等等，他还是无法体会消费者的需要，也不可能设计出合适的产品。

2. 流行如何引导

时尚都市是流行发源地，时尚都市通过时尚品牌的流行发布来引导流行。传统经济模式下，流行风尚自欧洲起，吹向美国然后到日本，经中国香港到中国内地，有时间差。数字经济模式下，大数据、网络的架构下，流行风尚的时间差逐渐消弭。

当今的米兰、巴黎、伦敦和纽约，是全球时尚的领先城市，被业界称为世界四大时尚都市（或时尚之都）。而作为一个时尚之都，必须具备引领国际时尚潮流的影响力，其独特优势之特性必须被国际所公认，通常拥有混合商业、金融、娱乐、文化和广泛的休闲活动等，其中包括时尚产品的设计、生产和零售，以及具有开办时尚周和颁奖活动的能力。

意大利米兰是最老牌的时尚都市，早在文艺复兴时期，意大利的文化在西欧各国得到广泛的传播和高度发展，意大利随之成为欧洲的"潮流达人"，在那段时间佛罗伦萨、米兰、罗马、那不勒斯、热那亚和威尼斯等城市，也都是时尚之都。而米兰再次成为世界时尚都市，是从20世纪50年代开始的，源于高级时装的崛起，而米兰周边的纺织产业集群为米兰时尚的发展奠定了基础，贯穿于米兰人日常生活的服饰，体现了纯粹的意大利风格。如今米兰"遍地开花"的一间间小型时装屋，也稳固了其重要世界时尚之都的地位，并成就了一批意大利时尚品牌。比如，闻名世界的意大利男装品牌杰尼亚（Ermenegildo Zegna），以其完美无瑕、剪裁适宜、优雅、古朴的个性化风格风靡全球。

17世纪起，意大利文艺复兴的影响渐渐散去，路易十四以雄才大略，文治武功，使法兰西王国成为当时欧洲最强大的国家，也是欧洲政治经济的中心，巴黎也确立了作为欧洲时尚中心的地位。法国巴黎被称为是优雅中体现奢侈的城市，在巴黎也成就了一批世界著名的时尚设计师。

正因为拥有这些有名望的时装屋和出色的设计师，使米兰和巴黎被认为时尚设计最为典雅和精致，是四大世界时尚都市中的佼佼者，也是引领世界流行时尚的桥头堡。到了维多利亚时代，强大的英帝国促使伦敦成为时尚中心，虽然在风格上似乎有来自巴黎的灵感，但英国伦敦体现出来的前卫和创造力，奠定了伦敦的时尚之风。而美国纽约成为世界时尚一定程度上得益于美国完善的市场经济和超前的时尚教育体系，体现出完美的新生活形态，引领西方现代生活方式和运动休闲服装的流行，一年两次的"纽约高级成衣时装周"与伦敦、巴黎、米兰时装周并列为世界四大时装展示活动。

在亚洲，时尚都市有体现东方艺术古典魅力的日本东京；东西方流行生活方式大结合的中国香港；体现国际化的汉文化，东方艺术经典的中国上海；以及体现精致的江南时尚，以互联网、消费大数据处理为基础的东方时尚E都，中国杭州。

3. 全球市场如何统一

时尚都市流行发布会推动产生时尚设计大师，时尚设计大师通过发布会来发布流行讯息，再通过时尚设计大师的品牌效应带动原材料市场、产品制造市场、产品销售市场。纺织原料、纺织面料、面料造型成品的设计师、制造商、销售商追求一个共同目标：预测流行趋势、设计流行产品、传播流行理念、赢得消费市场，从而实现设计价值。

针对纺织品设计与生产而言，有三级市场：第一级市场是原材料市场，包括天然和人造的纺织纤维原料；第二级市场是产品制造市场，包括纺织原料、纺织面料、面料造型的制成品，应用领域以服装服饰和家纺装饰为主；第三级市场是产品销售市场，包括线下的产品经销商和线上的网络交易平台。而纺织品设计师从中穿针引线，通过流行纺织产品的设计、生产和销售，起到统一上述三级市场的作用。如意大利男装品牌杰尼亚杰创始人埃麦尼吉尔多·杰尼亚（Ermenegildo Zegna）立志要将公司的产品立足于高品质的男装面料上，战略是集中在从原始市场上收集最好的羊毛原材料并投资先进的技术、员工培训和品牌推广。杰尼亚的专利布料，无论是Mil15或Trofeo，还是那些羊绒和麻、羊绒和竹纤维混纺的织物，都经得起细细品味。设计师采用的是澳大利亚新南威尔士州的阿基尔羊毛牧场的优质羊毛，经过原料加工在意大利设计和生产精细羊毛面料，主要用于设计和制作高级男装正装和满足私人定制男装的需要。而中国凡客诚品的免烫衬衫满足为亲肤透气、手感好、不能皱、不能跨、要有型、易打理的好衬衫的标准，设计师用的是中国新疆阿克苏的长绒棉，纤维的长度是

38~40毫米，用于生产80支纯棉抗皱面料，再由具有37年衬衫制作经验的日本吉国武先生来制作高档免烫衬衫。因此，持之以恒追求原料、面料、成品造型的杰尼亚男装品牌如今享誉世界；而凡客诚品遵循从原料、面料到成品三位一体的设计理念而达到统一三级市场的目的。上述两个案例清楚说明了纺织品设计师的设计行为在统一三级市场中起到不可替代的中间协调作用。

4. 影响流行消费的主要因素有哪些

研究不同消费者群体的生活方式、价值观念，才能很好地从他们身上捕捉流行信息。为流行预测的制订做好准备。

（1）消费者的主体性。纺织品设计师需要明确："流行的根本动力在于消费者，设计师和业界人士只不过是根据消费者发出的讯息在做引导和服务的反应而已。"设计师的角色将越来越像流行时尚的科学研究者，设计师不断地检视倾听与分析研究消费者的需求，以及消费市场的动态。消费者按照自己的意愿做消费选择，而不是被迫的。消费者需要的流行时尚消费会兼顾社会环境和个体需求。美国社会学家布卢默认为现在是消费者在制造流行的时代，设计师在适应消费者的需求，流行时尚是通过大众的选择实现的。虽然从表面上看，掌握流行的领导权的人是创造流行时尚的设计师，但只有消费者的集体做出选择，才能形成真正意义上的流行。

（2）消费者的类型。不同层次的消费者构成了各种类型的流行时尚消费群体，它们之间的相互影响，促进了纺织品的流行消费。世界各国因政治、经济、文化的历史与现状不同，消费群体的结构亦有差别。综合分析，纺织品流行消费的群体大致有四种类型。

先导型：由青年人组成。文化层次高，追求时髦，善于模仿，经济力量不强但消费意愿强，有一定的流行时尚鉴赏能力与审美能力，偏爱个性化和情趣高雅的纺织品。审美观念较明确模糊，购置时尚纺织品有一定盲从心理，是推动时尚纺织品消费最具潜力的消费群体。

时兴型：由中青年中的成功人士组成。有一定社会经历和经济实力，具有较高的审美观念和审美能力，看中自己的社会身份和地位，对时尚纺织品的消费要求明确具体，追求实用又高雅的产品，有选择地顺应纺织品的流行趋势，这一群体在时尚纺织品消费中具有一定权威性，是时尚纺织品消费的中坚力量。

实惠型：由中青年中的一般人士组成。经济力量较单薄，具有传统的审美观念，购置纺织品时，价格因素是首要的，着意于纺织品的功能实用性。该群体数量庞大，是廉价和促销纺织品市场的主要消费对象。但是，一旦他们事业获得成功，马上会转入时兴型消费群体，所以实惠型消费群体在时尚消费中最具不确定性。

保守型：多半是由年老长者组成，随着经济收入减少和身体健康原因，时尚观念逐步消退，审美意识逐步趋向因循守旧，对流行时尚的纺织品消费不再有追求，而对健康纺织品的需求与日俱增，所以保守型消费群体对纺织品时尚消费几乎没有影响，但对健康消费起决定作用。

（3）消费者的性别与年龄。消费者的性别与年龄是影响流行时尚消费的一个重要因素。女性对时尚产品的追逐与喜爱远远超过男性，在一个大型购物中心，男女时装的比例和购物男女的比例基本上是1：2与1：3。现代消费者追求自我风格和完美，但各个年龄阶段的消费者对时尚消费的要求也不同，对时尚的敏感度也不同。按照不同年龄层次，可以将时尚消费者分为以下四类。

第一类是15~30岁的青少年，这个年龄段的消费群，主要是学生和刚走上社会工作不久的人，经济大不完全独立。这群人对时尚产品的追求标准主要是在流行和新颖性上，是更换最快的一群，他们对时尚品牌有一定的认知，但大多无力购买名牌，他们是品牌产品潜在消费群。这个年龄阶段的消费者对时尚的敏感度最强。

第二类是31~45岁的中青年，这个年龄段的消费群，已经工作或者工作多年，有一定的经济基础和文化素养，强调生活的品质，注重生活品位。她们认为流行时尚消费是个人品位和身份的象征，故对其要求比较高。这群人是品牌产品的主要消费群。但对时尚的敏感度很高，但比第一类人差。

第三类是46~60岁的中年，这个年龄段的消费群，在社会经济活动中占有一定地位，经济收入处于稳定增长的阶段，由于身份地位的需要，对时尚消费的要求很高，是时尚品牌的忠实消费者，对流行时尚的消费重品质和高端化，但对流行的敏感度一般。

第四类是60岁以上的老年，这个年龄段的消费群，在社会经济活动中不占有主导地位，经济收入处于衰退或者停滞的阶段，对时尚消费的要求不高或者不能要求太高，不是时尚品牌的主导消费者，消费意愿减退，对时尚的敏感度较差。

5. 设计师如何发挥创意，创造流行

流行由设计师发起并协调原料、产品制造、产品销售三级市场，通过时尚都市的流行发布来影响消费者的消费动机，起到引导流行的作用，因此，设计师是流行时尚设计最能动的关键因素，纺织品设计师需要发挥主体能动性，掌握流行设计的基本规律时关注影响流行消费的各种因素，如同行独到的见解和产品风格、时尚之都的流行发布会等流行资讯。

（1）发挥设计师的主体能动性。设计师是纺织品设计过程中最能动的主体，因此影响纺织品流行设计过程的三个主要因素有设计师的洞察力、设计对象、设计的流行情境。纺织品流行设计过程依赖于设计师的洞察力，这就是说"既不是问题，也不是解决方案决定设计过程是否应该存在"，在决定某一问题是否值得设计、这一问题的设计方案将如何产生的过程中，设计师个人对问题情境的感知、对个人在设计过程中作用的意识以及对设计意图的特有的洞察力是最基本，也是最为重要的。

设计师在设计的同时观察流行。从哲学矛盾原理来说：设计与流行可说是矛盾的统一体，矛盾的双方既对立又统一。在思考设计，观察流行的过程中不断超越。"设计是一种时间、空间速度和现代化的感应。"为了选择、发展、创新，设计师需要并且热爱纺织品设计艺术，设计的目的不仅仅是创造流行而是超越流行。

从艺术价值的角度，可以这样说"画家讲激情，作家讲灵感，设计家讲情感"，此说看似有偏颇，但是设计师的每一实践，对每一产品的设计创造，别出心裁的构想创意，不可思议的特殊观察方法，不落俗套的表现手法以及新颖独特的表现形式，涵盖了画家的激情、作家的灵感与设计师对社会需求倾注的极大热情。因此，设计师的工作本身就充满创意，特别是纺织品设计师需要将创意落实到具体的纺织产品中去。

（2）掌握流行设计的基本规律。在纺织品流行设计过程中，原料、面料和面料造型设计是纺织品流行设计的主要内容。纺织原料是流行设计的先导，而流行面料是承上启下的中间环节，面料造型设计是流行产品应用效果的体现。纺织品流行设计重视用独特的表现手法传递对未来世界的希冀与期盼。从纺织品流行设计趋势来看，纺织原料流行设计以功能化和健康环保为要求，而面料设计追求更加精致讲究的整体气质，注重细节的处理和表现，纺织品造型设计则注重创造灵感和营造风格，如富有乡村休闲、都市雅皮、古典再现及现代经典等风格的设计。

除了原料、面料和面料造型设计，流行色的应用对纺织品流行设计来说非常重要。色彩是纺织品给人的第一印象，它有极强的吸引力。若想让纺织品设计出彩，必须充分了解色彩的特性，发现和挖掘纺织品市场色彩的趋势，来满足人们色彩视觉的审美需要。纺织品流行设计，从原料、面料和面料造型设计都需要抓住主流色彩和旁系色彩的应用。飞速发展的信息时代，人们的思想观念呈多元化发展，使人们对流行色的模仿和追求，建立在自由、随意甚至是自发、偶然的基础上，导致流行色彩的多元化。比如，流行色彩一方面可以是冷静、严肃的，另一方面又是疯狂、宣泄的，目的是适应这个矛盾变化的多元世界。例如，深棕色、浓烈的香料色仿佛有着神秘的力量引导着流行；精致的粉彩色和荧光色能带来科技感与未来主义气息；丰富的泥土色系和蓝色系仿佛能让消费者感觉置身夜晚的荒野；极度饱和的橘红色给人带来希望；而驼灰、灰调的肌肤色、灰绿等把我们带入一个空灵的纺织世界。所以，在现代纺织品设计中，设计师更具有一种责任感，依靠科学的市场调查和商品市场的变化规律来预测未来，依托预测技术和预测应用的研究来发布流行趋势，引导消费。总的来说，流行色在纺织品流行设计中必须考虑到产品的销售区域、对象、季节，同时还要考虑材料、加工工艺、科技条件、市场销售、经济成本及色彩流行信息等一系列因素的配合或制约。针对应用领域的实际需要，设计师将流行色在原料、面料和面料造型设计中应用得体，配合市场营销、经营策略，才能使产品在市场中立于不败之地。

设计与流行可说是矛盾的统一体，矛盾的双方既对立又统一。流行设计必须寻找新的生存空间和表现方式，所以设计师的创造性是在充满感受、反应、想象的活动中建立起来的原动力，是最关键的设计才能。创造性思维不是目的，其目的是在不断观察流行的过程中运用创造性思维的方法来创造有个性的设计作品。在流行中生成新的设计，纺织品设计师必须在思考设计的同时观察流行。在不断自我超越中完善自己，营造美好的纺织生活环境。

6. *媒体如何发挥作用*

在时尚产业链中，设计师、采购人员、媒体记者是一个典型的三角关系（图8-2-1）。媒体记者和设计师观察采购人员的采购方向；采购人员打量设计师的作品和风格；设计师留意媒体记者的流行时尚信息动向。所以媒体记者在三角关系中起到信息桥梁的作用，所有的流行时尚信息通过媒体分发，影响流行趋势的形成。直接影响到纺织品设计师的流行设计构思、计划和实施。

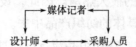

图8-2-1　时尚产业中设计师、采购人员、媒体记者的三角关系

第三节 纺织品流行设计的内容

每一位纺织行业的设计总监或流行总监，都必须不断地预测并确认将对整个产业产生冲击的流行趋势，通过流行设计和流行报告来发布并指导产品设计。

一、纺织品流行设计流程

纺织品流行设计是设计师从风格、品位、高雅、时髦的规律中发掘流行要素，结合流行资讯，通过综合设计来进行流行预测和流行发布的行为过程。精准分析流行资讯、驾驭流行趋势、制订流行方案、制作流行产品是成功设计师的必备素质。

纺织品流行设计的主要内容需要通过流行设计方案来体现，流行设计方案包括两部分内容、四个环节。两部分内容分为定质内容和定量内容，定质内容是流行思辨的过程，解决流行设计定位，未来流行什么的问题；定量内容是流行产品创造的过程，解决流行设计实施，未来怎么消费的问题。图8-3-1 所示为流行设计方案的四个环节：定质内容中的流行资讯分析、流行趋势预测，定量内容中的流行产品设计、流行设计展示。定质内容需要通过资讯分析来确定流行设计的方向定位问题。

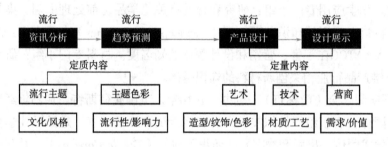

图8-3-1 流行设计方案的四个环节

二、纺织品流行设计内容

（一）纺织品流行设计定质内容

纺织品流行设计的定质内容是通过流行资讯分析和流行趋势预测来确定流行设计的方向定位问题。纺织品流行设计的流行资讯包括三级主要资讯。第一级资讯是行业协会，第二级资讯是国内外行业流行设计发布，第三级资讯是国内外专业市场和展会。以及其他相关流行资讯，如时尚媒体及出版物*VOGUE*/ WWD（*Women's Wear Daily*）、流行预测专业机构WGSN/POP趋势、竞争对手运营情况等。

1. 第一级资讯：行业协会

行业协会发布的行业基本信息用于指导行业的整体发展，是流行预测的最基本的资讯来源。

（1）中国纺织工业联合会（China National Textile and Apparel Council）。中国纺织工业联合会是全国性的纺织行业联合会，成员是有法人资格的纺织行业协会及其他法人实体，是自愿结成的非营利性的社会中介组织。协会的宗旨是为中国纺织现代化建设服务。

中国纺织工业联合会的主要分协会组成包括：中国棉纺织行业协会、中国毛纺织行业协会、中国麻纺行业协会、中国丝绸协会、中国化学纤维工业协会、中国印染行业协会、中国针织工业协会、中国纺织机械器材工业协会、中国纺织信息中心、国家纺织产品开发中心、中国流行色协会、中国服装协会、中国家用纺织品行业协会、中国产业用纺织品行业协会、中国纺织服装教育学会、中国纺织工程学会、中国纺织出版社有限公司等。

（2）美国国家纺织组织委员会（National Council of Textile Organizations）。美国纺织业组织全国委员会（NCTO）2004年3月30日在北卡罗来纳州成立。由美国原有的两家纺织业协会——美国纺织品制造商协会（ATMI）和美国纺纱商协会（AYSA）合并组建。美国纺织业组织全国委员会（NCTO）和美国纤维制造商协会（AFMA）于2018年4月1日合并，合并后的协会保留NCTO的名称。美国国家纺织组织委员会现由四个分协会组成：①纤维制造商协会（The Fiber Council）；②纱线生产商协会（The Yarn Council）；③织物及家用纺织品制造商协会（The Fabric & Home Furnishings Council）；④产业支持协会（The Industry Support Council）。

（3）美国纺织化学师与印染师协会（American Association of Textile Chemists and Colorists）。简称AATCC，成立于1921年，采用标准化办法普及纺织品染料和化学物质的专业知识，是辨别与分析纺织品的色牢度、物理性能和生物性能的非官方机构。AATCC由三个专门小组组成。化学应用专门小组：研究和普及有关化品（前处理助剂、染料、整理剂、聚合物等）在材料上应用的知识基础。C2C（concept to consumer）专门小组：从概念到消费者，研究和扩大AATCC在零售、营销和设计领域的知名度。材料专门小组：研究开发和普及宣传与纤维/纤维产品行业相关创新材料的知识基础。

（4）英国纺织学会（简称TI）。创办于1910年，英国曼彻斯特。1925年经英国政府批准为注册的职业团体，有权组织纺织技术人员资格考试和颁发证书，是国际性学会组织，有世界声誉的纺织学术团体。出版刊物有：《纺织天地》（*Textile Horizons*），月刊；《纺织学会会志》（*Journal of Textile Institute*），双月刊；《纺织进展》（*Textile Progress*），季刊。除期刊外，学会还出版纺织教科书，经常举办国际性学术讨论会。

2. 第二级资讯：国内外行业设计发布

第二级资讯是第一手资料，反映设计师、制造商、市场的产品动态的国内外行业设计发布，包括时装周、设计节、设计周、知名设计师作品发布会、知名品牌新产品发布会等。

（1）时装周。国际著名的四大时装周包括1910年开始的巴黎时装周，1943年开始的纽约时装周，1967年开始的米兰时装周和1983年开始的伦敦时装周，每年2月和9月举办两次流行设计发布会。巴黎时装周代表奢华风格，纽约时装周代表自然风格，米兰时装周代表新奇风格，伦敦时装周代表前卫风格。其他著名的时装周有东京时装周、柏林时装周和香港时装周等。

中国三大时装周包括1997年开始的中国国际时装周（北京），2001年开始的上海时装周，2003年开始的深圳时装周，每年3月与10月举办两次流行设计发布会。其他闻名的中国时装周有2011年开始的大连时装周和2016年开始的北京时装周。

（2）设计节、设计周。国内外著名的设计节、设计周包括：2014开始的新加坡设计周，时间是每年 3月；2013年开始的纽约设计周，时间是每年5月；2000年开始的米兰设计周，时间是每年4月；2005年开始的赫尔辛基设计周，时间是每年9月；2011年开始的巴黎设计周，时间是每年9月；2003年开始的伦敦设计节，时间是每年9月；2009年开始的北京设计周，时间是每年9月末10月初；1997年开始的东京设计周，时间是每年10月，而东京设计师周于2015 开始。

3. 第三级资讯：国内外专业市场和展会

通过国内外专业市场和展会等第三级资讯可以准确掌握专业市场中流行与需求的关系，包括世界各地的专业市场（线上线下）、专业零售与批发市场、行业博览会等。设计管理人员、采购人员、广告设计、营销策划人员相互配合，总结上季流行设计的成败，分析下季流行设计的方向。

4. 流行趋势预测

流行趋势预测通过需求分析和价值比较来确定流行设计主题、主题色彩（要素、文化、风格）、流行成品造型、纹饰、色彩、材质、工艺、性能以及配套和展示。

（1）设计主题又称产品主题或营销主题，主题选择需要对接企业文化。主题构思决定了产品风格，需要考虑文化背景、风格品位、消费需求等因素，来表现经典、流行、民族、超现实等不同风格。流行主题内容包括主题精神和启迪，材料、肌理、面料、结构、图案、色彩的应用等，是产品设计的决定因素。流行主题版面（情绪版）含主题构思和主题内容的视觉版面，是产品营销决定因素。

（2）流行设计的主题色彩是流行风格的第一印象。主题色彩构思包括主题色彩的流行性（来源）和主题色彩的影响力（解析）。主题色彩内容包括主题色彩精神和色彩启迪（文字），两至三组提炼的应用色彩系列。主题色彩版面包含主题色彩构思和主题色彩内容。

（3）流行设计的成品造型、纹饰、色彩效果预测。包括成品造型、纹饰、色彩的历史性（文化背景）、代表性（历史经典）、创新性（当代创新）构思；成品造型、纹饰、色彩的基本构成（素材、排列、布局）；造型、纹饰、色彩的应用方式。

5. 成品展示版面

纺织品流行设计的成品展示版面是一种视觉化的展示版面，包括成品造型、纹饰、色彩的整体构思和配套应用的提示性展示版面，以及流行面料材质、工艺、性能的视觉展示版面。流行设计的成品造型、纹饰、色彩展示版面将流行预测的内容进行视觉化展示，以期达到宣传流行设计主题、指导流行设计实施的目的；流行面料材质、工艺、性能的展示版面包括与流行设计主题一致的成品造型、纹饰、色彩效果致的面料效果（纹饰、色彩、结构）和与主题一致的面料应用方式（成品应用效果）两个部分，以期实现流行设计主题产品的落地。

（二）纺织品流行设计定量内容

纺织品流行设计的定量内容是通过流行产品设计、生产和展示环节来展示流行设计方案，并针对性提出解决纺织品流行设计方案在实施过程中会碰到的问题。具体的定量问题包括产品工艺技术、生产效率、数量、销售渠道（专卖、店中店、连锁店、批发、零售）、消费层次、产品价格、营商策略。

1. 流行设计实施过程

（1）产品原料组合设计。

（2）产品设备及工艺设计。

（3）产品功能实现。

2. 流行产品工艺技术

（1）工艺流程：织染绣编印技术的合理使用。

（2）关键技术：织染绣编印中的关键技术。

3. 流行产品销售渠道

（1）专卖店。

（2）店中店。

（3）连锁店。

（4）批发。

（5）零售。

4. 流行消费层次/价格

（1）消费人群。

（2）价格定位。

5. 流行产品营商策略

（1）竞争对手分析。

（2）产品促销方式。

（3）宣传片和代言人。

第三篇　纺织品设计实践研究

　　从手工业时代到工业化时代，纺织品设计的实践积累为同时代设计理论的形成和发展提供了前瞻性的理论依据。传统手工的纺织品制作形式（织染绣编印）和设计思想为手工业时代"工艺美术"设计理论提供了实践依据；18世纪英国纺织飞梭技术和珍妮纺纱机的发明标志着工业化时代的到来，工业化的纺织品加工方式和设计思想为"工业设计"理论的孕育和发展提供了实践依据；信息化时代以计算机技术应用为标志，而计算机技术源于纺织业的"Jacquard"提花机的工作原理。进入信息化时代以来，数码纺织技术和产品创新一直是纺织品创新的重要领域，数码纺织概念的提出以及数码纺织技术与产品开发将贯穿信息化时代的始终。

　　数码纺织概念的提出源于计算机技术与纺织技术的结合和应用，从1946年人类历史上第一台电子计算机（ENIAC）问世以来，就没有停止过在纺织技术领域的应用，所以数码纺织作为计算机技术在纺织领域应用的代名词有着与计算机技术相同的历史。在1999年巴黎国际纺织机械展览会上首次展示数码印花技术时，提出了"数码纺织"的概念以及数码纺织一体化解决方案。这就是基于计算机技术，特别是网络技术，可以将纺织品的设计、生产和销售等主要环节联系在一起，使传统的纺织行业在产品设计、生产和管理上实现程序化、智能化操作的目标，并明确指出这一新技术领域研发的重要意义和巨大的市场应用潜力。这之后，数码纺织的概念也逐渐从数码印花延伸到数码织花等相关纺织领域。数码纺织产品设计能体现出纺织艺术与纺织技术在产品中的完美结合。同时数码纺织品也是深受消费者喜欢的个性化纺织商品，其附加的需求美和价值美同样体现了时代特色。因此数码纺织品设计是"艺工商结合"的典型。

第九章 数码提花织物的创新设计

数码提花织物是数码纺织品中最具代表性的类别，近代提花技术的发展为计算机的发明提供原理的借鉴，也标志着信息化时代的到来，数码提花织物创新设计，将"艺工商结合"的纺织品设计方法论用于数码纺织品的创新设计，以纺织品设计、生产和流通一体化的设计思想（即"物"的设计与"事"的设计相互结合）为指导，在设计实践中具体分析纺织艺术、纺织技术和纺织商务在数码纺织品创新设计过程中对产品构思、设计原理和设计方法的影响，以实现设计行为的价值最大化为目标。

关键问题：

1. 数码提花织物创新设计的原理和方法。
2. 数码提花织物图案与结构的设计原理和方法。
3. 数码提花织物创新设计的构架。

第一节 数码提花织物创新设计的原理和方法

一、数码提花织物创新设计概述

1. 提花织物的基本特点

提花织物是纺织技术和纺织艺术相结合的产物，其产品属于工艺美术品范畴，是在生活领域中以功能为前提，通过纺织技术的物化手段对纺织材料进行审美加工的一种美的创造，提花织物的主体特征中具有物质和精神的双重属性，即实用性和美观性。提花织物的品种很多，从织纹结构上看，主要有单层、重纬、重经、双层四种基本类型，并常运用抛道（密纬）、色经变化、色纬变化、局部填芯、花式线运用等艺术加工手段来丰富提花织物的设计，增强织物绸面织纹的装饰性和趣味性。从传统提花织物的整个设计流程看，纹样和色彩是整个设计流程的起点，工艺和织物结构设计的目的在于纹样和色彩效果的复制，所以传统的提花织物的设计一直是一种被动的设计，是一种依样仿制的艺术设计模式，其设计的最高境界只能是仿真。数码提花技术包括以纹织CAD系统为代表的辅助设计技术，和以电子提花机与新型织机为代表的数码生产技术，其设计、生产在全数字控制的过程中完成，提花织物从设计数据到提花信息数据均在计算机中处理、控制和传输，纹织CAD系统的应用提高了提花织物设计的效率，但由于受传统提花织物设计理念的限制，其应用只是提高了仿制的效率，在产品上没有更多的艺术创新，无法真正体现"数码技术"应用所带来的创新优势。要实现提花织物设计理念的突破和创新，只有从数码设计技术的本质出发，结合提花织物的固有特点，以艺术创新的思维来指导提花织物的设计，这种"数码提花织物"的创新理念，具体表现为：利用纺织材料，结合数码提花技术，用纹织结构来创造一种全新的提花织物的艺术形象，就像是用笔绘画，用泥雕塑，用纺织原料一样可以实现以提花技术的物化手段来进行艺术创作，而且这种艺术形象只能是提花织物所特有，用其他艺术表现手段所无法达到的，因为它具有科学与艺术结合的显著特点。

2. 数码提花织物的基本特点

数码提花织物创新设计概念的提出与传统的提花织物有着本质的区别，其设计理念和设计流程完全建立在计算机能识别和处理的计算机数码设计技术的基础上。它的纹样和色彩直接采用计算机的图像和色彩模式，计算机图像只是作为提花织物结构设计的模版，并不代表提花织物最终的织纹效果，因为通过数码技术设计而得的织物效果已经超越了手绘的表达极限。

在计算机图像处理中，所有的计算机图像可分为"无彩色"和"有彩色"两种类型。根据数码色彩原理，当计算机处理黑白及"无彩色"图像的色彩时，直接采用灰度色彩模式表示黑白灰效果的图像；在处理彩色图像时，RGB色彩模式用于彩色图像的显示，CMYK色彩模式用于彩色图像的打印。"数码提花织物"的研究可以充分借鉴计算机处理图像色彩的工作原理，将提花织物的结构设计与计算机色彩处理模式相结合，这样就可以将"数码提花织物"的设计分为"无彩"和"有彩"两种方法。这里的"无彩"和"有彩"不是表示织物的色彩效果，只是数码提花织物创新设计的一种模式。

二、无彩数码提花织物的创新设计原理和方法

根据数码设计原理，特别是数码色彩原理，可以将"数码提花织物"创新设计研究在设计方法上归为无彩和有彩两部分，这里的无彩和有彩不仅表示织物的色彩效果，更代表数码提花织物创新设计的一种模式。以下对无彩数码提花织物的创新原理和方法进行深入剖析。

（一）无彩数码提花织物的创新设计背景

1. 传统提花织物的设计方法和主要特点

从传统提花织物的整个设计流程看，设计对象经纹样和色彩的手绘设计后成为整个设计流程的起点，工艺和织物结构设计的目的在于纹样和色彩效果的复制（图9-1-1），受手绘技术的局限，传统的提花织物的设计一直是一种被动的设计，是一种依样仿制的艺术设计模式，其设计的最高境界只能是仿真，而且由于显色原理的不同，这种仿真只能是相对的仿真。

在后续的提花织物设计流程中，意匠设计是关键的技术环节，体现了提花织物设计独有的技术和艺术特点，但由于提花织物的意匠设计烦琐复杂，变化丰富，数千年来都是以经验

图9-1-1 传统提花织物的主要设计流程

传带的方法进行继承。目前纹织CAD系统的应用就是以辅助提花织物意匠设计为主要目的，从而提高提花织物设计的效率，纹织CAD系统的应用从本质上看已经摆脱了手绘意匠的制约，但其设计对象仍以手绘纹样为主，在设计理念上没有更多的创新，无法真正体现数码技术应用所带来的创新优势。

2. 数码提花织物与无彩数码提花织物的创新特点

从本质上看，提花织物的织纹色彩表现遵循设计色彩学中的混色原理，是织物结构和原料色彩的完美结合，只要摆脱手绘纹样的技术局限，直接面对客观物象进行提花工艺处理，就能够实现提花织物真正意义上的创新设计。由于计算机技术原理源于提花织物的提花信息控制原理，所以利用数码技术将客观物象数字化，并将数码创新设计的数码图像直接进行结构设计的构想是可行的，该方法彻底摆脱了手工描绘的限制，将提花织物的创新设计贯穿整个设计流程，为数码提花织物的创新设计开辟了广阔的空间，设计流程如图9-1-2所示。

图9-1-2 数码提花织物的创新设计流程

根据数码设计原理中的数码色彩原理，将数码提花织物的创新设计分为无彩和有彩两种类型，用于区分数码图像的类型和对应的设计方法，这里的无彩不仅仅是指提花织物色彩，更代表一种结合无彩模式数码图像设计原理的提花织物设计方法，而计算机图像只是作为提花织物结构设计的模版，就像艺术设计中造型的基础，并不代表提花织物最终的织纹色彩效果，至于织物最后的色彩要由经纬纱线的色彩设计决定。无彩数码提花织物的设计方法基于数码色彩原理中的无彩色（或称非彩色）原理的应用，解决的是无彩模式下计算机数码图像用于提花织物的设计原理和方法，其核心在于解决无彩数码图像应用于提花织物设计的两个关键环节：数码色彩设计和数码结构设计，无彩数码提花织物的色彩设计可以以灰度色彩模式为基础；在织物结构设计上，则采用设计并建立全系列数码组织库，通过将无彩图像的灰度级别与数码组织库中的组织直接对应的方法完成其结构设计。无彩数码提花织物在织物结构类型上与传统的单层及以单层为主的提花织物类型一致，但其经纬色彩的组合设计可以从传统的捆绑设计中独立出来，形成艺术创新设计的新亮点。

（二）无彩数码提花织物的创新设计原理

1. 无彩数码提花织物的色彩设计原理

根据设计学的色彩原理，无彩色系由黑白和一系列的中性灰形成，而在计算机数码色彩原理中，对应的"无彩色"图像可以用灰度色彩模式来表示和处理，灰度色彩模式中没有色相、饱和度等色彩信息，只有一个亮度参数，亮度值最大时显示白色；亮度值最小时显示黑色，此外所有的彩色图像都可以通过色彩模式转换形成"无彩色效果"，计算机对无彩图像的表示是以不同的灰度级别来实现的，灰度级别由灰度图像的位长来控制。表9-1-1是灰度图像位长与灰度级别的关系。

表9-1-1 灰度图像位长与灰度级别的关系

位长	灰度级别
1-bit	2
2-bit	4
4-bit	16
5-bit	64
8-bit	256

根据表9-1-1，8位256级灰度的"无彩色"图像可以满足各种题材的图像的表现，可以用0~255表示不同亮度值的灰度。在正常的视觉条件下，人眼可以分辨出64级灰度的图像，设定64~256级的灰度级别，基本可以满足所有利用"无彩"数码图像进行数码提花织物设计的需要。关键的问题是如何将计算机对无彩图像的处理方法与提花织物的结构设计相结合。至于数码提花织物的织纹色彩效果，可以在完成结构设计后根据设计的需要进行经纬配色，从而产生与提花织物织纹效应一致的织纹色彩。

2. 无彩数码提花织物的结构设计原理

单层结构和以单层结构为主的提花织物与无彩图像的处理方法有着一定的共性，那就是通过单层影光组织可以实现提花织物类似无彩图像灰度级别的表示。传统的单层提花织物在组织设计时往往采用单组织设计，缺少对该组织的全息组织系列进行研究，以五枚缎纹为例，常用的传统组织为五枚纬缎、五枚经缎，但将五枚缎纹纳入数码全息组织的范畴，就可以看到其结构变化的本质。

图9-1-3所列的是两种方法设计的五枚缎纹的全息组织，产生的效果与计算机灰度图像的处理方法完全一致，在实际应用中，全息组织的设计方法可以千变万化，但其组织数目是不变的。这就为无彩数码提花织物的数码全息组织库建立提供了依据，同时也能满足计算机对数码图像灰度级别和全息组织库中组织的智能配对。根据单层提花织物的工艺特点，不同工艺的单层织物可选用组织循环的范围在5~40枚之间，按照组织的通用性和满足组织循环是常用纹针数的约数的要求，5~40之间的有效组织循环为5、8、10、12、16、20、24、30、36、40，表9-1-2是各种组织循环下可建立的数码全息组织的数据。根据满足小于256灰度级别处理的要求，可以确定每一循环组织的全息组织数目和与之相应的组织结构设计方法。数据见表9-1-2中加下划线的数字。

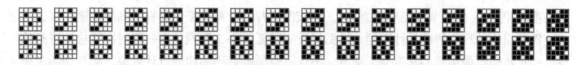

图9-1-3 五枚缎纹数码全息组织系列

其中，灰度级别的计算方法为：组织间的组织点增/减值N=R时，计算公式为R-1；N=（1/2）R时，计算式为2（R-1）-1；N=（1/4）R时，计算式为2［2（R-1）-1］-1；N=1时，计算式为［R（R-2）+1］，R表示组织循环数。该计算方法适用于所有规则缎纹和斜纹组织建立相应的数码组织库，当N=1时，建立的数码组织库就是该组织的数码全息组织库，组织库中包含了该组织的所有变化。

表9-1-2　不同组织循环的阴影组织可以产生的灰度级别数据

组织循环	灰度级别（N=R）	灰度级别N=$\frac{1}{2}$R	灰度级别N=$\frac{1}{4}$R	灰度级别（N=1）
5×5	4	—	—	16
8×8	7	13	25	49
10×10	9	17	—	81
12×12	11	21	41	121
16×16	15	29	57	225
20×20	19	37	73	361
24×24	23	45	89	529
32×32	31	61	121	961
40×40	39	77	153	1521

（三）无彩数码提花织物的设计方法

1. 无彩数码提花织物的色彩设计方法

客观物象在数字化后形成计算机图像，根据计算机灰度图像处理的原理和方法，可以将所有的数码图像在输入计算机后转化为灰度图像，在经过图像处理、修正和调节后，将满意的图像归并为符合提花织物设计要求的灰度级别。其设计过程如图9-1-4所示。

图9-1-4　无彩数码提花织物的色彩设计方法

图9-1-4中数码图像可以是通过摄像、扫描和格式转换等各种数字化方式得到，并在各种色彩模式下创新和处理，最后将彩色图像消色后形成256级灰度图像，并根据图像特点进行灰度调整，因为没有色彩差别，所以需要将灰度的对比加大，确保灰度级别中最亮和最暗的灰度值为亮度值255和0，这样在下一步灰度归并时可以保证灰度图像的最佳效果，灰度归并的原理为加大每一灰度级别的级差从而减少灰度级别，如256级灰度亮度级差为1，128级灰度亮度级差为2，64级灰度亮度级差为4，经灰度归并的计算机图像具有明确的灰度阶层，与传统提花织物计算机辅助设计不同，该图像没有必要如手工意匠处理一般对图像边缘进行修改，相反数码图像频繁的灰度交叉细节，不仅不会影响数码结构的设计效果，而且会减少织纹图案塌边病疵的产生。

2. 无彩数码提花织物的结构设计方法

无彩数码提花织物的结构设计不是被动地根据意匠色去单个设计组织，而是研究建立数码全息组织库的方法，以不变的组织库组织去满足不同灰度级别数码图像的结构设计需要。

（1）数码组织库建立的方法。无彩数码提花织物的组织库建立借鉴影光组织的设计原理，不同组织循环的简单组织都可以构建各自的全息数码组织库，但相同组织循环的组织库中的组织数完全相同。根据影光组织设计原理，以简单缎纹或斜纹为基础组织，建立从经面/纬面逐步过渡到纬面/经面的组织系列，过渡的方向主要有三种：斜向过渡、横向过渡和纵向过渡（图9-1-5）。其中斜向过渡由于组织结构平衡能力差较少使用；横向过渡用于设计经密小于纬密的品种；纵向过渡用于设计经密大于纬密的品种。

图9-1-5 影光组织过渡的三种方向示意图

除影光组织过渡的方向外，影光组织过渡的组织点增加数也非常重要，其决定了组织库中组织数目的大小。常用方法依次为：$N=R$、$N=（1/2）R$、$N=（1/4）R$、$N=1$的组织点增加方式。图9-1-6中表示8枚缎纹组织分别采用$N=8$、$N=4$、$N=2$的组织点增加方式建立的组织库（自上而下）。

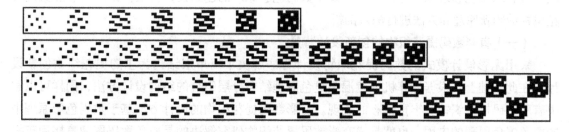

图9-1-6 影光组织过渡的组织点增加方法示意图

无彩数码提花织物的组织库根据组织间的组织点增/减值N取该组织完全循环数的数值，形成的组织库组织数目最少；组织间的组织点增/减值N取1时，组织库组织数目最大，形成该基础组织的全息组织库，图9-1-7所示为8枚缎纹组织的全息数码组织库，组织库中具有49个组织。基础组织的组织循环越大，可设计出的全息组织库的组织数目越多。

（2）数码组织库的应用方法。从全息数码组织库的设计原理和设计方法可以看出，某一类型组织的全息数码组织库包含了该组织的所有组织变化，图9-1-7所示的组织库包含了8枚缎纹的所有变化，利用该组织库中的组织可以对无彩数码图像进行结构设计，无彩数码图像中灰度的亮度值是进行组织对应的基本参数，亮度值最大值、最小值根据经纬丝线色彩配置

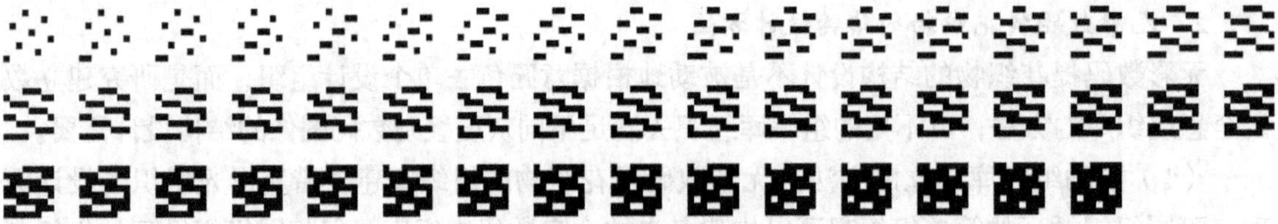

图9-1-7 无彩数码提花织物以8枚缎纹组织为基础建立的组织库

的不同，可以分别对应组织库中两端的纬面、经面或经面、纬面组织，中间的灰度则根据其亮度值的级差大小可以在组织库中找到相应的组织，该方法完全满足数码图像灰度和组织库组织智能配对的技术要求。

从工艺角度看，数码组织库中的组织由于组织循环相同，结构紧度相近，能自动满足结构平衡的要求。另外，不同组织循环的组织库在结构设计时的选用标准只与设计织物的经纬密度有关，因此，只要建立合适的数码全息组织库，就能实现无彩数码提花织物的智能设计，且与数码灰度图像的具体内容无关，也就是对数码图像可以进行没有限制的创新效果设计。

三、有彩数码提花织物的创新设计原理和方法

提花织物由经纬丝线交织而成，织物色彩的表现是提花织物设计环节中的关键因素，由于技术上的限制，传统提花织物的色彩设计一直采用以织物色彩效果模拟纹样色彩效果的设计方法。随着数码设计技术的应用，将数码提花织物设计方法分为无彩和有彩两部分，为提花织物的创新设计打开了空间，有彩数码提花织物创新设计的提出旨在打破提花织物设计环节中对色彩表现的限制，以分层组合的设计方法取代传统的平面设计方法，使创新产品在色彩效果上能体现出机织物固有的艺术风格。在这里，有彩数码提花织物的"有彩"不仅表示织物具有织纹色彩效果，还代表一种基于数码色彩原理的创新设计方法。以下对有彩数码提花织物的创新原理和方法进行深入剖析。

（一）有彩数码提花织物的创新设计背景

采用无彩设计模式的数码提花织物设计方法解决了以单层结构为主的提花织物创新设计，在此基础上，根据计算机原色混色显色原理结合分层组合的结构设计方法，同样可以解决有彩数码提花织物对丰富色彩的表现。有彩数码提花织物的设计方法基于数码色彩原理中的原色混色原理的应用，也就是说有彩数码提花织物研究解决的是彩色数码图像直接用于提花织物的设计原理和方法，其核心在于解决彩色数码图像应用于提花织物设计的两个关键环节：数码色彩设计和数码结构设计。彩色数码图像的色彩表现以原色混色原理实现，利用有限的彩色纱线同样具有表现丰富色彩的能力；在织物结构设计上，则可以在无彩提花织物数码组织库的基础上，采用分层组合的结构设计方法来实现提花织物的色彩表达。

（二）有彩数码提花织物的创新设计原理

有彩数码提花织物的创新设计理念基于利用经纬丝线进行艺术创作的构思，不再拘于手绘色彩的限制，体现了数码色彩原理与织物结构设计原理的完美结合。

1. 有彩数码提花织物的色彩设计原理

在色彩科学中，原色是表现物体色彩的基础，任何色彩都是由原色的不同分量混合而

成。提花织物的色彩表现就是通过将经纬丝线色彩作为原色进行混合实现的，而计算机对彩色图像色彩的处理充分运用了原色混合和原色分离的基本原理，两者虽然存在差异，但有限原色混合显色是其最大的共同点，这也是实现有彩数码提花织物色彩创新设计的基础。

对原色的解释主要有以下四种：色光三原色为红、绿、蓝，对应的计算机色彩模式为RGB色彩；色料三原色为红、黄、蓝，无计算机对应色彩模式；生理四原色为红、黄、蓝、绿，无计算机对应色彩模式；印刷四原色为青、品红、黄、黑，对应的计算机色彩模式为CMYK色彩，其中计算机的应用色彩模式RGB和CMYK对于有彩数码提花织物的色彩设计有很好的借鉴作用，只要结合提花织物结构设计的固有特点，通过合理的织物结构设计，就可以进行图像色彩的还原，该还原可以对图像色彩仿真，也可以进行色彩创新，所以有彩数码提花织物的色彩设计原理是基于计算机数码色彩原理和提花织物色彩表现原理的结合，完全超越了手绘的色彩模式，该色彩原理可以简单表述为：任何彩色数码图像都可以将数码色彩分解成单色的图层并消色形成无彩灰度图像，或不经过色彩分离直接消色成无彩灰度图像；无彩灰度图像可以根据不同的亮度值进行有目的的结构设计，再将若干个灰度图像的结构图按比例分层组合成完整的织物结构图；设计经纬丝线的组合和色彩，使织物呈现混色的织纹色彩效果。

2. 有彩数码提花织物的结构设计原理

有彩数码提花织物的结构设计原理基于分层组合的方法，其原理也可以解读为将若干个无彩数码提花织物结构图进行设计组合。根据提花织物的特点，可以借鉴的是传统提花织物结构类型的重结构和双层结构，但由于结构设计原理不同，有彩数码提花织物的结构设计已经没有了重和层的限制。为了满足结构平衡和组合后结构稳定的织物工艺要求，有彩提花织物的结构设计需要采用相同组织类型数码组织库中的组织进行组合，这样其结构设计的原理表现为：首先确定用于建立数码组织库的基础组织，然后分别建立各自的数码组织库，应用时须将不同数码组织库中的组织用于相间排列的灰度图层，使结构图组合后能保持良好的表面效果。图9-1-8所示是采用12枚缎纹进行二层组合结构设计的基本原理。自上而下分别是12枚缎纹基本组织的变化组织、基本组织和组合组织效果图。其中根据12枚缎纹的特点，基本组织确定为12枚5飞的纬缎，通过组织起始点位移，可以变化产生11种变化组织，除去组合后共口的1个组织，有效的变化组织有10种，意味着可以建立11个数码组织库（含基本组织的组织库），即$R-1$种，R表示组织循环数。因此，图9-1-8中10种变化组织与基本组织组合后的组合组织效果图有10种，组合方法为纬向1∶1排列，同样该排列方法适用于1∶1∶1和1∶1∶1∶1或以上的排列要求，但相同组织库中的组织不能相邻排列。根据其基础组织的组合应用效果可以推断出整个数码组织库中的组织进行组合具有相同的效果，所以在实际设计时可以借鉴基础组织的组合效果进行全息组织的应用设计。

建立在无彩数码提花织物的结构设计基础上的有彩提花织物结构设计方法，由于可以采用全息组织库进行设计，所以经过组合后的有彩提花织物具有极其丰富的组合色彩表达能力。根据表9-1-3，选择不同组织循环组织具有代表性的灰度级别（下划线），分别计算二层、三层和四层灰度图像的组合显色数据，其中H表示灰度级别，如果每个图层都选用相同的灰度级别，多层混合色的计算方法为H^L，L表示图层数，如果每个图层中的灰度级别

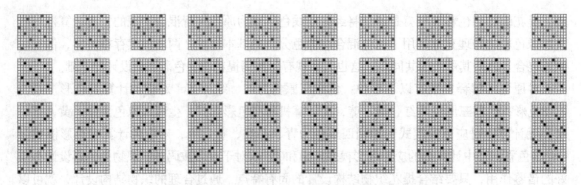

图9-1-8 有彩数码提花织物12枚缎纹的结构设计原理

不同，多层混合色的计算方法为各灰度图层灰度级别的乘积，表9-1-3中采用相同的灰度级别。可以发现，不考虑显色环节中局部相互遮盖的因素，四层灰度图像的色彩混色数据均超过百万级别，其色彩表现能力超越了人眼可以识别的范围，是传统手绘设计方式远不能及的。

表9-1-3 不同组织循环全息组织的有效灰度级别经分层混合后的色彩数据

组织循环	灰度级别 $\left[N=\dfrac{1}{4}R\right]$	灰度级别（$N=1$）	二层混合色H^2	三层混合色H^3	四层混合色H^4
8×8	25	<u>49</u>	2401	117649	5764801
12×12	41	<u>121</u>	14641	1771562	214358881
16×16	<u>57</u>	225	3249	185139	10556001
20×20	<u>73</u>	361	5329	389017	28398241
24×24	<u>89</u>	529	7921	704969	62742241
32×32	<u>121</u>	961	14641	1771562	214358881
40×40	<u>153</u>	1521	23409	3581577	547981281

注 N表示组织点增/减值，R表示组织循环数。

（三）有彩数码提花织物的设计方法

1. 有彩数码提花织物的色彩设计方法

有彩数码提花织物的创新原理是将提花织物的色彩和结构设计分离，采用分离、分层和再组合的方式来实现结构和色彩的完美结合，这是一种"眼中无色，心中有色"的艺术创作境界。根据图9-1-9的设计流程，有四种方法可以得到计算机无彩灰度图像，其中RGB和CMYK色彩模式是最基本的数码色彩模型，是基于数码原色概念的色彩分离图层，该方法适用于提花织物对数码图像的仿真设计，但由于其色彩复制原理不同，任何仿真设计都会产生多多少少的色彩偏差；采用指定数码图像中代表色的方法也可以进行色彩分离，形成指定色的灰度图层，但由于采用复色进行色彩分离，其灰度图像需要进行必要的调整；采用数码彩色图像消色后得到的灰度图像具有完整的图像造型信息，其应用可以产生意想不到的创新效果。在得到无彩的数码灰度图后，根据设计需要和各个灰度图的特点，选择可用于重新组合的灰度图层进行组织结构设计及重新组合，这样不仅能产生新的图像效果，更能产生丰富的织纹色彩效果，该效果具有随机性、唯一性和不可复制性，充分表现出数码提花织物创新设计的艺术魅力。

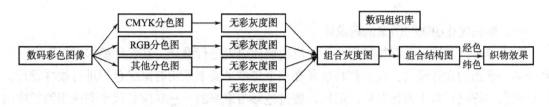

图9-1-9　有彩数码提花织物色彩创新设计流程

2. 有彩数码提花织物的结构设计方法

全新的有彩数码提花织物色彩设计方法、设计流程灵活开放，可以自由选择需要的分层灰度图像用于组合，而对于有彩数码提花织物的组织结构设计而言，正好相反，不论色彩设计多复杂，灰度图像图层如何变化，全息组织库中的组织都保持不变，这样就不用担心由于设计效果的变化会增加结构设计的难度。同样地，通过调节灰度图像的灰度级别（不取相同值），在不变化纬线颜色的前提下，用结构设计的方法也能设计出具有不同色彩偏向的提花织物。根据数码组织库建立的原理，以12枚纬缎为例，可以建立11个数码组织库，完全满足各种灰度图层组合设计的需要。图9-1-10所示为其中的两个适用的组织库，其间隔使用可以满足两个或四个灰度图层的组合设计需要，即相同的数码组织库用于第一、第三或第二、第四图层。

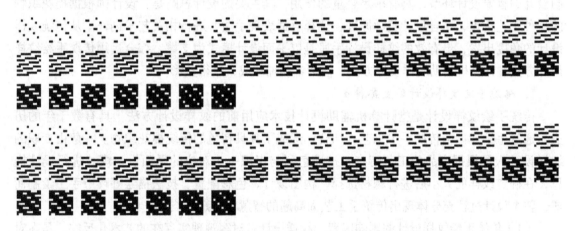

图9-1-10　有彩数码提花织物12枚缎纹的数码组织库示意图

有彩数码提花织物的结构设计是一个固定的因素，与数码图像的内容无关，这样就可以独立地完成各种组织类型的数码组织库的建立，设定固定的灰度与组织库组织的对应原则，可以轻松实现有彩数码提花织物的人工智能设计，从仿真设计到创新设计，其设计效果随着数码图像中灰度图层的变化而变化，由于有彩数码提花织物的色彩设计和结构设计具有相对的独立性，可以在完成结构设计后，再根据结构特点进行织物织纹色彩的设计创新，就如艺术原创设计一样，先造型再上色，不仅增添了提花织物创新设计的乐趣，而且可以充分展示设计者的完美构思和优秀设计师的个人魅力。

第二节　数码提花织物图案与结构的设计原理和方法

一、数码提花织物的图案创新设计

数千年来，传统提花织物采用一一对应的设计原则进行设计，其设计模式可以称为一种基于单一平面的设计模式，其主要特征是在一个二维平面上采用有限组色彩进行纹样设计，然后根据纹样色彩效果设计对应的组织，通过色彩与组织的一一对应替代来完成织物结构的设计。这种根据纹样色彩来对应设计组织的方法工作烦琐、色彩表现（色彩数）存在很大的限制。"数码纺织"概念的提出与实践，特别是提花织物数码化设计和数码图案的直接应用，使提花织物逐渐摆脱了传统手绘图案的诸多限制。随着提花织物计算机辅助设计系统和电子化提花生产设备的应用，不仅提高了提花织物的设计效率，而且为提花织物的数码化设计创新，创造了良好的条件。单一平面的设计模式是传统提花织物设计方法的主要特征，数码图像具有与传统手绘纹样截然不同的数码化艺术表现形式，如何将数码图像的数码化设计效果应用于提花织物的设计，是实现提花织物数码化设计的关键所在，而提花织物分层组合设计模式的提出很好地解决了这一问题。

（一）数码提花织物的图案设计原理和方法

提花织物设计主要分为品种工艺设计和花色纹制设计两部分，其中纹样设计作为花色纹制设计的首要设计环节，具有举足轻重的作用，其主要的设计思路是：设计师根据提花织物的品种工艺特点，结合设计美学原理，选择合适表现手法，进行相关艺术创作。从传统纹样设计的角度出发，最有效的纹样设计手段是以平面设计模式为支撑，综合运用传统手绘纹样设计方法和计算机辅助纹样设计方法，使两者相辅相成，相得益彰。

1. 传统手绘纹样设计的主要特点

传统手绘纹样设计是指计算机辅助设计技术应用前的纹样设计方法，具有数千年的历史，通过手绘设计与传统手工工艺相结合，形成了独具特色的传统提花织物。一般由专职的纹样设计人员根据产品的工艺特点，按照色彩与组织一一对应的平面设计模式进行设计构思，在确定纹样的大小后进行题材选择、构图设计、色彩配置、技法描绘等环节手工绘制而成，整个设计过程充分体现出传统手工艺人高超的智慧和娴熟的技艺。

（1）传统手绘纹样设计的影响因素。纹样设计是对客观现实存在的艺术化反映，是在对客观事物的理解、认识的基础上，融合设计者的感知、体验等，展开的一系列艺术化创作过程。传统提花织物的纹样是以既有的事物（客观自然与社会生活中的内容）为基本原型进行加工、提炼再创造形成的，包括花鸟虫鱼类、山水风景类、几何图案类、民族风情类、文字类、器物造型类等，所选取的纹样题材常被赋予各种美好的寓意，表达人们对于美好生活的憧憬和追求。

在纹样设计过程中，只有对选取的纹样素材进行合理的安排构图，才能更好地开展下一步的细致刻画，因此，纹样的构图在纹样整体塑造中起到了骨架支撑的作用。纹样的构图设计主要分为排列、布局、花型大小、接回头四个部分，其构成形式依据织物种类的不同而有所变化，一般有单独纹样、适合纹样、二方连续、四方连续等排列格局，其中四方连续是传统提花织物纹样设计中最常采用的构成形式。作为四方连续的一个单位，纹样按照散点式、重叠式、连缀式、几何式等排列方法协调、统一地进行排列，选择清地、满地或混满地的花地比例合理地进行花样布局，以获得良好的织物整体视觉效果。花纹在单位纹样内按照平接、跳接的接版方法进行接回头处理，并且根据织物的品种和用途进行花回大小的调整，综合各要素完成纹样大的骨架安排。

在合理安排好大骨架的前提下，根据织物品种的不同及丰富织物装饰性的目的，选择相应的表现手法进行纹样的细部刻画，如针对花卉类常采用写实手法进行表现，该手法刻画的形态较为逼真；或者在写实的基础上进行选择性的部分夸张提炼或取舍变形，以便于更好地表达设计者的设计意图。确定纹样的表现手法后，通过点、线、面三大构成元素相互结合，选择平涂、点绘、晕染、勾勒、块面分色等技法进行细致描绘，在对原始纹样题材提炼、概括、夸张、变化后结合相应的描绘技法完成纹样的描绘，以求达到最佳的织纹图案效果。

此外，纹样设计中的另一个至关重要的构成因素就是色彩，色彩的配置与纹样之间相辅相成，互为依托。纹样的色彩设计要以纹样的整体画面内容为主，兼顾织物的工艺特点和使用功能，根据色彩构成原理，合理配置几组色彩，通过色彩弥补手绘纹样中的不足，丰富纹样的内容，满足人们的审美情趣。

（2）传统手绘纹样设计的主要流程。传统提花织物设计以单一平面设计模式为支撑，通过有限组色彩进行纹样设计，然后将纹样色彩与织物结构实行一一对应转换，从而实现织物的制作。通过该方法进行的纹样设计操作主要依赖专业设计人员的织造经验，在充分考虑到纹样的取材、色彩等构成因素相互之间会产生影响的情况下，对纹样最终呈现效果确保"成竹在胸"，依靠人工手绘完成，设计思路如图9-2-1（彩图见封三）所示。该设计以沙漠砾石为灵感源，采用块面分色法进行平涂，共8种颜色；在意匠设计环节采用一一对应原则，8

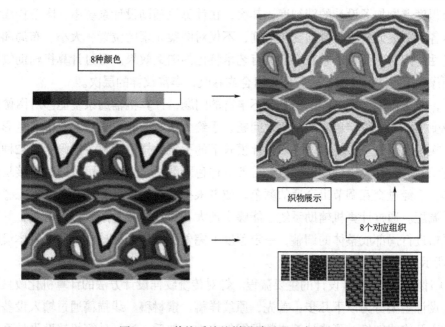

图9-2-1 传统手绘纹样设计过程示意图

种颜色对应8个组织，再配以相应的经纬纱线，形成织物。

依据该设计流程设计的纹样具有质朴、内敛的艺术效果，但因采用一一对应模式，在纹样的色彩表现上受到很大的限制，并且整个设计过程采用手工完成，设计的纹样不利于后期操作，耗时长。种种现象表明，传统手绘纹样设计方法已经不能满足纺织业大机器生产的需求。

2. 计算机辅助纹样设计的主要特点

随着计算机技术的发展，以纹织CAD系统及电子提花机为代表的计算机辅助设计得到广泛应用，推动了纺织领域的改革。通过计算机辅助设计技术的综合运用带动了织物纹样设计手段的更新，使提花织物逐渐摆脱了传统手工绘制的许多限制，不断适应提花织物设计快速化的要求。

（1）计算机辅助纹样设计的特点。计算机辅助纹样设计是对传统纹样设计的延续，是将纹样设计与计算机图像处理技术相结合、利用计算机软件处理图像的过程。与传统手绘纹样设计相比较，计算机辅助纹样设计在对纹样题材的选择、纹样的构图、色彩处理及风格塑造等方面有很大的优势，现对计算机辅助纹样设计环节中的影响因素展开详细的探讨。

计算机辅助纹样设计通过提花织物计算机辅助系统完成，是对传统纹样设计的再创新。其纹样素材一方面来自经传统手绘设计创作的纹样稿，另一方面来自系统自带的图案，还可以是织物经扫描处理后的花样图案等，相较于传统纹样设计的题材选取范围更加自由、丰富，这也为提花纹样设计创造了良好的基础条件。将选择好的纹样稿、素材稿或线描稿通过扫描仪等设备输入计算机后，进行图像格式的转换，以适用于纹织CAD系统，方便对其进行下一步的修改。

纹样输入后，通过计算机辅助系统中的图像编辑功能能够对纹样进行适当的调整。首先，通过系统中自带的图像创作工具或图像修改工具能够对输入的图像进行基本的设计或修改，一定程度上增加了设计的精细度；其次，在计算机辅助设计系统中，图案构成法则库常用于表示各种图案元素组合排列变化法则，不仅对图案元素的位置、大小、布局和排列方式等有系统性的归纳，而且还带有许多具有艺术特色的图案效果。通过计算机辅助纹样设计，可以将图像在原构图的基础上进行调整组合或修改，丰富纹样的层次。

此外，针对传统手绘纹样色彩表现不丰富的问题，计算机辅助系统能够对图像的色彩进行修改或变换，如当纹样色彩搭配出现问题、手绘无法修改时，通过系统中的色彩功能能够对其进行换色或调色。传统单一平面设计模式下的手绘纹样色彩数一般限制在32种以下，而传统提花织物通过计算机辅助纹样设计可使纹样色彩数达至上千，可以通过直接从调色板中选择色彩，后经过交互调节出合适的颜色；或者根据主观感受选择一些色彩创意感受，由计算机自动调配。通过计算机辅助系统，能够实现大花回纹样或复杂纹样的绘制，并且能够对纹样的风格进行局部或整体的调整，一定程度上完善了纹样的设计效果，其具体设计思路如图9-2-2所示。

（2）计算机辅助纹样设计的主要流程。针对传统纹样设计方法的计算机化改良，计算机辅助纹样设计主要分为以下几步：首先，原纹样稿、素材稿、线描稿通过输入设备进行纹样扫描、输入及格式转换，形成计算机数据图像文件；然后，通过计算机辅助设计系统中的作

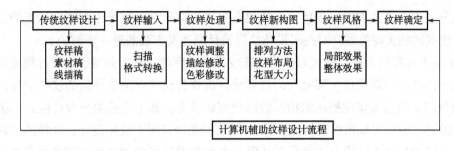

图9-2-2 计算机辅助纹样设计流程示意图

图功能对图像进行细节处理，利用色彩功能对图像进行色彩修改；之后，充分利用计算机系统中的图像调整功能对图像的构图进行整体变化。依据该流程展开的设计，在设计效率与精度方面相较于传统手绘纹样有了大幅度的提高，并且通过计算机对图像进行意匠处理，节省了大量的人力和时间。

通过对传统纹样在确定大小后的题材选择、构图设计、色彩配置、技法描绘等影响因素的分析后发现，传统手绘纹样具有较强的装饰效果，而整个设计过程及效果的呈现主要来自手绘艺人在每一个环节上精致的手工技艺，在二维空间中力求纹样具有饱满、平稳、生动的装饰美感，但由于受到一一对应原则的限制，传统手绘纹样具有一定的规律性和程式化，纹样的呈现多依赖于手绘艺人多年实践的套路，以平面化设计去适应不同材质和不同用途，是一种受制约的创造，色彩表现不丰富，并且手工设计耗时长，纹样不能进行反复修改和复制，种种因素导致传统手绘纹样设计很难适应大机器生产高速度、高效率的要求。

通过对计算机辅助纹样设计环节进行分析发现，计算机辅助纹样设计是建立在传统手绘纹样基础上进行的相对改良，在色彩表现上有了很大的提高，一定程度上弥补了手绘纹样的不足，同时提高了纹样的设计效率和质量，逐渐将设计者从纺织性重复的劳动中解脱出来，使他们集中自己的想象力和创造力进行提花织物设计，但因其沿用一一对应的平面设计模式，同样缺乏产品创新的能力。

3. 基于分层组合设计模式的数码提花纹样设计原理和方法

（1）分层组合设计模式的基本原理。分层组合设计模式是将数码图像通过分解、组合等处理方式进行再设计，应用于提花织物产品设计的一种新型模式。它突破了以往的平面设计模式，将数码图像看作是通过有限的色彩经一定比例的混合后呈现的图案，在对原有的数码图像进行色彩处理为N个单色的图层后，使每个单色图层以数据库的形式各包含着一种原色的信息，这样数码图像就被分解为立体的N层结构，针对每个层铺入相应的全息组织，后将N层结构组合成组合结构，铺入合适的色经色纬，形成织物，其流程如图9-2-3所示。相较于传统织物设计中的意匠设计环节，由原先的单个填充组织现被分解为N个组合组织，这是对织物组织设计的一大突破。

经过分析发现，分层组合设计模式所具有的以下特征同样适用于纹样设计环节：① 数码图像的形与色是可分离的，根据数码色彩原理，将单一平面的数码图像进行色彩处理成立体的N层色彩结构，可针对每个单色图层有选择地进行设计；② 数码图像的形与形是可分离的，可以将数码图像按照需要进行形状分离等操作，实现对数码图像的进一步再设计；③ 数码图像的分层组合形式多样，最后形成的混合效果没有限制，赋予了织物设计新的方式，依据该设计模式的相关特征展开对数码提花纹样设计原理及方法的进一步讨论。

（2）基于分层组合设计模式的数码提花纹样设计原理。基于分层组合设计模式的提花织物纹样设计的基本原理是用多层复合的纹样设计模式替代传统单个平面的纹样设计模式，通过纹样的分解和组合来实现提花织物的数码化创新效果，基于分层组合设计模式的提花织物纹样设计的基本原理表现出以下特点：① 数码图像能直接用于纹样设计，纹样的题材选择不受限制，纹样的色彩表现能力达到百万级别；② 将原数码图像的色彩与图案分离和分层，设计师可以选择合适的图层和组合设计方法进行纹样的创新设计，既可以实现对原数码图像的高度仿真，又可以在原纹样基础上进行创新效果设计；③ 纹样设计不再拘泥于单个纹样的设计，经分层分解后，能够实现多个纹样的复合设计，赋予提花纹样新的设计途径；④ 组合设计后的最终纹样由多个纹样图层组合而成，每个单层纹样都有复杂的变化形式，经过不同方法组合形成不可逆的创新效果，从技术上杜绝了纹样的抄袭仿制。分层组合纹样设计的基本原理阐述了其不同于传统平面纹样设计模式的设计理念，以此为基础建立更为完善的提花织物分层组合设计模式的设计流程，如图9-2-3所示，可用于指导数码提花织物的产品开发。

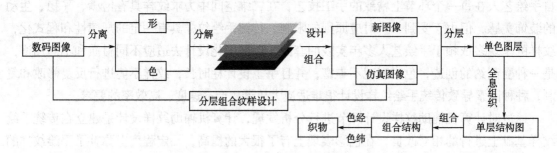

图9-2-3 提花织物分层组合设计模式流程

根据上述设计原理的表述，与传统提花织物纹样设计方法相比，基于分层组合设计模式的纹样设计的创新实质主要表现在纹样造型与纹样色彩的创新上。

纹样造型是设计师对纹样素材的提炼和整合。传统平面设计模式下，纹样的造型主要由设计素材的排列布局完成，由于纹样的色彩与织物结构需要一一对应，设计素材的表现技法只能局限于表现清晰的轮廓边缘，设计素材之间不能产生任意交集，否则将无法进行织物的结构设计。基于分层组合设计模式的提花织物设计采用从有彩到无彩的纹样设计，从无彩到有彩的结构设计过程，纹样素材的表现技法与数码图像设计方法一致，可以表达传统提花织物纹样设计没法实现的多彩晕纹效果，在纹样造型上没有任何限制。此外，基于分层组合设计模式的纹样设计采用RGB或CMYK色彩模式作为基本数码色彩模型，在保留数码图像原色信息的基础上，可以将数码图像在彩色模式下经消色转化为灰度模式，针对图像特点进行分层灰度调整，实现数码图像的灰度仿真，也可以进一步对数码图像的色彩进行原色分离和分层，实现数码图像在纹样设计环节中的彩色仿真，另外，可通过数码图像在无彩与有彩模式之间的合理化转变和纹样造型的设计变化来实现纹样效果的创新设计。

纹样色彩是设计师对纹样造型的色彩设计。传统纹样的色彩设计受织物结构设计的限制，其色彩数需要控制在64色以下，否则无法采用一一对应的结构设计方法来进行织物结构设计，而基于分层组合设计模式的数码提花织物的设计采用空间混色原理，由于织物的色彩是由经、纬线的浮长混色而成，有了经、纬线的色彩，才能设计交织点的混色效果，经分层组合设计后的纹样色彩数没有限制，混合之后的色彩可达百万级别。通过建立以原色为基础的色彩模型，依据该色彩模型进行分色分层，不仅可以实现纹样的单层设计，同时可将任何复杂的混色效果归纳为若干单色图层，以此展开相应的单层全息组织结构设计，这样就将点的混色、点的结构转化为层之间的混色、层之间的结构，从而实现经、纬线交织的混色设计，将纹样色彩与结构进行完美组合。所以基于分层组合设计模式的纹样设计在色彩创新上具有以下突出特点：一是混合色彩数超越百万级别；二是基于空间混色的色彩模型能够表现交织织物闪变色的独有效果。

（3）基于分层组合设计模式的数码提花纹样设计方法。以分层组合模式为依据，对织物纹样进行分析发现，经过分层组合设计后的织物效果与原纹样效果可以一致也可以不一致，根据基于分层组合设计模式的纹样设计原理和创新实质可以进一步归纳出适用的纹样创新设计方法体系，用于指导提花纹样的创新设计方法研究与实践，根据提花织物效果与原纹样的关系，可以将基于分层组合设计模式的纹样设计方法分为仿真效果设计和创新效果设计两类，并细分成纹样灰度处理、色彩处理、层变化处理和层纹样处理四个部分，如图9-2-4所示。

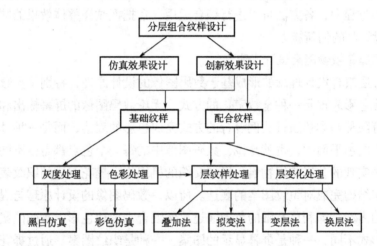

图9-2-4　分层组合纹样设计方法研究框架

① 仿真效果纹样设计方法。仿真效果是指在保证目标基础纹样的原型、色彩和肌理效果不变的前提下，通过灰度处理和彩色处理对纹样进行设计，以适用于黑白仿真和彩色仿真提花织物的结构设计。

灰度处理法主要用于对黑白图像的灰度仿真设计，其难度在于灰度过渡的变化效果是否表现得细腻，针对此问题，对原数码图像进行去色和灰度分级，通过提升灰度对比效果和增加灰度晕纹效果，使图像最终呈现出更加精确的灰度渐变和仿真效果，从而实现纹样造型和色彩的黑白高度仿真。

色彩处理法主要用于彩色数码图案的色彩仿真处理上，是分层组合模式下纹样设计的关键环节，需要对基础纹样的图案与色彩特征进行分析，然后通过原色或代表色分离、分层，形成新的纹样层，在纹样造型不变的前提下，在无彩与有彩色彩模式之间进行色彩与结构的处理，设计的分层纹样在组合后满足彩色仿真提花织物结构设计的技术要求。

② 创新效果纹样设计方法。创新效果是指基于分层组合模式的图案与色彩分层组合理念，利用数码设计技术，对基础纹样进行再设计或增加配合纹样进行组合设计，塑造出传统纹样无法达到的新颖纹样效果。基于分层组合模式的创新效果纹样设计可以通过层纹样处理和层变化处理来完成。

层纹样处理法是对分层后的纹样进行叠加法和拟变法处理，叠加法包括相同纹样素材和不同纹样素材的全部、部分和透明叠加，相同纹样素材来源于同一纹样通过图案与色彩分离获得的素材，而不同纹样素材源于不同纹样的整体与局部素材；拟变法是利用数码设计技术手段对分层后的纹样进行拟变处理，针对不同层纹样的造型、色彩与肌理进行单变或多变，从而实现纹样的整体变化。

层变化处理法是在保持分层纹样造型不变的基础上，运用层变化来实现纹样整体效果的变化，层变化处理的方法包括变层法和换层法。变层法包括层增减、层位移、层反转三种途径，层增减是通过增减层数目来实现纹样效果的创新；层位移是将分层纹样进行错位移动从而形成创新效果；层反转是改变分层纹样的色彩关系来实现纹样色彩的创新。换层法是指对基础纹样图层与配合纹样图层之间进行素材、色彩、位置或顺序之间的图层替换。另外，在提花纹样设计的过程中，各方法可以进行综合运用，在把握纹样整体效果的同时，可以充分发挥提花织物设计师的创新能力。

（二）数码提花织物图案设计实践

提花织物分层组合设计理念的形成基于数码图像的设计原理，特别是受数码色彩原理的启发。数码图像色彩表现是一种全数字化的方式，无论数码图像的屏幕输出和打印输出，其色彩都是采用有限种基本色通过比例混合的方式完成色彩的表达，而每一种基本色的色彩数据都存储在独立的色平面中，也就是说，数码图像中的每一个色点都是由不同色平面的色彩通过比例混合来实现的。提花织物属于经纬交织的机织物，提花织物的织纹表达采用有限种经纬线通过交织结构完成对织纹图案的表达。所以，数码图像的设计原理与提花织物的设计原理具有相同的内涵，即利用有限的色彩通过比例混合来表达色彩丰富的图案，唯一的区别是输出的艺术形式不同，一种是屏幕显示的图案，一种是织纹图案。通过提花织物分层组合设计模式，屏幕显示数码图像可以直接用于提花织物织纹图案的设计，而生产的提花织物的表面色彩和图案具有手绘图案无法达到的数码化效果。根据分层组合设计模式设计原理和数码色彩原理，可以将数码提花织物的设计归为无彩和有彩两部分，这里的无彩和有彩不仅仅表示织物的色彩效果，更代表数码提花织物创新设计的一种方法。

数码提花织物设计与传统提花织物单一平面的设计模式不同，数码提花织物设计采用数码化分层组合的设计模式，其织花图案设计借鉴了计算机图像设计方法，最终完成的是数码化的纹样，可直接用于提花织物的工艺处理，所以，织花图案数码化设计是信息化时代计算机设计技术应用于纹样设计的必然结果，利用计算机图形、图像处理工具，丰富了创作形式，使纹样构图更灵活，纹样描绘和修改更便捷，纹样风格和配色更直观。与数码提花织物分层组合设计模式一致，不论是仿真效果或创新效果织花图案的数码化设计都根据数码图像的色彩模式不同分为无彩数码纹样设计和真彩数码纹样设计，用于指导设计实践。

1. 无彩数码纹样设计范例

无彩效果数码纹样设计完全依托数码化设计方法，可以将黑白艺术作品和摄影作品通过无彩效果数码纹样设计完成提花织物的制作，设计师也可以根据市场需求和个人情趣进行各种创新黑白效果的织花图案设计，部分无彩效果数码纹样设计范例如图9-2-5所示。

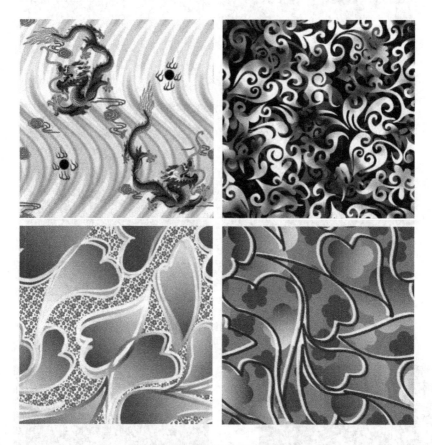

图9-2-5 各种创新效果无彩数码纹样设计范例

2. 真彩数码纹样设计范例

由于可以直接使用数码图像用于织物设计，真彩数码提花织物的设计题材广泛。但从真彩数码图像特征和表现彩色影光效果出发，选用人物肖像题材作为设计对象具有代表性意义，因为人物肖像具有细腻的彩色渐变效果和丰富的色彩表现。只要满足了人物肖像的数码仿真设计，其设计方法肯定能满足其他题材纹样的设计需要。部分真彩效果数码纹样设计范例如图9-2-6和图9-2-7（彩图见封三）所示。

二、数码提花织物组合全显色结构设计原理和方法

（一）组合全显色结构技术背景

在设计重结构时，织物结构由表组织和里组织（背衬组织）构成，由于表组织对里组织具有组织点覆盖的特点，织物表面只能显示表组织的色彩效果。传统的影光组织采用依次增

图9-2-6 二彩分层数码纹样设计范例及配色效果

图9-2-7 四彩分层数码纹样设计范例及配色效果

加组织点的方法来设计，当应用这种影光组织以分层组合的方法来设计数码提花织物的结构时发现，随着影光组织数目的增加，织物表面的组合组织增加，一种不确定因素随之产生，这就是在组合的织物结构中，组织点之间会呈现遮盖和不遮盖交互存在的现象，造成经线与纬线在织物表面的覆盖程度和显色程度难以确定，由于最终设计的织物色彩效果存在很大的随机性，所以织物表面显色的理论值与实际值相差很大，体现在织物表面的就是产生偏色和结构病疵。本研究以数码提花织物设计技术为依托，涉及一种分层组合设计模式下的创新结构设计方法。该方法打破了传统重结构设计原理中对表组织和里组织的限制，突破经纬显色的局限，利用并排丝线的混合色彩原理来设计色彩丰富的提花织物，并结合该色彩原理提供一种能够满足经纬组织点全部不覆盖的提花织物结构设计方法。该方法通过对基本组织设定全显色技术点，来设计全息组织，并建立相应的组织库，采用特定的组织应用和组合方法，实现提花织物组合结构中组织点全不覆盖的技术要求，使织物结构中的经纬线能够达到全显色的效果。应用该研究成果，可以准确计算出织物表面的最大混合显色数值，并可以通过简便有效的验证方法对全显色结果进行验证，在提花织物创新设计中的应用极为方便。

（二）数码全显色组合结构设计原理

1. 机织物组合显色的基本原理

提花织物属于机织物的一种，机织物的显色原理是一种非透明色的混合显色，该原理与透明印刷色彩原理和计算机色彩原理有着本质的区别，但它们之间也存在共同的特点，这就是都是采用有限的原色或称基本色，通过色彩混合的方法来实现丰富色彩的表达。由于机织物是通过织物结构的变化使经纬丝线在织物表面表现经纬丝线的混合色彩，所以当经纬丝线之间产生相互遮盖效应无法控制时，这种混合色彩也是不确定的，存在色彩随机丢失的现象，特别是在织物效果模拟艺术作品（如绘画作品、彩色照片）时，偏色的效果更为明显。根据机织物非透明混合显色原理，并排的彩色丝线在一定的观察距离外，人们只能看到其混合后的色彩，这种混合色彩会随着丝线色彩分量的变化而产生变化，从而达到设计丰富混合色彩提花织物的目的。根据该原理，为了确保用于色彩混合的丝线都能够参与显色，研究一种全显色的织物结构是必需的，同时该织物结构设计方法需要满足丝线色彩变化的要求，即在每一根丝线显色分量变化的同时，并排显色的丝线之间不会相互遮盖。

图9-2-8所示是两纬交替并列排列的丝线效果，图中（a）和（b）经1∶1排列成（c），（c）的效果就是一种混合色彩效果，离开一定的距离后，观察者只能看到混合后的色彩效果，而不是（a）和（b）的效果，显然当（a）和（b）的色彩分量变化时，（c）的混合色彩效果也会变化。根据该原理只要掌握（a）和（b）色彩变化的规律，就可以实现（c）的全显色目的，这种全显色是指结构上的全显色，而不是具体色彩的全显色，因为在没有明确的设计目标前，（a）和（b）可以选择任何色彩，但无论（a）和（b）的色彩如何变化，（c）的最大混合显色数是不变的，也就是实现（c）的色彩变化的结构方法是固定的。

当同向排列的丝线可以任意变化组合而不会产生组织结构上遮盖时，这种混合显色就是一种全显色的组合丝线效果，包含有参与组合显色的丝线的色彩信息，进一步，再设计变化

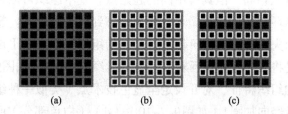

(a)   (b)   (c)

图9-2-8 二组纬混合显色示意图

组织来控制丝线全显色时的浮长，通过变化丝线的显色分量来达到控制每种丝线色彩饱和度的目的，这种织物结构就可以称为全显色结构。在全显色结构基础上，利用有限的色丝，可以实现提花织物全色系彩色影光效果设计，在全色系彩色影光效果上，可以满足各种创新设计的需要，就像数码印花一样来设计交织提花织物，该研究成果特别适用于数码提花织物的色彩仿真和色彩创新。

2. 组合全显色结构设计的基本原理

全显色织物结构同时满足非遮盖和影光变化。这种效果可以通过组合设计的方法来实现，根据传统的单一组织组合原理，在设计非遮盖组合效果时，如图9-2-9所示，固定奇数横行的组织结构，（a）为设计前状态，（b）为全部遮盖的结构效果，（c）为部分遮盖的效果，（d）为非遮盖的效果。（c）中只有一边的组织点呈相反配置，而（d）中的上下两边的组织点均呈相反配置状态，所以（d）中的并列纬线没有结构上的遮盖效应，能达到两纬同时显色的要求。因此，并排两纬全显色的必要条件就是在交替排列的横行之间的组织点至少有一个呈相反配置状态，即一横行中设计的经组织对应上下行，至少各有一个纬组织点，反之亦然。

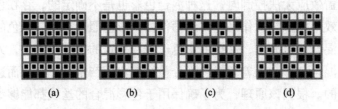

(a)　　　　(b)　　　　(c)　　　　(d)

图9-2-9　纬二重结构设计效果图

根据该原理，经过分析交替排列的两行组织点的相互关系，可以将用于组合的组织进行单独设计，称为基本组织，设计构思和原理为：对基本组织设定一种全显色技术点来满足全显色的必要条件，只要不破坏全显色技术点，在基本组织基础上设计的任何变化组织，在组合后都能满足非遮盖全显色的效果；进一步，在基本组织上可以完成全息组织的设计，并建立相应的组织库，只要存在全显色技术点，两个全息组织库中的组织可以任意组合，组合后的组织都能满足全显色的要求；再进一步，确定相同的起始点，利用两个全息组织库中的组织设计织物结构，采用相同的组合方法，组合后的织物结构图中全显色组织依然能起作用，也就是整个组合而成的织物结构图中的结构特征具备非遮盖全显色的特征。

图9-2-10中分别示意两个基本组织和各自全显色技术点的设置方法。首先选择两个基本组织Ⅰ和Ⅱ，Ⅰ和Ⅱ组织相同，但具有不同的起始点。基本组织可以在原组织中的斜纹或缎纹选择，经、纬组织循环相同，最佳循环范围为5×5到48×48之间。超过48×48时，由于织物表面丝线浮长过长而失去实际应用价值。根据Ⅱ的组织特征，对Ⅰ设定全显色技术点（类似一种组织），方法是将Ⅱ的组织点反转，并向上沿经向加强1，如图9-2-10中（b）（白色部分）所示；根据Ⅰ的组织特征，对Ⅱ设定全显色技术点（类似一种组织），方法是将Ⅰ的组织点反转，并向下沿经向加强1，如图9-2-10中（d）（白色部分）所示，这里的全显色技术点是复合在基本组织上的唯一的结构点。

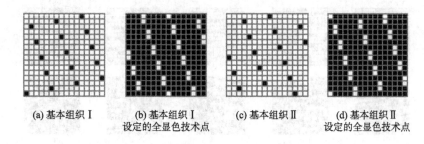

(a) 基本组织 I　　(b) 基本组织 I　　(c) 基本组织 II　　(d) 基本组织 II
　　　　　　　设定的全显色技术点　　　　　　　　设定的全显色技术点

图9-2-10　基本组织与全显色技术点

　　组合全显色结构的构想来源于非遮盖效果织物结构的设计，设定全显色技术点后，就可以以两个基本组织为基础，设计各自的全息组织和组织库，两个全息组织库中的组织任意组合都能产生非遮盖效果，达到设计全显色织物结构的要求，而且这种全显色织物结构效果不因图案题材的变化而变化。

三、数码组合全显色结构设计方法

　　在确定两个基本组织和各自的全显色技术点后，进一步设计可以用于组合的全息组织库，将两个组织库中的组织分别命名为：基础组织和配合组织。

1. 基础组织与配合组织设计

　　（1）以图9-2-10中基本组织 I 为基础，在不破坏全显色技术点的情况下，即只能在图9-2-10（b）中的黑色部分增减组织点，设计一组影光效果组织，称为基础组织，如图9-2-11所示，加强方向先右后左，使组织点尽可能连续，得到最佳的交织平衡效果。当 $M=R$ 时，基础组织的数目最小，为（$R-2$）个；当 $M=1$ 时，基础组织的数目最大，为（$R-2$）+（$R-3$）×（$R-1$）个，R 表示组织循环数，M 为影光组织组织点加强数。

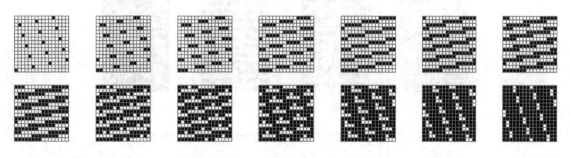

图9-2-11　以基本组织为基础的基础组织设计

　　（2）以图9-2-10中基本组织 II 为基础，在不破坏全显色技术点的情况下设计一组影光组织，先左后右，称为配合组织，如图9-2-12所示，加强方向与基础组织相反，使组合后的织物混合色彩效果最佳。当 $M=R$ 时，配合组织的数目最小，为（$R-2$）个；当 $M=1$ 时，配合组织的数目最大，为（$R-2$）+（$R-3$）×（$R-1$）个。

2. 基础组织与配合组织的应用

　　设计完基础组织和配合组织，应用前可以对其组合后的全显色组合效果进行简单验证。因为基础组织和配合组织都有各自固定的全显色技术点，在组合时只要确保起始位置相同，

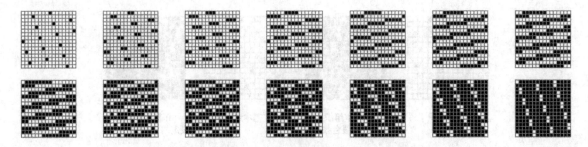

图9-2-12 以基本组织为基础的配合组织设计示意图

通过单个组织组合就可以验证全显色技术点在织物结构设计中的有效性。验证的方法是用基础组织中的第一个组织和最后一个组织分别与配合组织中的第一个组织和最后一个组织进行组合，四种效果如图9-2-13所示，（a）是第一个基础组织与第一个配合组织的组合效果，（b）是第一个基础组织与最后一个配合组织的组合效果，（c）是最后一个基础组织与第一个配合组织的组合效果，（d）是最后一个基础组织与最后一个配合组织的组合效果。如果满足组织点全不遮盖的要求，就说明基础组织和配合组织中的所有组织按上述实施方法任意组合都满足全显色的技术要求，由此可以推理出以下三点。

（1）如果验证基础组织和配合组织1:1组合后全显色技术点有效，就可以得出基础组织和配合组织交替重复排列为1:1:1:1和1:1:1:1:1:1等偶数比时同样有效。

（2）由于具有共同的全显色技术点，只要验证最小数目的基础组织和配合组织的组合结果有效，就可以确定最大数目的基础组织和配合组织的组合结果同样有效。

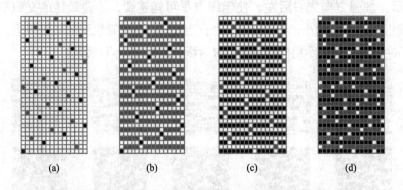

图9-2-13 基础组织与配合组织组合后非遮盖的效果图

（3）通过验证说明在基本组织和配合组织中由于设定了全显色技术点，组合后可以满足非遮盖全显色的要求，将这一特点用于织物结构设计时，只要确定相同的组织起始点，可以将基本组织和配合组织分别用于不同的单层结构设计，将设计的织物结构采用合适的组合方法进行组合，即组合比例为沿纬向1:1或1:1:1:1、1:1:1:1:1:1等交替排列的偶数比，同时基本组织和配合组织设计的织物结构图呈交替排列，组合后的织物结构图会产生组织点不遮盖的效果，这种效果与图案的题材内容无关，即可适用于各种题材的图案设计全显色织物的需要。同时根据全显色结构的特征，可以精确计算出不同循环组织用于全显色提花织物结构设计的最大组合显色数目为：$(R-2)+(R-3)×(R-1)$的L次方，L表示用于组合的织物结构图数，取偶数2、4、6等。组合后的全显色织物结构图，加上选纬信息，可直接用于设计生产多组纬全显色提花织物；将组合后的织物结构图旋转90°，再加上选纬信息，可以设计生产多组经全显色提花织物。

数码提花织物创新设计研究采用织物结构分层组合的设计方法来创新传统提花织物设计理念，其中全显色组合结构的研究是最关键的技术之一，该技术解决了提花织物全色系影光显色的结构设计问题，不仅使提花织物的有效混合显色数真正达到了百万数级，而且设计的织物结构稳定，对于设计图案的题材内容没有任何限制。该技术使提花织物设计如同数码印花设计一样自由，可以随心所欲地开发效果新颖的数码提花织物产品。

第三节　数码提花织物产品创新的架构

随着数码设计技术的应用，特别是分层组合设计模式的提出，为数码提花织物的产品创新创造了良好的条件。传统提花织物设计基于单一的平面设计模式，采用——对应的设计原则进行提花织物的结构设计，这样对提花织物的色彩表现（色彩数）存在很大的限制，提花织物的结构设计完全凭借经验来完成，设计工作烦琐而艰难。虽然目前可以利用计算机辅助设计系统来辅助设计，但由于设计模式没有改变，计算机辅助设计系统的应用仅仅提高了设计效率，并没有真正发挥出数码设计技术的产品创新优势。分层组合的设计模式是一种传统手工方式无法实现的、完全基于数码技术的设计方法，应用分层组合的设计模式可以实现提花织物的结构创新，为提花织物的创新设计提供了广阔的空间。以下对基于分层组合设计模式的数码提花织物产品创新进行系统分析，提出可行的技术路线图，并针对其中的关键技术提出最佳的解决方案，实现产品的创新设计。

提花织物的产品创新可以通过原料应用、织物结构、加工工艺、后整理来综合完成。就数码设计技术应用而言，创新的实质在于织物结构的创新，通过织物结构的创新达到织纹图案色彩的创新，这也是提花织物区别于其他织物的关键所在。

一、设计模式与产品创新的关系

单一平面的设计模式是传统提花织物设计的基本模式，织物的结构设计需要通过意匠色彩与组织——对应替换的原则来完成，基于平面设计模式下的提花织物设计已经经历了数千年的历史，显然缺乏产品创新的空间，而目前的提花织物计算机辅助设计系统完全基于传统单一平面的设计模式，所以应用提花织物计算机辅助设计系统可以提高设计效率，对传统提花织物进行产品改良，同样缺乏产品创新的能力。数码分层组合设计模式的提出完全基于数码设计技术的应用，并结合了数码图像设计的方法和数码色彩的特点，这样数码图像的获得、设计到提花织物已经融合为一个数码设计流程，只要掌握分层组合模式下织物结构的设计特征就可以实现提花织物的计算机程序化设计，计算机不再是辅助设计的工具，完全可以替代人工操作的部分流程，实现计算机的主动设计，即计算机智能设计。

通过提花织物设计模式与产品设计的关系（图9-3-1）可以看出，分层组合设计模式的提出为提花织物结构的数码化和产品的创新设计奠定了基础。通过分析，数码提花织物设计与传统提花织物设计的主要区别如下。

（1）传统提花织物采用平面设计模式；数码提花织物设计采用分层组合设计模式。

（2）传统提花织物以纹样色彩与织物结构的一一对应为色彩与结构转换设计的基本原则；数码提花织物设计只是将一一对应的设计原则用于单层无彩结构的设计。

（3）传统提花织物结构设计采用单组织设计模式；数码提花织物结构设计建立在全息组织设计基础上。

（4）传统提花织物采用计算机辅助设计可以使织物表面色彩达到上千种；数码提花织物采用分层组合的设计模式，组合后的混合色彩数以百万计。

（5）受纹样设计的限制，传统提花织物的设计最高境界是对纹样效果的仿真设计；而数码提花织物直接应用数码图像进行设计，设计织物效果可以仿真也可以创新。

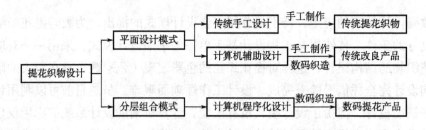

图9-3-1　提花织物设计模式与产品之间的关系

二、数码提花织物产品创新的技术路线图

数码提花织物的设计以分层组合的设计模式为基础，其技术研究的路线图如图9-3-2所示。其技术关键在于创新提花织物的结构设计方法，从而实现提花织物效果的设计创新。从设计方法层面看，分层组合的设计模式将设计过程分为无彩数码和有彩数码两部分，通过全息组织的设计和全息组织的应用组合，可以实现织物结构的变化设计，为数码提花织物的创新设计提供广阔的空间；从产品创新层面看，分层组合设计模式下的织物结构可以分为单层结构、背衬结构和分层结构三类。单层结构以单经单纬的织物为基础，可以直接应用各种全息组织，结合无彩灰度的数码图像设计方法来设计无彩数码提花织物，虽然结构简单，但由于织物组织与织物效果间存在不同的对应关系，利用各种变化的全息组织设计方法可以设计出各种效果新颖的单层结构的无彩数码提花织物，包含黑白灰仿真效果和黑白灰创新效果。背衬结构是数个单层结构组合后的复合织物结构，可以分为全遮盖、部分遮盖和非遮盖三种类型。全遮盖结构中表面丝线对里面丝线完全遮盖；非遮盖是丝线间相互不遮盖；而部分遮盖中全遮盖和非遮盖并存，是分层组合设计模式下变化形式最丰富的结构类型。配合组合全显色结构设计方法的应用，得到的非遮盖复合结构，可以用于有彩数码提花织物对数码彩色图像的仿真效果设计，而全遮盖和部分遮盖结构可以用于有彩数码提花织物的创新色彩效果设计，织物表面的丝线呈现随机混合显色的特点。分层结构是分层组合设计模式下的典型的创新结构类型，不论是单层或背衬结构都可以理解为一种织物结构，具有色彩和图案的视觉

效果，将两个独立的织物结构保持分层的状态进行组合，就可以得到一种分层效果的数码提花织物，这种提花织物可以采用有效的接结方法，如上接下、下接上或表里换层方法进行分层织物的连接，进一步设计双面异色异花或分层异色异花效果的数码提花织物。

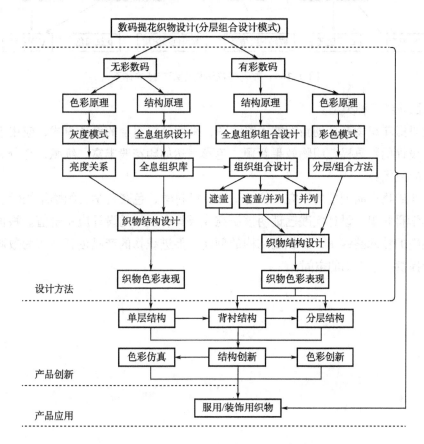

图 9-3-2　数码提花织物产品创新的设计研究路线

三、产品创新体系

从数码提花织物产品创新的技术路线图中可以发现，织物结构的创新是数码提花织物创新的根本，起到关键的桥梁作用，数码设计技术的应用需要通过织物结构创新来实现织物织纹效果（色彩图案）的创新，通过对分层组合设计模式下的无彩设计模式和有彩设计模式的技术分析，从结构与色彩创新的关系出发，可以将数码提花织物的预期的创新产品按效果进行分类，用于指导数码提花织物产品创新的深入研究。如图9-3-3所示，数码提花织物的创新设计可以分为仿真效果设计和创新效果设计两部分，由于织物的空间混色色彩原理与其他形式的色彩原理不同，数码提花织物的仿真效果设计只能是相对的效果仿真；数码提花织物的创新设计则以机织物结构特征为基础，可以直接通过结构创新来实现，也可以通过仿真效果的变化设计来实现。根据不同的织物结构特征和色彩表现的特征，无彩数码提花织物的创新效果设计主要表现在单层结构变化和组织变化所产生的肌理效果上；有彩数码提花织物的创新效果设计体现在组合织物结构的设计变化上，可以实现的创新效果主要有花纹闪色、分

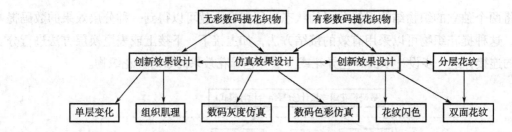

图 9-3-3　数码提花织物创新产品的体系

层花纹和双面花纹三种类型。

根据数码提花织物产品创新的技术路线图，采用分层组合的设计模式，应用不同的结构设计方法，设计的数码提花织物效果新颖，色彩表达如印花般丰富、细腻，充分表现出数码设计技术的应用优势。

数码提花织物产品创新的研究，综合了计算机科学、色彩科学、织物结构学、艺术设计学等相关的学科知识。设计实践已证明该研究成果具有良好的设计应用价值。根据数码提花织物产品创新的技术路线图，以织物结构的创新来促进织物的产品创新，将为数码提花织物的创新设计提供一个广阔的空间。

第十章 数码提花织物创新设计实例

将"艺工商结合"的纺织品设计方法论用于当前纺织品的创新设计，数码纺织品创新是很好的选择。传统提花织物的设计数千年来都是采取依样仿制的设计模式，也就是先画稿再依据画稿的色彩效果进行结构设计，这种模式受到手绘图案效果的限制，制约了提花织物创新设计的空间。"数码提花织物"的提出是计算机技术与提花技术相结合的产物，其设计理念和设计流程建立在计算机能识别和处理的计算机数码设计技术的基础上，设计对象直接采用计算机图像和色彩模式，这样"数码提花织物"的设计效果可以超越手绘图案的表达极限，真正体现出提花织物所特有的艺术魅力。

选择数码纺织品创新设计作为设计实践内容，具体的纺织产品定位是服用和装饰用纺织品，确立以纺织品设计、生产和流通一体化的宏观设计思想为指导，在设计实践中具体分析纺织艺术、纺织技术和纺织商务在数码纺织品创新设计过程中对产品构思、设计原理和设计方法的影响，并进行产品设计实践，在指导数码纺织品的创新设计的同时，以实现设计产品的价值最大化为目标，探索"艺工商结合"三位一体设计方法在实践中的优化问题，并对"艺工商结合"纺织品设计理论和方法论进行完善。

关键问题：

1. 数码提花织物的仿真效果设计方法。
2. 数码提花织物的创新效果设计方法。
3. 基于网络"设计营销一体化"设计案例。

第一节 数码仿真效果提花织物设计

数码提花织物创新设计的提出以直接利用数码图像进行提花织物设计为目的，在设计技术上采用与传统平面设计模式不同的分层组合设计模式，为提花织物的开发开辟新的途径。仿真效果提花织物在传统手工设计模式下一直是提花织物产品开发的最高境界，传统的像景织物就是其典型代表。随着数码设计技术的应用，当人们明白经纬交织织物的色彩原理与绘画和印刷等色彩表现完全不同时，仿真效果的提花织物产品开发将被仅仅看作是数码提花织物创新效果设计的一个重要组成部分，仿真效果与仿真对象之间没有绝对相同的必要，而更应该看重的是提花织物本身的艺术表现价值，这种基于织物效果的仿真应该是部分的，可选择的和优化的，数码提花织物的仿真效果完全可以超越仿真对象的本来形象，这正是数码提花织物仿真效果设计的艺术价值所在。本章节以设计原理、方法与设计实例相结合的形式来介绍数码提花织物仿真效果产品的开发。

一、仿真效果数码提花织物研究背景

随着数码提花织物创新设计的提出，直接利用数码图像进行织物结构设计成为现实，为提花织物的产品创新设计开辟了广阔的空间。数码提花织物创新设计研究有两个主要方向，即色彩与图案的创新设计和色彩与图案的仿真设计，以下对色彩与图案的仿真设计原理和方法进行深入分析，并以全显色织物结构为基础提出一种有效的仿真设计技术方案，为该领域的设计研究提供一种新的设计理念。

经纬交织织物的效果仿真设计必须采用提花织物来实现，主要包含黑白效果仿真和彩色效果仿真两个部分。黑白效果的提花仿真效果在100年前就可以通过手工设计的方法完成，如今采用计算机辅助设计方式后，黑白效果仿真的提花织物设计受制于织物结构的影光效果设计，因为采用计算机辅助设计就无法再如手工描绘影光效果一样可以自由确定组织点的增减量和增减方向，必须采用标准统一的处理方式，所以在黑白仿真效果上存在很大的差距。彩色仿真效果织物的开发更加复杂，采用传统手工设计方法费时费力，由于只能应用特定的织物结构设计和手工生产方法，技术上存在很多制约因素，无法推广应用。随着计算机辅助设计技术的应用，采用基本色混合的方法使混合的色彩能够达到数千，对平面艺术作品的色彩与图案的仿真设计达到新的阶段，但是由于交织织物和平面艺术作品存在不同的色彩混合显色原理和色彩表现方法，其仿真效果千差万别；而且现阶段的计算机辅助设计技术仍采用传统的提花织物设计理念，即将扫描输入的计算机图像进行色彩归并，形成由若干个基本色组成的图像然后进行设计，存在很多技术缺陷。具体分析：第一，采用指定若干色而不采用计算机固有的原色模式来对扫描后的计算机图像进行分色，由于原色无法由其他间色或复色混合而成，得到的分色色彩已经丢失了很多色彩信息；第二，采用影光效果的组织对分色色彩进行结构设计，对单层结构的织物没有问题，而用于组合的织物结构中，影光组织在应用组合后组织间会产生相互遮盖的效果，没有特定的抗遮盖技术根本无法使生产的织物与理论上的色彩设计原理保持一致；第三，单独为分色后的基本色进行结构设计，而非采用综合比较、统筹设计的方法，当基本色之间的色度相差很大时，无法准确表现出某基本色的实际分量，设计织物会产生该基本色的偏色。研究发现，缺乏合理可靠的结构设计方法来支持理论上的混合显色原理，虽然混合色彩原理很完善，在仿真织物的实际设计中，由于织物结构的不确定性，设计的织物效果会存在很大的随机性，只能选用特定效果的图案才可能减少偏色的发生。目前还有一种织物仿真设计研究是采用计算机对色的方法（色表法或色卡法）来避免织物结构设计过程中的不确定因素，即先根据特定的织物结构设计出各种织物色块，然后利用计算机进行测色，再根据色彩参数来对新的图案进行色彩匹配。这种方法的实质就是利用织物的结构色彩来限制图案色彩，符合织物结构优先的设计理念，特别适用于计算机程序

化的仿真设计。但是由于色卡本身的色彩空间有限，该方法只能针对特定规格的织物，如果织物规格中的参数变化，意味着色卡需要重新制作，工作量非常巨大。另外，如果有一种织物结构能够达到百万级别的混合色彩，并且结构色彩的混合是稳定的，显然就没有测色的必要了。

以上研究和分析表明，不论黑白效果仿真还是彩色效果仿真，在目前的仿真织物设计中，主要的问题来自结构设计，没有有效的组织结构设计方法来表现织物的全显色效果，同时有效控制丝线间的滑移和相互遮盖，织物表面的混合色彩就没有规律可遵循，无法避免仿真设计时发生偏色，建立的色彩原理是不可靠的，表现在黑白仿真设计中就是灰度偏差，而在彩色仿真设计中会造成严重的彩色失真。由于计算机辅助设计技术的应用解决的是设计效率问题，无法解决由于结构设计不足带来的根本问题，更不可能创造出合理的结构设计方法，所以创新结构设计的方法是仿真效果设计关键所在。随着数码提花织物分层组合的创新设计方法的提出，为提花织物的结构设计创新创造了条件：数码无彩提花织物的设计可以达到黑白效果仿真设计的目的，有彩数码提花织物设计提出的分层组合的织物结构设计方法可以使织物表面的色彩在理论上达到百万级别；在应用组合全显色结构设计方法后，可以使参与显色的并列丝线不会发生滑移和相互遮盖，同时满足色阶变化的设计要求，这样就可以有效控制交织丝线在织物表面的显色状态，使结构变化产生的混合显色变化有规律可循。如果以此为基础进一步分析其混合显色原理，只要通过技术手段解决由于混色原理差异带来的偏色问题，就能够在数码提花织物创新设计的同时，实现对数码图像色彩和图案的仿真设计。

二、黑白效果仿真数码提花织物的开发原理

近年来随着计算机技术的发展，特别是电子提花技术和计算机辅助设计（CAD）技术的应用，黑白效果仿真提花织物从传统纬二重结构的黑白像景织物的设计转为单层结构为主，使黑白效果仿真提花织物的设计效率大大提高。黑白效果仿真提花织物的设计要求织物的纹样效果和织物结构实现完美的结合，其中织物设计中的色彩设计原理和结构设计是关键环节。色彩设计原理用于黑白图像的计算机灰度处理，结构设计原理用于设计合理的影光组织。

（一）黑白效果仿真提花织物的色彩设计原理

在色彩的构成中有"有彩色"和"无彩色"之分。黑白效果仿真提花织物的色彩原理与"无彩色"的构成原理一致，由于黑白效果仿真提花织物的图像属"无彩色"效果，因此，黑白效果仿真提花织物的色彩处理就是利用计算机处理"无彩色"，即黑白灰色彩的处理过程，计算机黑白图像是位图（bitmap）格式，也就是通常所称的数码图像，它的处理流程如图10-1-1所示。

在色彩处理过程中，首先，为了图像保真，先以真彩模式输入彩色图像，经过必要的图像修改，定稿后转成八位彩色图像（256色模式）。接着，对彩色图像进行去色，丢掉色相、

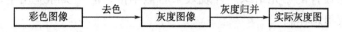

图10-1-1　黑白仿真提花织物的色彩处理流程

饱和度等色彩信息，形成黑白图像。最后，转回RGB模式（模拟黑白灰图像）和进行色彩归并，形成有限种灰度色的黑白灰图像。转回RGB模式是为了后续处理的方便，色彩归并是将256个灰度色减少到设计要求的灰度色数，方法是将图像中使用量最小的灰度色依次剔除，由色样本数据最接近的灰度色进行替换。最后定稿的黑白灰数码图像由有限种灰度色组成，灰度色数等于影光组织数，符合提花织物组织结构设计的要求。

（二）黑白效果仿真提花织物结构设计原理

黑白仿真提花织物的经纬配置设计包括经纬线原料、组合设计和经纬线密度设计。黑白仿真提花织物主要为单层纹织物，用一组经丝（黑色或白色）和一组纬丝（白色或黑色）交织而成。通过影光组织丰富的变化表现出不同的明暗关系，从而显示图像中物体的形态。由于黑白仿真提花织物要求图像细腻精致，因此，对经丝的要求很高，一般采用细而坚牢的桑蚕丝熟双经，而纬丝是构成景物的主体，为使景物饱满、光亮，纬丝常采用弱捻的桑蚕丝抱合丝（并丝）。

黑白仿真提花织物的组织设计以经、纬配置设计为基础。根据不同的经、纬配置设计出相应的影光组织。影光组织多用缎纹或斜纹作为基础，将组织从经面逐步过渡到纬面或从纬面逐步过渡到经面。过渡的方向主要有三种：纵向过渡、横向过渡和斜向过渡（图10-1-2）。在实际应用中，往往要根据黑白像景的灰度变化特点，综合以上三种方法进行影光组织的设计。除影光组织过渡的方向外，影光组织过渡的组织点增加数也非常重要，方法如图10-1-2所示，依次为R点过渡、$1/2R$点过渡和$1/4R$点过渡。

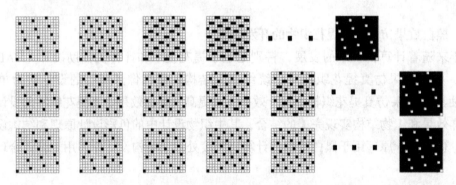

图10-1-2 影光组织过渡的组织点增加方法示意图

通过黑白仿真提花织物的结构设计实践研究可以得出以下结论：虽然全息影光组织的设计方法很多，但考虑到经纬交织平衡和大批量生产的技术要求，只有横向过渡和纵向过渡最为合适，对角过渡只有在特殊情况下才能使用；从表现黑白影光效果上看，应用横向过渡和纵向过渡的全息组织进行织物设计，亮部和暗部的黑白影光效果各有特点，需要根据经纬丝线的色彩配置来区别对待；当设计灰度效果均匀的数码图像时，因为要满足亮部和暗部的影光效果均佳的要求，单层结构的仿真效果很难达到要求。图10-1-3是一种采用综合横向、纵向和对角过渡方法设计的影光组织。外观效果看似不错，但在实际应用中，表面效果和织物组织的交织平衡都很难控制。

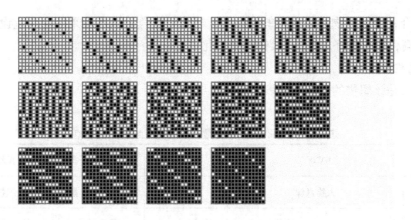

图10-1-3　综合过渡影光组织设计示意图

（三）黑白仿真效果数码提花织物产品设计实例

1. 设计构思

人物肖像、风景图案、摄影作品和文字绘画作品是黑白仿真提花织物常用的题材，不同题材的纹样在设计仿真织物时在方法上有不同的设计要求，该产品设计选择人物肖像作品中的经典题材用于黑白仿真提花织物设计，并充分利用数码设计技术，以单层织物的形式设计黑白仿真提花织物，将传统烦琐的手工意匠从设计环节中解脱出来，纳入计算机辅助设计的范畴，该产品用一组经丝和一组纬丝交织而成，通过影光缎纹组织丰富的变化，表现出不同的明暗关系，从而显示人物肖像的立体形态。该产品表现的人物肖像细部精致，过渡要求柔和，所以构思采用全真丝原料，作品效果还原逼真，装饰效果优良，以人物肖像为题材，是理想的室内个性化装饰工艺品，拥有巨大的市场开发潜力。

2. 产品风格特征、性能（外观照片）

该品种为全真丝熟色产品，高密度单层结构丝织物，地部、花部合为一体，采用细腻的影光缎纹组织表现人物肖像的明暗关系，经丝的要求很高，采用细而坚牢的桑蚕丝；纬丝是表现人物的主要原料，为使景物饱满、光亮，纬丝采用低捻的、光泽好并且丰厚的桑蚕丝。选用两个储纬器进行分纬，以减少色差，织物外观黑白效果过渡柔和，人物的明暗关系处理得当，灰度色彩应用有力，人物肖像效果还原理想，织物表面光泽柔和，装饰效果良好，如图10-1-4所示。织物在电子提花机和高速剑杆织机上生产，正面朝上。

该产品的经向组合为［22.2/24.4dtex×1（1/20/22旦）桑蚕丝8S捻/cm×2］6.8Z捻/cm的熟双经原料，经线强力满足高密度生产的需要，经练染后整经上机，经线的色彩为米白。纬向组合为22.2/24.4dtex×3（3/20/22旦）桑蚕丝3.8S捻/cm的色

图10-1-4　产品实样

丝，三根并合，增加人物肖像表现的逼真度，纬线为黑色。该产品采用全真丝设计和制织，产品档次较高，符合爱好居室DIY装饰的个性化需求。

3. 工艺规格表

表10-1-1是该织物的工艺规格表，用于指导织物设计和生产。

表10-1-1　RW001黑白数码仿真提花织物工艺规格

<table>
<tr><td colspan="2" align="center">品号</td><td colspan="3" align="center">RW001</td><td colspan="2" align="center">特点</td><td colspan="4" align="center">电子提花生产、全真丝织物</td></tr>
<tr><td colspan="2" align="center">品名</td><td colspan="3" align="center">人物肖像</td><td colspan="2" align="center">用途</td><td colspan="4" align="center">黑白人物像景织物</td></tr>
<tr><td rowspan="4">上机工艺</td><td>穿幅</td><td>外幅216cm</td><td colspan="2">内幅216cm</td><td>边幅　cm</td><td colspan="2">箱号28.8</td><td colspan="3">边箱号28.8</td></tr>
<tr><td>箱穿</td><td>正身4</td><td colspan="2">大边：　根/综，　综/箱</td><td colspan="6">绞边：4根/综，1综/箱</td></tr>
<tr><td>装造</td><td>纹针12000针</td><td colspan="2">花数4</td><td colspan="2">花幅52.5cm</td><td colspan="2">造数 单</td><td colspan="2">把吊 单</td></tr>
<tr><td>纹板</td><td>3000</td><td colspan="4">储纬器/梭箱2</td><td colspan="4">经轴 单</td></tr>
<tr><td rowspan="3">经线数</td><td>甲</td><td>24000根</td><td rowspan="3">上机纬密</td><td>甲</td><td>80根/cm</td><td colspan="2" rowspan="3">纬排方法</td><td>甲</td><td colspan="2">分纬常织</td></tr>
<tr><td>乙</td><td>根</td><td>乙</td><td></td><td>乙</td><td colspan="2"></td></tr>
<tr><td>丙</td><td>根</td><td>丙</td><td></td><td>丙</td><td colspan="2"></td></tr>
<tr><td rowspan="2">经组合</td><td>甲</td><td colspan="9">［22.2dtex/24.4dtex×1（1/20旦/22旦）桑蚕丝 8S捻/cm×2］6.8Z捻/cm，熟色</td></tr>
<tr><td>乙</td><td colspan="9"></td></tr>
<tr><td rowspan="2">纬组合</td><td>甲</td><td colspan="9">22.2dtex/24.4dtex×3（3/20旦/22旦）桑蚕丝 3.8S捻/cm，熟色</td></tr>
<tr><td>乙</td><td colspan="9"></td></tr>
<tr><td rowspan="4">成品规格</td><td>外幅</td><td colspan="2">210cm</td><td rowspan="4">原料含量</td><td colspan="2">桑丝 100%</td><td>g/m</td><td>253.1g</td><td rowspan="2">组织平衡</td><td rowspan="4">12~24枚影光组织</td><td rowspan="4">边组织</td><td rowspan="4">$\frac{2}{2}$经重平</td></tr>
<tr><td>内幅</td><td colspan="2">210cm</td><td colspan="2"></td><td></td><td></td></tr>
<tr><td>经密</td><td colspan="2">115根/cm</td><td colspan="2" rowspan="2"></td><td rowspan="2">g/m²</td><td rowspan="2">120.5g</td><td rowspan="2"></td></tr>
<tr><td>纬密</td><td colspan="2">84根/cm</td></tr>
<tr><td rowspan="5">工艺流程</td><td colspan="9">1. 一个花幅四个纹样循环。</td></tr>
<tr><td colspan="9">2. 经向工艺</td></tr>
<tr><td colspan="9">原检→络丝→捻丝→并丝→捻丝→成绞→练染→色检→络筒→整经→穿结经→织造</td></tr>
<tr><td colspan="9">3. 纬向工艺</td></tr>
<tr><td colspan="9">原检→络丝→捻丝→并丝→成绞→练染→色检→络筒→织造</td></tr>
</table>

续表

纹样幅宽26.3cm×35.7cm				意匠规格11/8				意匠色89				正面朝上	
组织数45				组织合24×24				组织库影光组织				投梭标无	
勾边自由				间丝自由				经重1				纬重1	
纹板轧法													
计算机纹制工艺	正身纹针	意匠色	1	2	3	…	…	…	…	…	…	88	89
		第一重	P2	P3	P4							P89	P90
	辅助针	选纬针											
		X6											
	样卡规划												
目板规划													
穿经顺序	一顺穿（从左到右）												

4. 主要纹制工艺设计

（1）提花机装造。采用STAUBLILX3200型12288规格电子提花机，规划纹针12000针，龙头纹针规划包含：正身纹针、停橇针、选纬针。由于该产品需下机裁剪为成品，机上不再应用正边，只是采用绞边来锁边，绞边直接使用绞边装置。根据产品的特点和装造的通用性，做以下规划，并建立电子提花机装造样卡。

12000针规划（总12288针）

纹针位置：第209针至第12208针（12000针）

选色针位置：第1针至第8针（8针选纬）

停撬针位置：第9针、第10针（2针）

电子提花机的装造采用单造单把吊形式安排，其目板的穿法为从后到前，从左到右，2花穿法，见表10-1-1。通丝总数12000把，每把2根，12000针电子提花机原配目板为32列，梅花针型排列，目板实穿32列，穿幅与筘幅相同。

（2）纹样设计。根据RW001品种工艺规格表中的要求，计算得：纹样长=纹板数/纬密=3000/88=35.7（cm）；一花纹样宽=纹针数/经密=12000/115=52.5（cm），一花幅有四个纹样循环。该纹样取材达·芬奇人物肖像名作《蒙娜丽莎》，原作为彩色，处理成黑白效果应适当提高黑白的对比度，使构图中的人物形象突出，面部轮廓清晰，与背景浑然一体，增强作品的立体感。

（3）计算机数码意匠处理。在完成图像处理后，满足计算机意匠图纹针值为3000针（纵格2400个像素点），纹格值为3000格（横格3000个像素点），意匠比为8之11或成品经纬表面密度比115：88，确保织物纹样不会变形。黑白像景织物的意匠处理关键在计算机分色处理上，作为人物肖像画，在分色时应尽量使画面灰度层次丰富，实例选用256灰度，逐渐剔除分量少的灰度，进行合并，最后形成89级灰度。由于是单层织物，将设计的影光组织铺入计算机意匠图，并形成二色的组织意匠图，效果如图10-1-5所示。

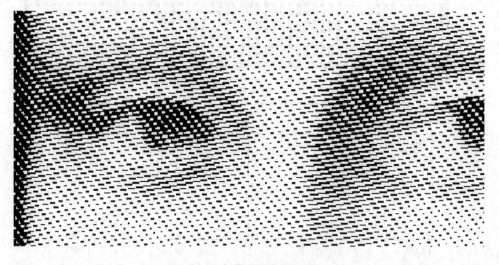

图10-1-5　计算机组织意匠图

（4）影光组织设计。根据RW001品种的产品工艺要求和产品风格特点，设计影光组织并编号输入计算机，根据该像景织物采用白经黑纬的高密度经纬组合，设计组织循环为24枚的影光组织，由24枚纬缎按每次增加的组织点个数为该组织完全循环数的1/4进行设计，所得的影光组织数根据式$2[2(N-1)-1]-1$计算得89个，N=组织循环数，为有效避免重经重纬效应，采用综合的组织点增加过渡方法（先纬向再经向），建立的影光组织库如图10-1-6所示，组织的计算机轧法按表10-1-1中所列要求输入。

该产品不设正边，绞边由织机上的绞边装置控制，选纬方式简单，只用一纬常织，但在具体生产中，也常通过分纬用两针选纬针控制两个储纬器交换投纬，以避免不同筒子换筒时

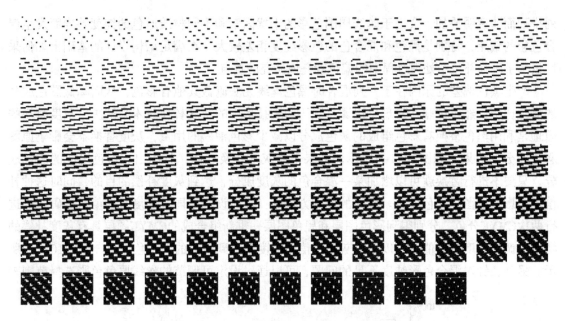

图10-1-6　综合过渡89级灰度影光组织组织库

明显色档的产生，同时降低停机换筒的频率，所以该例的选纬采用分纬方式。

（5）纹板制作与试样。在完成计算机组织意匠图修改、样卡文件编辑、投梭标设计（分纬）和组织库建立后，按编制好的轧法说明输入组织，并选择提花机适用的纹板类型进行纹板的制作，制作完成的纹板，经过调入显示和校验经纬浮长，确保无误后便可以进行试样和生产。

三、彩色仿真效果数码提花织物的开发原理

组合全显色结构设计方法的提出，可以满足同向偶数组排列丝线在表现灰度变化的同时又满足丝线间相互不遮盖的特点，这样就可以建立起一种适合经纬交织织物的非透明、并列混合显色的色彩原理，由于人们在一定距离之外观察并列排列的丝线，看到的是一种混合后的色彩效果，所以随着丝线浮长的变化，并列排列的丝线可以呈现出不同的色彩。只要在分层组合的数码提花织物设计模式上，研究出合适的数码图像分色和色彩组合方法，对数码图像的色彩与图案进行提花织物仿真就能够实现。

（一）色彩仿真设计原理和方法

提花织物属于经纬交织织物，交织织物的色彩原理基于非透明色的混合显色，该原理与透明印刷色彩原理和计算机色彩原理有着本质的区别，但具有通过原色表现混合色彩的共同特点。根据色彩原理，原色可以组成间色和复色，但原色无法由其他颜色混合而成，所以原色是处理数码图像分色的最佳模式，采用间色和复色都会在分色过程中丢失色彩信息，这是产生偏色的主要原因之一。由于色丝混色属于非透明色的混合，与色光三原色RGB的加法混色原理不同，所以在数码色彩中只有CMYK色彩模式最适用于数码图像的分色。确定了分色的最佳原色，就可以根据显色原理的差异解决偏色问题，首先要找到产生偏色的原因。从理论上看，混合色彩M+Y=R，C+Y=G，C+M=B，C+M+Y=K，但是在实际应用时，由于丝线并

列排列而非透明叠加，会由于丝线周围色彩的干扰因素和不同材质原色的纯度差异而发生混合色彩的偏差，特别是黑色和混合色的色彩纯度相差较大，在满足结构设计的基础上如何采用技术手段弥补色彩处理过程中的偏色就是该研究的重点。

产生黑色偏差的原因在于并列混合时黑色丝线无法遮盖其他有彩色，从而降低黑色成分的显色比例，经过试验，发现可以通过数码印刷技术中的灰度替换技术来解决，灰度替换的原理是利用黑色替换有彩色组成的灰色成分以减少彩色油墨的用量，灰度替换不会影响原图彩色成分的效果，如图10-1-7所示。如果采用灰度替换原理，分离出有彩色组成的灰色成分，只要不进行替换就可以增加某一混合色的灰度成分，达到灰度补偿的目的，同时这种补偿不会影响原图的彩色成分。具体的处理方法是：通过设定不同的灰度替换值对数码图像进行两次CMYK分色，分别得到彩色图层和黑色图层，重新组合成的CMYK图层具有灰度补偿的特点，调节灰度替换值，可以变化灰度补偿的程度来达到最佳的无彩色效果，如图10-1-8所示。另外，针对混合色彩纯度不足的问题，可以通过设定可调节的丝线原色色彩选择范围来

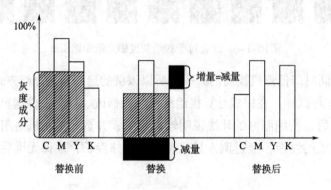

图 10-1-7　混合色彩的灰度替换原理

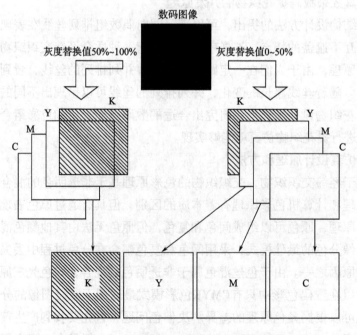

图10-1-8　CMYK两次分色灰度补偿方法

解决，即在M—R、Y—G、C—B原色之间进行调节。在正常情况下，混合色彩纯度不足的现象不会太明显，可以采用与分色相同的CMY彩色，但对有特殊色彩倾向的数码图像，特别是数码图像出现R、G、B为主的色彩倾向时，可以通过丝线色彩的色相调节来弥补混合后R、G、B彩色纯度不足的问题。

（二）结构仿真设计原理和方法

数码图像用于提花织物仿真设计采用并列的丝线色彩进行混色，这就需要有可靠的结构设计方法进行配合，确保用于显色的同向色丝之间不会相互滑移而覆盖，组合全显色结构的发明正好符合这一技术要求。由于组合全显色结构满足同向偶数丝线排列全显色的要求，这样如果采用CMYK为同向四组丝线可以与一组白色丝线构成一种全色彩系列的结构，相当于在白色的纸上用CMYK四色通过织物结构来绘画，该组合结构是固定不变的，组合色彩可以根据需要进行调节，以满足任何题材的数码图像进行提花织物仿真设计的需要。除了组合全显色结构，如何实现色彩与结构之间的精确转换是另外一个研究重点，技术步骤如下。

（1）根据"无彩"到"有彩"数码提花织物设计原理，为了实现色彩与结构的精确转换必须将CMYK四个分色图转为灰度图。

（2）在结构设计时首先根据仿真织物的基本规格确定基本组织和全显色技术点，并设计和建立全显色基础组织和配合组织库，设定组织库中的组织数各为N，并以此数值作为灰度图灰度级别的最大值，即在亮度值最大255和最小值之间建立N级灰度。

（3）将四个灰度图的灰度级别以相同的N级灰度进行归并，结果是各个灰度图根据不同的灰度值形成不同的灰度级别，最大不会超过N级。

（4）以亮度值为对应标准，设定固定的起始位置，将C、Y灰度图中的灰度与基础组织进行替换，将M、K灰度图中的灰度与配合组织进行替换，可以形成四个无彩结构图，如同四个大循环的组织图。

（5）将CMYK四个无彩结构图采用固定顺序的纬向1∶1∶1∶1进行组合，形成一个组合结构图，该结构图既具有非遮盖全显色的特点，又包含精确的图案与色彩仿真信息。

将该仿真织物结构图加上选纬信息，可直接用于设计生产四组纬仿真织物，色丝色彩的确定方法是：第一纬的色彩在青（C）和蓝色（B）之间选择；第二纬的色彩在品红（M）和红色（R）之间选择；第三纬的色彩在黄（Y）和绿色（G）之间选择；第四纬的色彩是黑色，经线为白色；若将该仿真织物结构图旋转90°，再加上选纬信息，可以设计生产四组经仿真织物，色丝色彩的确定方法随之转换，经线为并列色丝，纬线为白色。设计实践表明，在一般的设计时，色丝可以直接采用CMY色彩，只有在数码图像出现R、G、B色彩倾向为主的效果时，才需要在调节范围内对色丝色彩进行必要的调节。

提花织物对设计对象的图案与色彩的仿真设计只能是一种相对的仿真，本研究采用数码提花织物分层组合的创新设计模式，以特定的组合全显色结构设计为基础，提出了一种有效的提花织物对数码图像图案与色彩仿真设计的技术方案，为数码提花织物在仿真设计领域的深入研究提供有益的技术借鉴。该研究针对仿真设计过程中由于显色原理差异而产生色彩偏差的问题，提出了灰度补偿、色彩与结构精确转换及设定原色调节的综合解决方案，虽然在黑色和原色色彩纯度的还原上仍然存在一定的不足，但设计实践证明该技术方案是非常有效的。由于该仿真设计方法建立在可靠的结构设计原理上，其混合色彩原理也是明确的、稳定的，设计产品的织物结构完全适合大批量生产的需要，在设计实践中只要规划好织物的产品规格，建立起通用的组织库，对数码图像的题材和内容没有限制。因为数码图像设计是目前广泛流行的设计形式，与数码图像相关的设计素材与设计资料非常丰富，该研究成果具有广阔的应用前景。

（三）彩色仿真效果数码提花织物产品设计实例

1. 设计构思

彩色效果仿真提花织物设计具有一定的设计难度，主要是色彩混合原理不同，色彩还原设计需要综合考虑多种因素。虽然彩色效果人物肖像、风景图案、摄影作品和文字绘画作品等题材都可以用于提花织物仿真效果设计，但不同题材的对象在设计彩色效果仿真织物时在方法上有很大区别，其中以人像作品的设计最为复杂，由于人物肖像具有细腻的彩色影光过渡效果，任何结构上的偏差都会影响仿真效果的实现。该产品设计选择人物肖像作品中的经典题材用于彩色效果仿真提花织物设计，目的在于表现完美的结构设计特征。为了尽可能保真还原图像的色彩同时满足数码化高效率生产的技术要求，该产品采用一组经丝和四组纬丝进行交织生产，经线为白色，纬线分别为C（青）、M（品红）、Y（黄）、K（黑）四个基本色，就如同在白色经线基础上用四原色进行艺术创作，通过特殊设计的全显色复合结构，具有表现细腻彩色影光的能力，进一步可以对人物肖像作品的色彩进行还原，并能同时表现不同的明暗关系，从而勾画出人物肖像的立体形态。该产品表现的人物肖像细部精致，彩色影光过渡柔和，装饰效果优良，为降低成本，构思采用全涤丝原料，由于设计采用人们熟知的人物肖像题材，因此，产品的市场认可度很好，是大众化理想的室内装饰工艺品。

2. 产品风格特征、性能（外观照片）

该品种为全涤丝色织产品，中高密度的多纬组合结构提花织物，地部、花部合为一体，采用细腻的影光缎纹组织表现人物肖像的彩色明暗关系，经丝的要求很高，采用细而坚牢的涤纶长丝；纬丝是表现色彩混合效果的主要原料，采用基本色使景物色彩还原逼真，形象饱满，采用具有一定柔和光泽的涤长丝，使织物表面具有一定光泽以区别印花效果。选用四个储纬器进行交替选纬，织物外观彩色影光效果过渡柔和，人物的彩色变化和明暗关系处理得当，色彩混合显色表现有力，所以人物肖像彩色效果还原理想，织物表面光泽柔和，装饰效果优良，如图10-1-9所示，左为数码设计图像，右为织物效果。织物在电子提花机和高速剑杆织机上生产，正织生产。

该产品的经向组合为166.7dtex（150旦）涤纶长丝原料，经线强力满足高密度生产的需要，经染色后整经上机，经线的色彩为白色。纬向组合为111.1dtex×1涤纶长丝，四色配置，分别为C（青）、M（品红）、Y（黄）、K（黑），染色后上机织造。该产品采用全涤丝设计和制织，降低产品原料成本，适合大众化消费，特别符合爱好居室DIY装饰的个性化需求。

3. 工艺规格表

表10-1-2是该织物的工艺规格表，用于指导织物设计和生产。

图10-1-9 计算机纹样和产品实样

4. 主要纹制工艺设计

（1）提花机装造。采用STAUBLICX870型1344单龙头规格电子提花机，规划纹针1248针，龙头纹针规划包含：正身纹针、边针、停撬针、选纬针。绞边直接使用织机上的绞边装置。根据产品的特点和装造的通用性，做以下规划，并建立电子提花机装造样卡。

1248针规划（总1344针）

边针位置：第19针至第48针（30针）；第1297针至第1326针（30针）

纹针位置：第49针至第1296针（1248针）

选色针位置：第7针至第14针（8针选纬）

停撬针位置：第5针、第6针（2针）

电子提花机的装造采用单造单把吊形式安排，其目板的穿法为从后到前，从左到右，6花穿法，见表10-1-2。通丝总数1248把，每把6根，1248针电子提花机原配目板为32列，梅花针型排列，目板实穿32列，穿幅与箔幅相同。

表10-1-2 CRW002彩色数码仿真提花织物工艺规格

品号		CRW002			特点		电子提花生产、全涤丝织物	
品名		人物肖像			用途		室内装饰	
上机工艺	穿幅	外幅134cm		内幅132cm	边幅1cm×2	箔号14.2		边箔号14.2
	箔穿	正身4		大边：2根/综，2综/箔			绞边：4根/综，1综/箔	
	装造	纹针1248针		花数6	花幅22.01cm	造数 单		把吊 单
	纹板	992×4		储纬器/梭箱 4				经轴 单
经线数	甲	7488根	上机纬密	甲	86根/cm	纬排方法	甲	四纬常织
	乙	根		乙			乙	
	丙	根		丙			丙	
							丁	

续表

合	甲		166.7dtex×1（1/150旦）涤丝，白色									
	乙											
纬组合	甲	乙	111.1dtex×1（1/100旦）涤丝，CMYK四色									
	丙	丁										

成品规格	外幅	128cm	原料含量	涤丝100%		g/m	283.1g	组织平衡	16枚影光组织	边组织	$\frac{4}{4}$ 经重平
	内幅	126cm									
	经密	56.7根/cm				g/m²	214.5g				
	纬密	90根/cm									

工艺流程	1. 一个花幅一个纹样循环。 2. 经向工艺 原检→染色→色检→络筒→整经→穿结经→织造 3. 纬向工艺。 原检→染色→络筒→织造

计算机纹制工艺	纹样幅宽22cm×44			意匠规格20/8		意匠色53/单层			正面朝上	
	组织数53/单层			组织合16×16		组织库影光组织			投梭标无	
	勾边自由			间丝自由		经重1			纬重4	

纹板轧法

正身纹针	意匠色	1	2	3	…	…	…	…	…	53
	53/单层	P2	P3	P4						P54
辅助针	选纬针	边								
	X6	B								

样卡规划

目板规划

穿经顺序	一顺穿（从左到右）

（2）纹样设计。根据CRW002品种工艺规格表中的要求，计算得：纹样长=纹板数/纬密=3968/90=44（cm）；一花纹样宽=纹针数/经密=1248/56.7=22.1（cm），一花幅有一个纹样循环。该纹样取材达·芬奇人物肖像名作《蒙娜丽莎》，彩色效果，利用数码设计技术进行变形设计，提高装饰效果，背景处理为彩色影光效果，表现各种色彩的均匀过渡，以体现完美的织物复合结构，构图中的人物形象在背景衬托下非常突出，面部轮廓清晰，通过图像循环，给人以强烈的视觉冲击。

（3）计算机数码意匠处理。在完成图像处理后，满足计算机意匠图纹针值为1248针（纵格1248个像素点），纹格值为992格（横格992个素点），意匠比为8之20或成品经纬表面密度比56.7：22.5，确保织物纹样不会变形。彩色仿真织物的意匠处理关键在计算机分色处理上，作为人物肖像画，在分色后应尽量使每个单色图层灰度层次丰富，实例选用单层53级灰度，在分色后逐渐剔除分量少的灰度，进行合并，最后形成53级灰度。由于是四层组合织物，将影光组织铺入计算机意匠图，分别设计四个单层结构，然后进行组合形成一个复合织物结构，最大的混合色彩表现数为53^4=7890481。局部的复合结构图如图10-1-10所示。

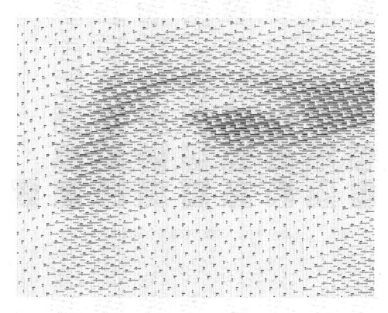

图10-1-10　计算机数码复合结构局部

（4）全息组织和全显色复合结构设计。根据CRW002品种的产品工艺要求和产品风格特点，设计全显色复合结构，方法是：先根据上机经纬密度确定织物交织平衡点为16枚组织，设计16枚基本组织a为16枚5飞缎纹，通过组织起始点位移得到另一个基本组织b，分别设计出各自的全显色技术点，如图10-1-11所示。以基本组织为基础通过影光组织设计方法设计得到两组全息组织，具体方法是在16枚纬缎基础上按每次增加的组织点个数为该组织完全循环数的1/4进行设计，所得的影光组织数根据式2［2（N-1）-1］-1计算得57个，N=组织循环数，为有效避免重经重纬效应，采用综合的组织点增加过渡方法（先纬向再经向），建立的影光组织组织库分别是全息基础组织（图10-1-12）和全息配合组织（图10-1-13），组织的计算机轧法按表10-1-2中所列要求输入。分别得到四个单层织物结构，即C、M、Y、K四个无彩结构图，其中C、Y图层的结构图以基础组织进行设计，而M、K图层的结构图以配合组织进行设计，然后将C、M、Y、K四个无彩结构图按纬向1∶1∶1∶1排列进行组合，得到一个全显色效果的复合结构图。

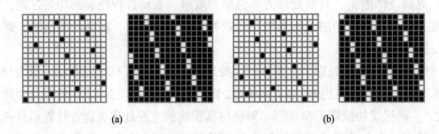

(a)   (b)

图10-1-11　16枚基本组织与全显色技术点设置

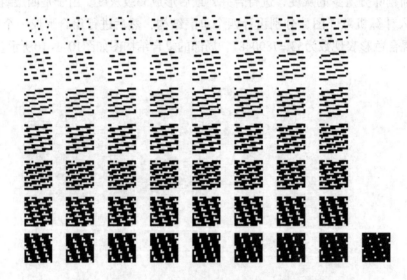

图10-1-12　57级16枚全显色基础组织

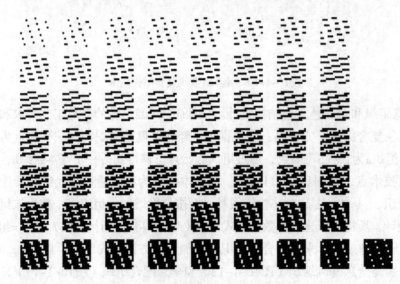

图10-1-13　57级16枚全显色配合组织

该产品设正边，边组织展开为$\frac{4}{4}$经重平，绞边由织机上的绞边装置控制，选纬方式简单采用四纬常织。

（5）纹板制作与试样。在完成全显色交织结构设计后，只要加上合适的选纬控制方式，就可以制作电子纹板进行生产。该全显色交织结构可以直接加上四纬选色方式，即按C（青）、M（品红）、Y（黄）、K（黑）选纬顺序进行纹板制作；同样，也可以将全显色复合结构图转90°，配合单纬选纬方式用于生产多色经彩色效果仿真数码提花织物。在纹板制作时需要确定并选择提花机适用的纹板类型，制作完的纹板经调入显示校验经纬浮长，确保无误便可以进行试样和生产，由于设计的织物结构具有很好的交织平衡特征，该品种开机生产的效率较高。

第二节 数码创新效果提花织物产品开发

闪色织物是经纬交织织物中具有特殊效果的品种，织物的经纬采用对比色配置，由于织物的立体交织效应，在不同的视角下，经纬显色的比例会出现变化而产生变色效果。随着数码提花织物设计理念的提出，利用数码提花织物分层组合的设计模式，配合全显色织物结构的设计，可以在同向配置对比色丝线的基础上，设计出具有花纹效果的闪色织物。该研究属于数码提花织物创新设计领域，设计思路独特，产品外观新颖，特别适用于时装和装饰面料的产品开发。

一、花纹闪色织物设计的技术背景

传统的闪色织物，属于单层结构的交织织物，是将呈对比色效应的有光丝线分别用于一组经线和纬线，在组织上一般采用简单平纹进行设计，由于不同方向的经纬丝线互相不遮盖，在织物立体交织结构的效应下，从不同视角观察，织物的经纬丝线呈色比例会发生变化，如果配以对比色，就会产生混合变色的效果，称为交织织物的"闪色效果"。传统闪色织物结构简单，闪色的效果单一，要实现具有花纹效果的闪色织物，就必须采用提花织物的生产方式。传统的织纹结构主要有单层、重纬、重经、双层四种基本类型，综合应用各种结构，提花织物具有表现复杂花纹的能力，但是由于提花织物的传统设计方法采用的是平面的设计方式，即针对平面手绘图案的色彩来对应设计合适的组织，即使是采用复杂的重组织和双层组织来设计，也需要通过对基本组织的单一复合来完成，这样设计的组织只具有特定的单一色彩效果，由于组织点相互覆盖使丝线不能同时显色，无法满足在表现复杂图案同时又表现闪色效果的技术要求。随着数码提花织物分层组合设计模式的提出，特别是组合全显色结构设计方法的发明，使这一技术要求变成了现实。该研究基本的构思为：通过设计组合全显色的组织结构，使用于组合的同向丝线的组织点相互不覆盖，再结合明暗特征为底片关系的数码灰度图像，使设计的织物结构在具有组织点不覆盖丝线全显色特点的同时，又能满足同向配置丝线的不同比例显色的要求，这样只要将丝线配置成合适的对比色，就能实现具有花纹效果的闪色织物的设计，而且可以进一步表现多色彩的闪色效果，使得织物的视觉装饰效果极佳。

二、花纹闪色数码提花织物设计原理

本研究属于数码提花织物的创新设计领域，在设计构思上遵循闪色织物的形成原理，但与传统的闪色织物不同，采用同向对比色配置的方法来实现具有花纹效果的闪色提花织物的设计。

（一）色彩设计原理

提花织物属于交织织物的一种，交织织物的显色原理是一种非透明色的混合显色，该原理与透明印刷色彩原理和计算机色彩原理有着本质的区别，由于交织结构具有立体交叉、高低起伏的特殊性，所以交织织物的表面色彩从不同的角度观察会有不同的呈色效果。从色彩原理看，传统闪色织物采用平纹组织来表现变色效果，这样呈对比色的丝线在织物结构中的显色比例是固定的，而且两个对比色相加，在织物表面的显色量（对比色之和）也是一个常量，这样在从不同角度观察时，由于立体交织结构的缘故，对比色的显色比例就会调整，但是显色量是不变的。所以看到的织物表面色彩就会产生不同的色彩倾向，如果经纬丝线的对比色效果合适，并具有一定的光泽，闪色效果随之发生。根据数码提花织物分层设计原理和方法，在无彩模式下可以实现细腻的黑白影光效果的设计，合并数个无彩的数码织物结构图，可以表现百万级别的混合色彩。如果对数码图像进行特定的底片效果处理，将呈底片关系的两幅数码图像图叠加，其效果就是一个单色图，即色彩的一个常量。同样道理，数幅呈底片效应的叠加，其效果也类似一个单色图，这样就解决了色彩原理中闪色与表现花纹同时存在的技术问题。只要通过合适的结构设计方法使呈对比色效应的丝线具有等量的显色效果，就能达到闪色的形成原理；同时通过对比色显色比例的变化来实现花纹的表示，这样在组合后的织物结构中就能形成色彩对比和花纹对比两种效果并存的风格，设计生产的数码提花织物具备花纹闪色的独特效果。

（二）结构设计原理

研究闪色织物的色彩原理发现，符合对比色相加是常量是产生闪色效果的基础，不同对比色和不同光泽丝线的选用仅仅改变闪色效果的程度，所以闪色织物设计的创新关键在于结构设计。分析传统闪色织物的结构特征，平纹或平纹变化结构是闪色织物最简单的结构，生产非常方便，但是由于结构单一，没法表现花纹闪色效果，如果要表现花纹闪色效果，可以采用提花织物设计的方法。单层结构的提花织物由于具有单经单纬的显色特征，如果配置合适的影光效果组织，就可以产生具有花纹效果的闪色效果，但只能表现一种花纹，这种花纹闪色装饰功能和视觉效果一般。如果要增加花纹的对比效果，在织物结构上一定要采用经过复合的复杂组织，由于传统复杂组织如重组织、双层组织的设计采用相互覆盖的方法来表现织物结构，无法达到多组对比丝线显色量相加是常量的技术要求，所以花纹闪色的设计无法完成。在数码提花织物分层设计模式下，通过组合全显色织物结构设计，可以使这一无法实现的效果成为可能，由于组合全显色结构需要同向排列的丝线为偶数，所以设计的花纹闪色提花织物具有同向偶数丝线配置的特点。如图10-2-1所示，数码图像A和B都可以分解成呈底片关系的两幅图，如果以固定的灰度与组织替换方法，将呈底片关系的两幅灰度图设计成两个织物结构图然后合并，只要丝线间不产生滑移而相互覆盖的效应，合并后的织物结构中任何一处的丝线浮长之和肯定也是常量，这样就符合闪色织物原理中显色量是常数的要求。另外，由于全显色结构中同向排列的丝线具备变化显色比例的能力，可以同时表现花纹效果。据此，数码图像A和B都可以设计出各自的二色效果的花纹闪色提花织物，且对比色丝线同向排列。如果将A和B的效果通过组合全显色结构进行叠加，可以进一步设计既具有花纹对比效果又具有闪色效果的四色花纹闪色提花织物。

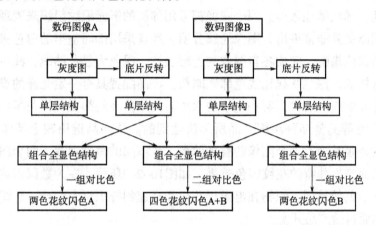

图10-2-1 花纹闪色数码提花织物设计流程

该研究以同向配置的具有对比色效应的有光丝线，通过全显色不覆盖的组织结构与特定呈底片关系的数码图像结合，开发创新具有多彩效果的花纹闪色织物，该织物满足提花生产的技术要求。具体分析：因为数码图像采用了呈底片关系的一对灰度图像，采用固定的组织与图像灰度替代方法和相同的起始位置来进行组织与灰度的替代，然后组合，在组合后的织物结构图中，呈对比效应的同向丝线的浮长之和是相同的，在图像灰度值相同的地方，替代组合后，对比色丝线浮长相同，效果等效于传统的闪色织物；在图像灰度值不同的地方，替代组合后，对比色丝线浮长不同，可以形成花纹效果，配置有光对比色丝线，织物将具有花纹闪色的效果。如果采用两组灰度图像进行设计叠加，花纹对比和闪色效果会同时显现。采用该研究成果设计的织物完全可以表达类似印花的彩色晕染效果，直接采用数码图像进行织物设计，不需要进行烦琐的意匠修改过程，大大提高了设计效率，同时，通过组合设计的花纹闪色提花织物，能表现出奇妙的彩色影光效果，完全超越了印花织物的装饰效果，给人全新的视觉享受，产品的市场前景优良。

（三）花纹闪色数码提花织物产品设计实例

1. 设计构思

花纹闪色数码提花织物产品是分层组合设计模式下的一种创新效果设计，也就是采用图像组合叠加的方式来设计提花织物，使叠加的图像同时显现，这样在立体交织结构的作用下，从不同角度看，显现的图像的状况不同，产生色彩和图像的双重闪色效果，为了表现这种提花织物特有的艺术效果，在设计构思上可采用对比较明显的色彩和图像组合，同样该类产品可以变化产生出各种精彩的设计。该例设计采用人物肖像与花卉的组合设计，通过写实题材的叠加和深浅色彩的搭配，可以很好地表现出人物肖像与花卉的对比效果，采用具有一定光泽的色丝，可增加产品的闪色效果，增加产品的装饰效果和趣味性。采用全涤纶原料目的在于确保织物装饰效果的同时降低成本，适合大众化消费，特别符合爱好居室DIY装饰的个性化需求。

2. 产品风格特征、性能（外观照片）

该品种为全涤丝色织产品，中高密度的多纬组合结构提花织物，通过纬丝来表现织纹的主体效果，纬密大于经密，设计中地部、花部合为一体，两个题材的图像在对方的花地部位进行交替穿插，形成满地布局。两个图像都采用细腻的影光缎纹组织来表现细腻的单色影光效果，所以明暗关系非常突出，图像轮廓分明。经丝采用细而坚牢的白色涤纶长丝；纬丝分两组，均采用深浅搭配，完成各自图像的色彩表达，深色为显色纬线，浅色为底色纬线，为了使图像色彩饱满，深色纬线比浅色纬线略粗。产品配置具有一定光泽的涤纶长丝，使制织的图像具有光泽效应，通过图案和色彩的双重对比来体现经纬交织提花织物特有的闪色效果，该效果是印花等其他品种纺织产品所无法达到的。该产品选用四个储纬器进行交替选纬，织成织物的外观呈现有两个图像的叠加效果，从不同的角度观察，两个图像的显色状态会产生差异，从而产生独特的花纹闪色效果，如图10-2-2所示，左为数码织物整体效果图，右为织物局部细节的效果图。织物在电子提花机和高速剑杆织机上生产，正织朝上生产，适用于装饰及服饰面料的产品开发。

该产品的经向组合为166.7dtex（150旦）涤纶长丝原料，经线强力满足高密度生产的需要，经染色后整经上机，经线的色彩为白色。纬向组合为166.7dtex（150旦）有光涤纶长丝和111.1dtex有光涤纶长丝交替配置，四色配置，色彩分别为深、深、浅、浅，染色后上机织造。该产品采用全涤丝设计和制织，由于涤纶良好的可制织性能，在降低产品原料成本的同时能提高开机生产的效率。

图10-2-2　花纹闪色数码提花织物图案设计实物

3. 工艺规格表

表10-2-1是该织物的工艺规格表，用于指导织物设计和生产。

表10-2-1 SS001彩色数码仿真提花织物工艺规格

品号		SS001			特点			电子提花生产、全涤丝织物		
品名		人物肖像+玫瑰			用途			装饰织物		
上机工艺	穿幅	外幅134cm		内幅132cm		边幅1cm×2		筘号14.2		边筘号14.2
	筘穿	正身4		大边：2根/综，2综/筘				绞边：4根/综，1综/筘		
	装造	纹针1248针		花数6		花幅22.01cm		造数 单		把吊 单
	纹板	1024×2×2		储纬器/梭箱4						经轴 单
经线数	甲	7488根	上机纬密	甲	86根/cm		纬排方法	甲乙丙丁	四纬常织	
	乙	根		乙						
	丙	根		丙						
经组合	甲	166.7dtex×1（1/150旦）涤丝，白色								
	乙									
纬组合	甲	166.7dtex×1（1/150旦）有光涤丝，深色								
	丙	166.7 dtex×1（1/150旦）有光涤丝，深色								
	乙	111.1 dtex×1（1/100旦）有光涤丝，浅色								
	丁	111.1dtex×1（1/100旦）有光涤丝，浅色								
成品规格	外幅	128cm	原料含量	涤丝 100%			组织平衡	16枚影光组织	边组织	$\frac{4}{4}$经重平
	内幅	126cm		g/m	321.4g					
	经密	56.7根/cm		g/m²	243.5g					
	纬密	90 根/cm								
工艺流程	1. 一个花幅一个纹样循环。 2. 经向工艺 原检→染色→色检→络筒→整经→穿结经→织造 3. 纬向工艺 原检→染色→络筒→织造									

纹样幅宽22cm×45.5cm	意匠规格 20/8	意匠色53/单层	正面朝上
组织数 53/单层	组织合12×12	组织库影光组织	投梭标无
勾边自由	间丝自由	经重1	纬重4

<table>
<tr><td rowspan="9">计算机纹制工艺</td><td colspan="12" align="center">纹 板 轧 法</td></tr>
<tr><td rowspan="3">正身纹针</td><td>意匠色</td><td>1</td><td>2</td><td>3</td><td>…</td><td>…</td><td>…</td><td>…</td><td>…</td><td>53</td><td></td></tr>
<tr><td rowspan="2">53/单层</td><td>P2</td><td>P3</td><td>P4</td><td></td><td></td><td></td><td></td><td></td><td>P54</td><td></td></tr>
<tr><td></td><td></td><td></td><td></td><td></td><td></td><td></td><td></td><td></td><td></td></tr>
<tr><td rowspan="3">辅助针</td><td>选纬针</td><td>边</td><td></td><td></td><td></td><td></td><td></td><td></td><td></td><td></td><td></td></tr>
<tr><td>X6</td><td>B</td><td></td><td></td><td></td><td></td><td></td><td></td><td></td><td></td><td></td></tr>
<tr><td></td><td></td><td></td><td></td><td></td><td></td><td></td><td></td><td></td><td></td><td></td></tr>
<tr><td colspan="12" align="center">样 卡 规 划</td></tr>
<tr><td colspan="12"></td></tr>
</table>

目 板 规 划

穿经顺序	一顺穿（从左到右）

4. 主要纹制工艺设计

（1）提花机装造。采用STAUBLICX870型1344单龙头规格电子提花机，规划纹针1248针，龙头纹针规划包含：正身纹针、边针、停撬针、选纬针。绞边直接使用织机上的绞边装置。根据产品的特点和装造的通用性，做以下规划，并建立电子提花机装造样卡。

1248针规划（总1344针）

边针位置：第19针至第48针（30针）；第1297针至第1326针（30针）

纹针位置：第49针至第1296针（1248针）

选色针位置：第7针至第14针（8针选纬）

停撬针位置：第5针、第6针（2针）

　　电子提花机的装造采用单造单把吊形式安排，其目板的穿法为从后到前，从左到右，6花穿法，见表10-2-1。通丝总数1248把，每把6根，1248针电子提花机原配目板为32列，梅花针型排列，目板实穿32列，穿幅与筘幅相同。

　　（2）纹样设计。根据花纹闪色数码提花织物的设计原理，SS001产品的纹样设计分成两个部分，一是肖像"蒙娜丽莎"的变化设计，二是玫瑰图案的设计。根据品种工艺规格表（表10-2-1）中的工艺参数数据，计算得：肖像纹样长=纹板数/纬密=4096/90=45.5（cm）；一花纹样宽=纹针数/经密=1248/56.7=22（cm），一花幅有一个纹样循环；玫瑰图案纹样长=纹板数/纬密=（4096/90）/2=22.8（cm）；一花纹样宽=纹针数/经密=1248/56.7=22（cm），一个花长有两个纹样循环。肖像纹样与玫瑰图案都采用单色设计方法，即单色影光效果，也可以直接用黑白灰来设计，另外，由于两个纹样的图像最后需要叠加处理，所以对叠加部位可以单独设计，通过效果模拟来确定叠加的最佳设计效果。

　　（3）计算机数码意匠处理。在完成数码图像处理后，获得两幅数码图像，为数码灰度格式图像：肖像A和玫瑰B，分别满足计算机图像纹针值为1248针（纵格1248个像素点），纹格数为1024格（横格1024个像素点），其中图像B由两个纹样长拼成，意匠比均为8之20或成品经纬表面密度比56.7：22.5，确保织物纹样不会变形，另外，需要检查纹样规格1248×1024必须合16×16组织设计的整循环要求。根据两色闪色设计要求，进一步设计两色闪色结构，方法是将数码图像A和B分别进行黑白反转，形成对应的A1、B1两幅呈底片效应的数码灰度图，设计完成的计算机图像A、B两幅位图模式的数码灰度图和对应的底片翻转图如图10-2-3所示。根据全显色组织库的特点，四幅灰度图的灰度级别应调整到53级灰度以下，否则会缺乏对应的组织。

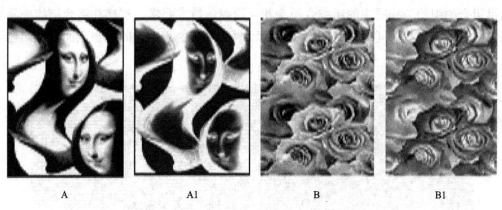

A　　　　　　　A1　　　　　　　B　　　　　　　B1

图10-2-3　花纹闪色数码提花织物数码意匠处理

　　（4）全息组织和全显色复合结构设计。按照花纹闪色数码提花织物设计构思和主要工艺规格要求，设计符合要求的全息组织和复合织物结构。

　　① 全显色组织设计。采用16枚组织设计全显色组织和组织库。按全显色组织设计要求，基本组织选择16枚5飞纬面缎纹，确定组织起始点分别为左下角（经，纬）=（1，1）为基本组织a；组织起始点为左下角（经，纬）=（14，1）为基本组织b。根据b的组织特征，对基本组织a设定全显色技术点；根据a的组织特征，对基本组织b设定全显色技术点，如图10-1-11

所示。

以基本组织a为基础设计一组全息组织，一次加强组织点为4，为了使组织点连续，加强方向先向右后向左，当遇到全显色技术点时，越过，形成一组57个影光效果的基础组织，并建立组织库，如图10-1-12所示。同样方法以基本组织b为基础也可以设计一组全息组织，为了使组织点连续和组合后交织点均匀分布，加强方向先向左后向右，当遇到全显色技术点时，越过，形成一组57个影光效果的配合组织，并建立配合组织的组织库，如图10-1-13所示。在应用全息组织设计织物结构时，为保证全显色效果，基础与配合组织库中的组织仅使用第1至第53之间的组织。

② 花纹闪色数码提花织物结构设计。完成全息组织设计后，可以按要求设计织物复合结构，根据设计原理，织物结构设计按两色闪色织物结构到四色闪色织物结构的顺序进行，第一步固定数码灰度图像中的灰度中黑对应经面原组织，白对应纬面原组织，并保持替代关系不变。以相同的起始点将完成的计算机灰度图像A、A1或B、B1分别用基础组织与配合组织替换组合，分别设计得到四个单层结构，然后进行1：1纬向组合，可形成两个具有两色闪色效果的复合织物结构，规格各为横向1248像素/针/格，纵向为1024×2像素/格，最大的混合色彩表现数为$53^2=2809$，配以一组对比色，生产的织物具有二色一个花纹的闪色效果。进一步将两个具有两色闪色效果的复合织物结构进行再组合，同样沿纬向1：1排列，就可以得到符合要求的四色花纹闪色数码提花织物复合结构，规格为1248×4096，最大的混合色彩表现数为$53^4=7890481$。局部的复合结构图如图10-2-4所示，由于是两个图像的叠加，而且任何区域内的经纬组织点数是相同的，所以通过复合结构图根本无法分辨出设计的内容。如果保持基础组织与配合组织设计的单层织物结构图呈交替排列状态，就可以满足组合的织物结构图中的组织点不会相互覆盖的技术要求，这样在组合结构中具有两个花纹效果，而且具有同时显色的特点，配以两组对比色，生产的织物表面就具四色两个花纹的闪色效果。

图10-2-4　计算机数码复合结构局部图

由于经密小于纬密，该产品需要设正边，边组织展开为 $\frac{4}{4}$ 经重平，绞边由织机上的绞边装置控制，选纬方式简单采用四纬常织。

（5）纹板制作与试样。在完成花纹闪色数码提花织物的复合结构后，只要加上合适的选纬控制方式，就可以制作电子纹板进行生产。该全显色复合结构可以直接加上四纬选色方式，即按四纬深、深、浅、浅的选纬顺序进行纹板制作；同样，也可以将全显色复合结构图转90°，配合单纬选纬方式用于生产四色经花纹闪色数码提花织物。在纹板制作时需要确定并选择提花机适用的纹板类型，制作完的纹板经调入显示校验经纬浮长，确保无误便可以进行试样和生产，由于设计的织物结构具有很好的交织平衡特征，该品种开机生产的效率较高。另外，因为花纹闪色提花织物的结构设计与色丝的选用是相互独立的，与数码图像的具体内容没有关联，按照上述设计原理和方法，所有题材的数码图像都可以用于花纹闪色数码提花织物的设计，该设计所得到的创新效果在没有原始设计数据的情况下，无法被他人简单复制，更不可能为其他艺术表现方式所模仿。

第三节 双面花纹效果数码提花织物产品开发

在传统提花织物产品中，双面花纹效果的织物是特色产品之一，典型的代表产品就是中国的双面像景织物，但其设计和生产方法主要靠手工完成，对双面复杂花纹效果的提花织物在结构设计上存在极大的限制。随着数码设计技术的应用，特别是织物结构分层组合设计方法的提出，将两幅不同效果的提花织物进行组合，来设计双面花纹效果的提花织物的构想是可行的，研究的重点在于如何利用数码设计技术，来创新原有织物结构设计原理和方法，以下对此进行深入分析。

一、双面花纹数码提花织物设计的技术背景

具有双面效果的交织织物是特殊效果的机织物品种，需要采用特殊的结构设计方法来实现，在设计结构时可以根据不同的双面效果来确定不同结构设计的方法。传统的双面织物根据织物表面效果可以分为两类：平素效果和花纹效果。平素效果双面织物的设计有两种方法：一是采用具有双面效果的双面组织来完成，这种双面组织属于简单组织，设计的双面织物为单层结构织物；二是采用重组织来设计，利用重经或重纬结构来设计双面效果的织物，织物的双面效果可以相同也可以不同。花纹效果双面织物的正反面花纹变化丰富，在结构设计时必须采用双层结构组织，利用独立的经纬丝线在织物正面和反面分别交织形成织纹图案，并利用提花机进行生产，所以具有花纹效果的双面织物在结构上属于变化的双层结构，可称为双面花纹提花织物。由于变化双层结构设计难度太大，利用传统的提花织物设计方法只能完成简单花纹效果的双面提花织物的设计，受到手工设计的制约，要设计复杂花纹的双面提花织物几乎是不可能的事。研究发现，采用数码提花织物设计技术中的分层组合的织物结构设计模式，能够很好地解决双面花纹提花织物设计中结构设计这一难题，即先将织物的

正面和反面结构分离并分别设计，然后利用接结组织进行分层组合，这样织物的双面效果不管如何变化，双面织物的组合结构仍然能够保持稳定。

二、双面花纹数码提花织物结构设计原理和方法

1. 双面效果交织织物结构设计原理

交织织物由经纬交织而成，一般情况下，交织织物的正面效果和反面效果各异，如单层结构的交织织物中，正反面效果为互补效应，即正面为纬面效果，反面就为经面效果；而复杂的重结构和双层结构交织织物的正反面效果更是相差甚远，设计中正面为显色效果，反面为背衬效果，即表面用一组或几组经线与纬线交织，表现织物正面织纹效果，其余的经线或纬线则在织物背面呈背衬效果。

要使交织织物具有双面效果，就需要在织物结构设计上进行变化。最简单的双面平素效果织物为平纹织物，$\frac{2}{2}$斜纹织物，以及采用变化重组织设计的交织织物，具有双面相同和不同平素效果的双面交织织物结构设计方法如图10-3-1所示。其中A和B是相同效果的单层结构组织，C和D是相同效果的重结构组织，E是相同效果的双层结构组织，如果要实现双面不同平素效果织物的设计，只能通过变化重结构组织和双层结构组织来完成，如F变化自D，G变化自E。

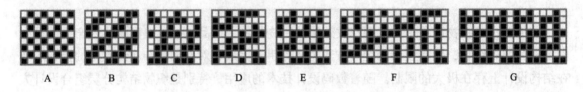

图10-3-1 双面效果织物结构设计基本原理

A为双面平纹单层效果；B为双面$\frac{2}{2}$斜纹单层效果；C为双面$\frac{1}{3}$斜纹纬重结构；D为双面$\frac{3}{1}$斜纹经重结构；

E为双面平纹双层结构；F表面为$\frac{3}{1}$斜纹，反面为$\frac{7}{1}$斜纹经重结构；G表面为$\frac{3}{1}$斜纹，反面为平纹双层结构

2. 双面花纹数码提花织物设计原理

双面花纹效果的交织织物需要采用提花织物的设计和生产方式，在传统的手工设计方式下，可以设计简单花纹效果的双面提花织物，由于其结构设计的工作量巨大，要实现双面复杂效果花纹提花织物的设计几乎不可能。

从织物结构设计原理上看，要设计双面花纹效果的提花织物，必须采用双层结构组织，仔细分析双层结构组织的特征，其组织构成可以分为表组织设计、里组织（背衬组织）设计和接结组织设计三部分，图10-3-2所示是双层结构组织设计的基本原理。图10-3-2中A为表面组织，B为里组织，C为A和B的组合效果，D为表经对里纬的关系图，E为里经对表纬的关系图，F为双层分离不接结的组合结构图。

在图10-3-2的基础上增加接结组织，形成接结双层结构图，如图10-3-2所示。通过实验表明，为了获得良好的遮盖效果，设计接结组织必须以表组织和里组织的组织特征为基础，同时为了获得较好的交织平衡效果，接结组织应该尽可能满足每根经纬丝线交织数相同的技术要求。图10-3-2中D是在里组织的基础上设计的接结组织，E是在表组织的基础上设计的接

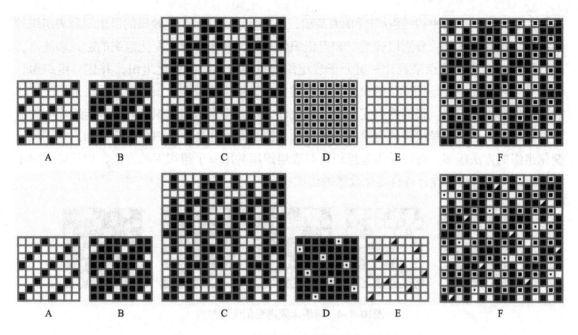

图10-3-2　双层加接结组织结构设计基本原理

结组织，F是双层分离不接结的组合结构图。

　　进一步地，根据以上双层组织结构设计原理，在数码设计条件下，如果能先根据表、里组织的基本特征设计固定的接结组织，在不影响接结组织效果和表里组织遮盖效果的基础上，只要变化表组织和里组织就能达到独立变化织物正反面效果的目的。根据该构思，双面花纹效果数码提花织物的设计原理可以表述为：先确定双面织物表组织和里组织；根据表组织特征设计出适合里组织的接结组织，根据里组织特征设计出适合表组织的接结组织；在确保接结组织有效并不影响表组织对里组织遮盖效果的前提下，以表、里组织的变化组织分别建立表组织库和里组织库；分别用表、里组织库中的组织来设计正面和反面织物结构图；最后利用接结组织将正面和反面织物结构图进行组合，完成双面花纹织物的结构设计。

　　3. 双面花纹数码提花织物结构设计方法

　　（1）设计流程和组织库设计方法。根据双面花纹数码提花织物设计原理的表述，其基本设计流程如图10-3-3所示。其中双面花纹提花织物的正反面效果设计分别为相对独立的结构设计环节，类似于两个单面的提花织物设计，但两者的工艺规格与组织结构应相同或相近，便于下一步的正反面效果组合设计。完成正反面效果设计后，分别形成两个数码结构图，结构图以黑白两色表示，代表提升和不提升两种织花信息。用于正面效果的表面结构图采用正常方法设计，而用于反面效果设计的反面结构图需要考虑经纬组织点倒置和图案左右翻转（类似正面效果反织）的问题，使双面花纹提花织物反面效果能符合设计要求。

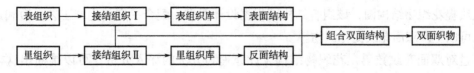

图10-3-3　双面花纹数码织物结构设计流程

如果以图10-3-2中接结组织D和E为基础，可以分别设计出变化效果的里组织和表组织的组织库，设计方法是：分别以表组织和里组织为基础，并作为设计变化组织的起点和终点，通过增加或减少组织点来设计一组介于表组织与里组织之间的变化组织，并建立组织库，图10-3-4所示是一种规则变化的设计方法，类似影光组织的设计，该组织库同时适用于建立表组织库和里组织库。很显然当变化组织的设计方法为逐点增加组织点时，该组织库中的组织数目最大；当表、里组织的组织循环数增加，组织库中的最大组织数也会增加。由于设计变化组织的方法很多，可以采用里组织库与表组织库共用一个组织库的方法，也可以采用不同的组织变化方法，设计各自变化效果的组织库。

图10-3-4　组织库规则变化设计方法

（2）正反面织物结构图的组合方法。正反面效果组合设计是双面花纹提花织物设计的关键，该设计部分符合双层织物的设计原理，将两个单面的提花织物设计组合到一个双面花纹提花织物中，其基本方法是将经纬线分别分组1：1排列，一组经纬线制织双面花纹提花织物的正面效果，用表经、表纬表示；另一组经纬线制织双面花纹提花织物的反面效果用里经、里纬表示。这样总共会产生四种交织关系：表经表纬、里经里纬、表经里纬和里经表纬。其对应的织物结构图分别为：表面织物结构图、反面织物结构图、表经里纬接结组织和里经表纬接结组织，见表10-3-1。接结组织Ⅰ表示表经里纬接结组织，接结组织Ⅱ表示里经表纬接结组织。

表10-3-1　经纬与组织结构对应方法

经重	表经	里经
表纬	表面结构图	接结组织Ⅱ
里纬	接结组织Ⅰ	反面结构图

根据表10-3-1中的经纬与组织结构对应关系，按相同的起始位置将组织结构按1：1的排列要求进行经纬组合，组合后的织物组合结构图经纬规格是表面结构图/反面结构图的两倍。如图10-3-5所示，以左下角为组合的起始位置，将表面织物结构图、反面织物结构图、表经里纬接结组织和里经表纬接结组织按固定的位置进行组合，得到的组合结构图就是最终的双面花纹提花织物结构图，该组合结构图根据设计要求，配合一定的生产工艺参数和选纬要求，就可以生产双面花纹提花织物。

通过对双面花纹数码提花织物结构设计原理和方法的深入分析，可以推断出这样的结论：采用数码提花织物结构分层组合设计的方法可以很好地解决双面花纹效果的技术问题，只要满足设计规则接结组织和组织库的需要，织物的正反面效果可以任意设定，与色彩效果和图案题材无关。如单彩和多彩效果的双面花纹提花织物的设计都能轻易实现。

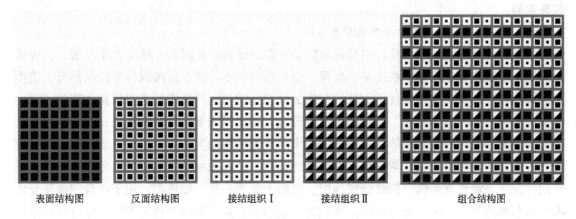

| 表面结构图 | 反面结构图 | 接结组织Ⅰ | 接结组织Ⅱ | 组合结构图 |

图10-3-5　组织结构组合方法示意图

利用数码设计技术进行提花织物产品创新，主要表现在设计方法创新和产品效果创新上，双面花纹提花织物结构设计的研究是应用数码设计技术的一个很好的创新实例，不仅在设计方法上表现出分层设计模式的优越性，在开发效果新颖的双面花纹提花织物上同样体现出数码设计技术的优势。这一创新的设计理念和设计方法也为数码交织织物的产品创新增添了新的内容。

三、数码双面全显色提花织物产品设计实例

双面花纹提花织物是交织织物特有的效果，也是其他艺术表现方法无法实现的特殊艺术形式。双面花纹提花织物看起来像是非常简单的设计，只要单独设计织物正面和反面的花纹，然后进行组合，但是双面花纹提花织物在手工设计模式下几乎是一个无法完成的设计，在计算机辅助设计条件下才可以通过分层的设计方法来实现，通过设计实践发现，看似简单的设计在实际设计时会产生各种技术问题，关键的技术因素是在双面花纹的结构设计，特别是接结组织的设计上。数码设计技术的应用，特别是分层组合设计模式的提出，给双面花纹提花织物的设计带来新的契机。

1. 设计构思

采用数码分层组合设计模式，可以在单独设计织物正反面花纹的同时解决织物接结组织的设计，也就是在设计全息组织的同时将双面提花织物的接结组织也包含进去，这样就解决了制约双面花纹提花织物的关键技术问题。在构思中，为了体现双面提花织物的特征，选用双面效果不同的图像进行设计。利用表面两纬设计制织正面图像，利用背面两纬设计制织反面图像，正反两个花纹采用两种接结方式进行接结，这样正反两面的图像可以完美地结合在一起。在织物结构设计上，采用分层组合的设计方法，利用全显色复合来分别设计正反面花纹，由于可以利用全息影光组织来设计花纹，这样在花纹的题材表现上可以实现仿真效果，同时，利用全显色组织中固定的全显色组织点来设计规则的接结组织，使全显色技术点具有双重作用，既起到复合结构全显色的作用，又满足了设计规则接结组织的要求，这样设计的

双面花纹织物结构具有交织平衡的特点，不会影响到织物的生产效率。本例产品采用正面人物肖像，反面花卉题材的设计，可以清晰表现出双面花纹的技术特点，设计产品具有良好的装饰效果。

2. 产品风格特征、性能（外观照片）

该品种为全涤丝色织产品，中高密度的多纬组合结构提花织物，纬密大于经密，主要通过纬丝来表现织物正反面织纹图案，配置一组经线和四组纬线，经纬线各分成两部分，表面两组纬线与经线交织用于表现正面花纹，反面两组纬线与经线交织用于表现背面花纹，表面图案为人物肖像"蒙娜丽莎"，背面图案为玫瑰，正反面图案可以单独配色，设计织物正反面接结成为一不可分离的整体。正反面的两个图像都采用细腻的影光组织来表现细腻的单色影光效果，所以明暗关系非常突出，图像轮廓分明。经丝采用细而坚牢的白色涤纶长丝；纬丝同样采用涤纶长丝原料，四纬分成两组，色彩上采用一深一浅搭配，用于各自完成正反面图像的色彩表达，深色为显色纬线，浅色为底色纬线，为了使图像色彩饱满，深色纬线可以比浅色纬线略粗。产品配置具有一定光泽的涤纶长丝，使制织的图像具有一定的光泽。该产品选用四个储纬器进行交替选纬，在生产方式上与普通提花织物没有区别，只是织成织物的外观呈现有正反面不同花纹图像的效果，装饰趣味性极强。织物的正反面效果如图10-3-6（彩图见封三）所示，织物已经无法区别正反面，为了设计表述方便，正面为人物肖像，反面为玫瑰花纹。织物在电子提花机和高速剑杆织机上生产，正织朝上生产，适用于新颖的装饰及服饰面料的产品开发。

该产品的经向组合为166.7dtex（150旦）涤纶长丝原料，经线强力满足高密度生产的需要，经染色后整经上机，经线的色彩为白色，与浅色纬交织构成底色。纬向组合为166.7dtex（150旦）有光涤纶长丝和111.1dtex涤纶长丝交替配置，显色纬为深色，为了花纹造型饱满，线型较粗；浅色纬较细，与经线交织成底色。四色配置，依次为深、深、浅、浅，一深一浅分别配置在织物正面和方面，产品为色织，经纬染色后上机织造。由于产品采用全涤丝设计和制织，涤纶具有良好的可制织性，可以在降低产品原料成本的同时能提高开机生产的效率。

 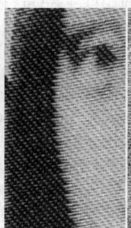 

图10-3-6　双面花纹数码提花织物设计实物

3．工艺规格表

表10-3-2是该织物的工艺规格表，用于指导织物设计和生产。

4．主要纹制工艺设计

（1）提花机装造。采用STAUBLICX870型1344单龙头规格电子提花机，规划纹针1248针，龙头纹针规划包含：正身纹针、边针、停撬针、选纬针。绞边直接使用织机上的绞边装置。根据产品的特点和装造的通用性，做以下规划，并建立电子提花机装造样卡。

1248针规划（总1344针）

边针位置：第19针至第48针（30针）；第1297针至第1326针（30针）

纹针位置：第49针至第1296针（1248针）

选色针位置：第7针至第14针（8针选纬）

停撬针位置：第5针、第6针（2针）

电子提花机的装造采用单造单把吊形式安排，其目板的穿法为从后到前，从左到右，6花穿法，见表10-3-2。通丝总数1248把，每把6根，1248针电子提花机原配目板为32列，梅花针型排列，目板实穿32列，穿幅与箱幅相同。

表10-3-2 SM001彩色数码仿真提花织物工艺规格

品号		SM001		特点		电子提花生产、全涤丝织物			
品名		人物肖像+玫瑰		用途		装饰织物			
上机工艺	穿幅	外幅 134cm	内幅132cm	边幅1cm×2		箱号14.2		边箱号14.2	
	箱穿	正身4	大边：2根/综，2综/箱			绞边：4根/综，1综/箱			
	装造	纹针624×2针	花数6	花幅22.01cm		造数 单		把吊 单	
	纹板	2048×2	储纬器/梭箱 4			经轴 单			
经线数	甲	7488根	上机纬密	甲	86根/cm	纬排方法	甲乙丙丁	四纬常织	
	乙	根		乙					
	丙	根		丙					
合	甲	166.7dtex×1（1/150旦）涤丝，白色							
	乙								
纬组合	甲	166.7dtex×1（1/150旦）有光涤丝，深色							
	丙	166.7dtex×1（1/150旦）有光涤丝，深色							
	乙	111.1dtex×1（1/100旦）有光涤丝，浅色							
	丁	111.1dtex×1（1/100旦）有光涤丝，浅色							
成品规格	外幅	128cm	原料含量	涤丝 100%		g/m	321.4g	组织平衡	12枚影光组织	边组织	$\frac{4}{4}$经重平
	内幅	126cm									
	经密	56.7根/cm				g/m²	243.5g				
	纬密	90根/cm									

工艺流程	1. 一个花幅一个纹样循环。 2. 经向工艺 原检→染色→色检→络筒→整经→穿结经→织造 3. 纬向工艺 原检→染色→络筒→织造			
计算机纹制工艺	纹样幅宽22cm×45.5cm	意匠规格20/8	意匠色53/单层	正面朝上
	组织数53/单层	组织合16×16	组织库影光组织	投梭标无
	勾边自由	间丝自由	经重1	纬重4

纹板轧法

正身纹针 53/单层	意匠色	1	2	3	···	···	···	···	53
		P2	P3	P4					P54

辅助针	选纬针	边							
	X6	B							

样卡规划

目板规划

1	1	1	1
1248	1248	1248	1248

共6花

穿经顺序	一顺穿（从左到右）

（2）纹样设计。根据双面花纹数码提花织物的设计原理，SM001产品的纹样设计分成两个部分，一是正面肖像"蒙娜丽莎"的设计，二是反面玫瑰图案的设计。根据品种工艺规格表（表10-3-2）中的工艺参数数据，计算得：正面肖像纹样长=纹板数/纬密=2048/45=

45.5（cm）；一花纹样宽=纹针数/经密=1248/56.7=22（cm），一花幅有一个纹样循环；反面玫瑰图案纹样长=纹板数/纬密=（2048/45）/2=22.8（cm）；一花纹样宽=纹针数/经密=1248/56.7=22（cm），一个花长有两个纹样循环。正面肖像纹样与反面玫瑰图案都采用单色设计方法，即单色影光效果，也可以直接用黑白灰来设计，在完成图像纹样设计后正面和反面纹样规格相同，为22.1cm×45.5cm，其中反面纹样花长由两个循环构成。

（3）计算机数码意匠处理。在完成数码图像处理后，获得正反面的两幅数码图像，为数码灰度格式：肖像A和玫瑰B，分别满足计算机图像纹针值为624针（纵格624个像素点），纹格数调整为1024格（横格1024个像素点），即循环中每组纬线所需的横格数，其中图像B由两个纹样长度拼成，意匠比均为8之10或成品经纬表面密度比28.3：22.5，确保织物纹样不会变形。另外，正反面纹样规格624×1024必需合12×12组织设计的整循环要求。根据正面图像设计要求，进一步设计正面图像的织物结构，方法是将正面数码图像A做底片处理，并形成A1图像，将A和A1的灰度级别调整为37级；再将反面数码图像B做底片处理，并形成B1图像，同样将B和B1的灰度级别调整为37级，否则会缺乏对应的组织。

（4）全息组织和全显色复合结构设计。按照双面花纹数码提花织物设计构思和主要工艺规格要求，设计符合要求的全息组织和复合织物结构。

① 全显色组织设计。根据设计要求和织物基本规格，采用12枚组织设计全显色组织和组织库。按全显色组织设计要求，基本组织选择12枚5飞纬面缎纹，确定组织起始点分别为左下角（经，纬）=（1，1）为基本组织a；组织起始点为左下角（经，纬）=（10，1）为基本组织b。根据a、b两个基本组织的特点，分别设定全显色技术点。根据b的组织特征，对基本组织a设定全显色技术点，方法是将b的组织点反转，并向上沿经向加强1，该全显色技术点为12枚5飞的经面加强缎纹，起始点为（10，1）；根据a的组织特征，对基本组织b设定全显色技术点，方法是将基本组织a的组织点反转，并向下沿经向加强1，该全显色技术点为12枚5飞的经面加强缎纹，起始点为（6，1），如图10-3-7所示。

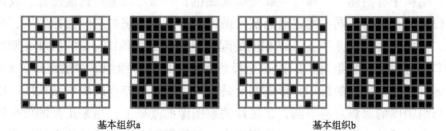

基本组织a　　　　　　　　　　　　基本组织b

图10-3-7　基本组织与全显色技术点示意图

以基本组织a为基础设计的一组影光组织，是基础组织数目最少的设计，加强组织点$M=N=3$，为了使组织点连续，加强方向先向右后向左，当遇到全显色技术点时，越过，形成一组37个影光效果的基础组织，如图10-3-8所示。

以基本组织b为基础设计一组影光组织，为配合组织数目最少的设计，加强组织点$M=N=3$，为了使组织点连续，加强方向先向左后向右，当遇到全显色技术点时，越过，形成一组37个影光效果的配合组织，并建立组织库，如图10-3-9所示。

图10-3-8 以基本组织a为基础的基础组织设计示意图

图10-3-9 以基本组织b为基础的配合组织设计示意图

② 双面花纹数码提花织物正反面结构设计。完成全息组织设计后，可以按要求设计织物正反面织物结构和最后的复合结构，根据设计原理，正面和反面的织物结构设计都按两纬全显色要求进行结构设计。正面图像的织物结构设计方法是：固定数码灰度图像中的灰度中黑对应经面原组织，白对应纬面原组织，并保持替代关系不变，以相同的起始点将正面图像A、A1的灰度分别用全显色基础组织与配合组织替换组合，A对应全显色组织中的基础组织库中的组织，A1对应全显色组织中的配合组织库中的组织，形成两个具有两色全显色特点的单层结构图，将这两个单层结构图按纬向1∶1排列组合，就能得到正面图像的复合结构图，结构中有两纬，一纬与经线交织成底色，一纬可以显色构成图像。反面图像的织物结构设计方法略有不同：固定数码灰度图像中的灰度中黑对应经面原组织，白对应纬面原组织，并保持替代关系不变，以相同的起始点将反面图像B1、B的灰度分别用全显色基础组织与配合组织替换组合，B1对应全显色组织中的基础组织库中的组织，B对应全显色组织中的配合组织库中的组织，形成两个具有两色全显色特点的单层结构图，由于反面图像灰度与组织库的组织对应不同，在底片关系图像的基础上，原来正面的效果转到了反面，将这两个单层结构图按纬向1∶1排列组合，就能得到反面图像的复合结构图，复合结构中有两纬，一纬与经线交织成底色，一纬可以显色构成图像。设计的正反面结构图（局部）如图10-3-10所示。

③ 双面花纹数码提花织物接结组织设计。以基本组织a和b经纬向1∶1组合后的组织为基础设计一种接结组织，是一种上经接下纬的接结方式，方法是将组合后的组织中的经组织点均匀减少，组织循环数整数倍增加，并确保每一经每一纬上有且只有一个交织点，完成的接结组织具有规则循环的特征，称为接结组织Ⅱ；以基本组织a和b的全显色技术点通过纬向1∶1组合后的组织为基础设计一种接结组织，是一种为下经接上纬的接结方式，称为接结组

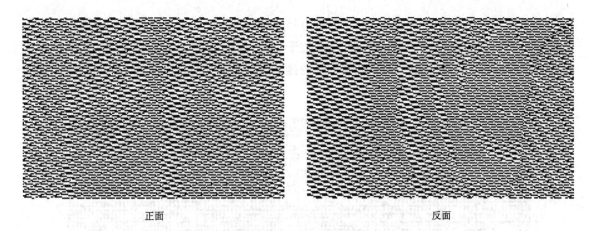

正面　　　　　　　　　　　　　　　　　　反面

图10-3-10　双面花纹数码提花织物正反面数码结构图（局部）

织Ⅰ，方法是将组合后的组织中的纬组织点均匀减少，组织循环数整数倍增加，并确保每一经每一纬上有且只有一个交织点，完成的接结组织同样具有规则循环的特征。本例在12×24组合组织的基础上设计出组织循环为24的接结组织Ⅰ和Ⅱ，如图10-3-11所示，设计的接结组织均是规则组织，接结后的织物具有交织平衡的特点。

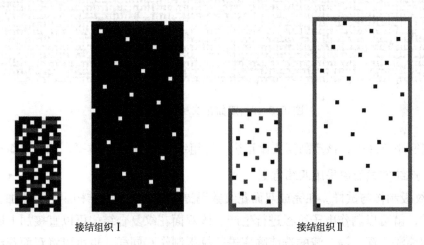

接结组织Ⅰ　　　　　　　　　　　接结组织Ⅱ

图10-3-11　接结组织设计示意图

④ 正面和反面织物结构的组合。最后将正面和反面的复合结构再按纬向1∶1排列组合进行组合，在组合时加入接结组织，这样得到的织物复合结构在包含正面和反面的织纹图像信息的同时具有接结组织的信息。组合设计时经纬与组织结构的对应方法见表10-3-3。

表10-3-3　经纬与组织结构的对应方法

经重	表经	里经
里纬	接结组织Ⅰ	反面玫瑰织物结构图
表纬	正面肖像织物结构图	接结组织Ⅱ

根据以上设计步骤设计所得的双面织物结构图，规格增加到1248像素×4096像素，正反

面的最大混合色彩数为37²=1369。以左下角为起始点，按（经，纬）定位，正面图像花纹信息位于（单，单）格中，反面图像花纹信息位于（双，双）格中，上经接下纬的接结组织Ⅰ的信息位于（单，双）格中，而上经接下纬的接结组织Ⅱ的信息位于（双，单）格中，局部的复合结构图如图10-3-12所示。

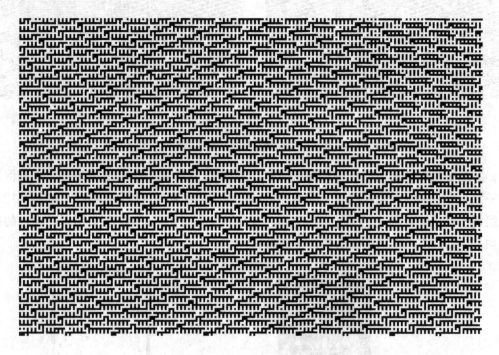

图10-3-12　双面花纹复合结构局部

由于经密小于纬密，该产品需要设正边，边组织展开为 $\frac{4}{4}$ 经重平，绞边由织机上的绞边装置控制，选纬方式简单采用四纬常织。

（5）纹板制作与试样。在完成双面花纹数码提花织物的复合结构后，只要加上合适的选纬控制方式，就可以制作电子纹板进行生产。该双面花纹复合结构可以直接加上四纬选色方式，即按四纬深、深、浅、浅的选纬顺序进行纹板制作；同样，也可以将双面花纹复合结构图转90°，进行纹板制作，配合单纬选纬方式用于生产四组经双面花纹数码提花织物。在纹板制作时需要确定并选择提花机适用的纹板类型，制作完的纹板经调入显示校验经纬浮长，确保无误便可以进行试样和生产，由于设计的织物结构和接结组织都具有很好的交织平衡特征，该品种开机生产的效率较高。另外，因为双面花纹数码提花织物的正反面结构设计只与全显色结构设计相关，而与纹样图像的选用没有关系，按照上述设计原理和方法，所有题材的数码图像经过处理都可以用于双面花纹数码提花织物的设计，同样只要复合全显色织物结构设计的要求，正反面的纬线数也可以增加，以增加织物正反面图像的色彩表现能力。该设计充分体现了数码分层组合设计方法的魅力，所得到的织物效果为交织织物所独有，不能被其他艺术表现方式模仿。

第四节　基于"设计营销一体化"模式下的纺织品创新设计实践

基于网络的纺织品"设计营销一体化"平台的建设，使传统纺织品设计从基于"物"的设计模式向基于"事"的设计模式转化成为可能。在设计过程中，设计师基于网络的纺织品"设计营销一体化"平台，根据不同消费者不同的事，选择不同的设计流程，从而创作出不同设计价值的纺织品，满足不同消费层次的消费需求。基于"事的设计"的纺织品创新设计理论研究解决了"事的设计"的定位问题，而方法论研究提供了可行的实施方法，通过典型时尚主题设计实践来进一步诠释基于网络的纺织品"设计营销一体化"平台的"事的设计"在纺织品创新设计中的价值。

一、纺织品事的分类

由于纺织品的民生属性，从理论上看任何层面的事件发生都能够影响到纺织产品的开发。利用事理学来分析"事"的综合影响因素并转化成设计要素，通过叙事化设计来开发纺织品，能满足消费者独特的纺织品情感消费需求，提升设计"营销一体化"模式产品特色和服务品质。

"事"最早是动词，用以表示"从事"之义，随后逐渐转换为官职的代名词，最后才表示"事件"。而先秦时代就有大事纪年的独特纪时方式。"事的设计"中的"事"有两层含义，第一层表示常态的事件，即人们日常生活中循序反复的"事"，如人们四季交替的劳作、民俗风情的节日、家庭个人的纪念日等，具有长效性；第二层表示突发的事件，即在常态的事件之外出现的足以影响人们生活方式的事件，如政治、经济、文化等领域出现的重大事件，单位、团体、个人出现的意外事件等，具有短期爆发性的特点。按照一年中的大致月份，可以确定"事的设计"中的常态事件，见表10-4-1，其中部分忽略了农历和公历的时间，在实用过程中需要具体查阅。

表10-4-1　国内外常态事件中的代表节日

月	1	2	3	4	5	6	7	8	9	10	11	12
事件	元旦	春节	妇女节	清明节	端午节	儿童节	七夕	中秋节	教师节	国庆节	感恩节	圣诞节

二、"事的设计"实施流程

根据事理学对于"事"的界定，针对纺织品设计而言，笔者选取了时间、地域、人、行为四类"事"的因素（图10-4-1）。四类因素结合设计关键词，触发设计师热点收集。然后通过对于事件内容、基调、态势、发展、受众数量和情绪的分析，完成设计主题的筛选。从而完成了设计元，接着进入设计向。设计师对于设计主题的选取和确定，从而选取适当的设计元素为叙事化设计添砖加瓦，此时消费者的消费需求内容和情感表达成为叙事设计的主要依据。设计元、设计向的操作可线上线下双栖，而设计节则主要在网络平台上进行的。通过设计师对于设计元的确定，在"事的设计"中需求原则（消费者数量和消费层次对应原则）下设计节自动选择。设计师和消费者在网络平台中，交流设计要求，共同完成设计创作实践，从而确定最终设计方案。

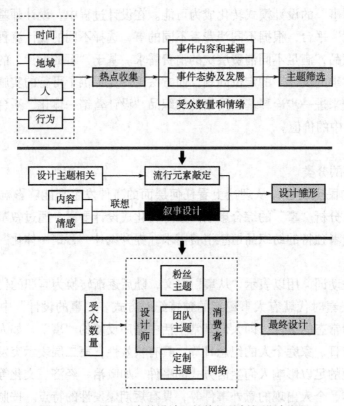

图10-4-1　基于"事的设计"的纺织品创新设计流程

三、"事的设计"的设计实践

1. 设计元确定

以常态事件中的国内外民俗节日为触发点，进行流行主题筛选和设计实践。根据设计元的任务，从一年中的节日中可以筛选出具有更多设计价值的设计主题（表10-4-1）。根据时间、地域、人、行为四类因素，对上述节日进行比较分析，情人性质的纺织礼品显然是最具代表性的纺织产品。它基本贯穿了元旦、春节、妇女节、七夕节、圣诞节等多个时间段的消费需求，时效性长、地域广、受众多、情感体验价值高。

2. 设计向思考

确定了情人性质的纺织礼物为设计主题，设计向的任务是将情人纺织礼物通过叙事化设计转换成可实施设计方案。通过线上线下的主题检索，玫瑰与爱心成为情人的高频素材，因此，选择情人意味最佳的玫瑰与爱心作为设计素材，同时营造出"玫瑰爱心"的叙事化设计主题的表达方式。用纺织品艺术设计手段完成"玫瑰爱心"的素材处理、图案造型和装饰色彩效果设计（图10-4-2）。针对"玫瑰爱心"的叙事化设计方案可以确定情人性质的纺织礼品的成品定位应该是高档丝绸服装服饰和家纺用品。

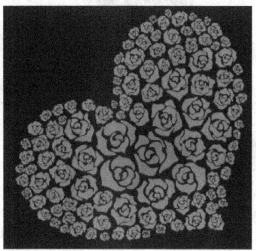

图10-4-2　"玫瑰爱心"的素材设计

3. 设计节实施

根据"玫瑰爱心"主题设计方案，采用设计节中的FTC设计进行客户定位和市场细分，付诸进一步设计实践，将设计素材进一步通过艺术加工完成图案设计；根据流行主题客户的中高端特征，利用数码化设计技术进行提花丝绸面料设计和生产；根据终端产品定位，将丝绸面料制作成服装服饰和家纺装饰成品，完成整个设计流程。"玫瑰爱心"系列设计的面料与部分成品效果分别如图10-4-3（彩图见封三）和图10-4-4所示，在整个设计过程中，通过事件驱动、消费者互动和品牌化设计营销，产品获得市场一致认同。

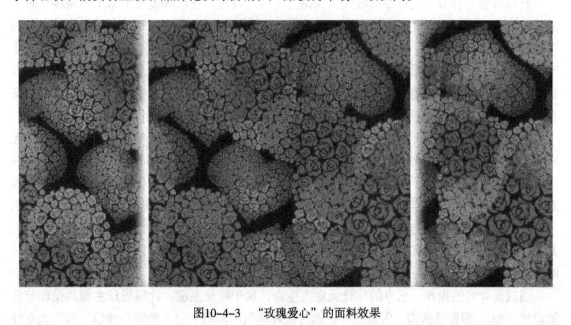

图10-4-3　"玫瑰爱心"的面料效果

图10-4-4 "玫瑰爱心"部分产品效果

四、"事的设计"其他案例展示

虽然每位消费者的事件不同，但是最后设计元素会产生相同的效果。

1. 生肖的常态化事件设计

12月的常态事件为新年，根据时间、地域、人、行为四类因素进行分析。针对新年这个时间，寻找契合中国人为庆祝新年的设计关键词。根据设计师和消费者的共同判断，设计关键词锁定为春节。

然后根据"春节"进行热点收集，网络上（通过百度、谷歌等搜索引擎）出现频次较多的词汇主要有"习俗""联欢晚会""对联""假期""（生肖）年"等。通过事件态势和事件内容分析，习俗是一成不变的且不同习俗情感基调不一；联欢晚会具有明星效应但是止于大年三十，销售期限紧张；对联具备叙事设计的基础、但具体针对丝巾设计，则与文字设计相差不多；假期虽然美好但是难以用形来描述。其中相比较而言，生肖是一年吉祥的象征且易于设计。通过人为筛选和分级，生肖拥有比较高的级数。所以设计主题定为生肖。

生肖是每一年的象征，它使原本以数字、天干地支等纯文本的纪年方式更加形象化，无形中成为人们心中独特的情结。生肖马年的"马"的设计（图10-4-5），运用了各种马匹姿态和棋盘格的结合做了一个底纹，寓意万马奔腾。其中叙事设计的体现，主要是通过棋盘表现，让人不禁想起童年下棋的闲暇时光。生肖羊年的"羊"的设计（图10-4-6），使用"羊"的甲骨文字体竖向排列作为底纹，中间运用圆形福字作为点睛之笔，寓意福意永昭。其中整个丝巾就像一张邮票，不免让人回忆起"一封家书"的时代。以下设计拥有多款设计配色，因版面有限就不一一展示。

通过设计向的操作，丝巾的设计元定为生肖，属于粉丝主题。针对粉丝主题的设计节自动设置为AC，即普通款式、限量发行。通过设计师利用网络平台（微博、微信）向广大女性

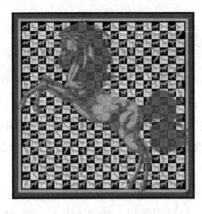 

图10-4-5　马年丝巾设计图　　　　10-4-6　羊年丝巾设计

消费者征询意见，反馈信息表明消费者对于设计尺寸90cm×90cm的真丝方巾认可度最高，偏爱利用碎小图形拼就底纹的风格，而对于设计主流配色的爱好分布比较均衡。

2. 生肖"事件设计"

孙悟空形象的影视作品层出不穷，如《大闹天宫》《大圣归来》等。这些影视作品给消费者带了巨大的娱乐话题，随之成了一种消费者的事，具有很大的市场价值。众所周知，孙悟空是只石猴，这刚好与生肖猴年相一致。所以，就该突发事件的设计元选择自然是猴子了。通过孙悟空爱好者的受众性别和年龄层次的分析，我们将此设计主题运用在30岁年龄段内的男性消费人群，并将其产品形式定为男士围巾（图10-4-7）。

(a) 正面设计图　　　　　　　　(b) 反面设计图　　　　　　(c) 卷曲效果(金箍棒)

图10-4-7　大圣围巾设计

参考文献

[1] 周赳.剑杆织机和高速提花机生产色织提花装饰绸的探讨［J］.丝绸技术，1999（03）：3-5.

[2] 周赳.色织提花装饰绸产品工艺的规范化设计［J］.丝绸，2000（06）：31-33.

[3] 周赳，龚素娣.电子提花真丝领带绸的产品开发［J］.丝绸，2001（03）：30-33+0.

[4] 周赳，王兆青.纹织CAD系统中纹板制作工艺流程的改进设计［J］.浙江工程学院学报，2001（02）：15-18.

[5] 周赳，龚素娣.电子提花彩色像景织物的设计原理［J］.丝绸，2001（09）：31-33+37-0.

[6] 周赳.电子提花黑白像景织物的产品设计原理［J］.纺织学报，2002（01）：38-40+4.

[7] 周赳.电子提花双面像景织物的产品设计原理［J］.丝绸，2002（03）：34-35+40.

[8] 周赳.织物结构的计算机图形标识及应用［J］.纺织学报，2002（02）：85-87+3.

[9] 周赳."真彩"提花织物产品设计原理与方法［J］.纺织学报，2002（05）：11-12+2.

[10] 周赳.纹织CAD系统的应用功能及研发方向［J］.纺织导报，2003（02）：77-78+80-101.

[11] 周赳.数码提花织物的研究理论和研究框架［J］.纺织学报，2003（03）：17-19+4.

[12] ZHOU J.Digital Jacquard Fabric Design in Colorful Mode［J］.Journal of DongHua University，2004（04）：98-101.

[13] 周赳."真彩"提花织物产品设计原理与方法［A］.浙江省科学技术协会、上海市科学技术协会、江苏省科学技术协会.首届长三角科技论坛——数码纺织科技论坛论文集［C］.浙江省科学技术协会、上海市科学技术协会、江苏省科学技术协会：浙江省科学技术协会，2004：3.

[14] 周赳.织物结构的计算机图形标识及应用［A］.浙江省科学技术协会、上海市科学技术协会、江苏省科学技术协会.首届长三角科技论坛——数码纺织科技论坛论文集［C］.浙江省科学技术协会、上海市科学技术协会、江苏省科学技术协会：浙江省科学技术协会，2004：4.

[15] 周赳，吴文正.基于数码技术的提花织物设计方法［J］.丝绸，2004（10）：7-9.

[16] 李启正，周赳.数码多色经提花织物设计的色彩模型［J］.丝绸，2005（05）：14-16.

[17] 周赳，屠永坚.数码多色经提花织物组织结构的规范化设计［J］.丝绸，2005（06）：11-13.

[18] 周赳，李启正.数码多色经提花织物的规范化设计原理和方法［J］.纺织学报，2005（05）：52-54+57.

[19] 周赳，吴文正.基于数码技术的提花织物设计方法［A］.中国纺织工程学会、浙江省纺织工程学会、浙江理工大学."泰坦杯"2005年全国无梭织机使用技术与产品开发交流研讨会论文集［C］.中国纺织工程学会、浙江省纺织工程学会、浙江理工大学：中国纺织工程学会，2005：3.

[20] 李启正，周赳.数码多色经提花织物设计的色彩模型［A］.中国纺织工程学会、浙江省纺织工程学会、浙江理工大学."泰坦杯"2005年全国无梭织机使用技术与产品开发交流研讨会论文集［C］.中国纺织工程学会、浙江省纺织工程学会、浙江理工大学：中国纺织工程学会，2005：3.

[21] 周赳，屠永坚.数码多色经提花织物组织结构的规范化设计［A］.中国纺织工程学会、浙江省

纺织工程学会、浙江理工大学."泰坦杯"2005年全国无梭织机使用技术与产品开发交流研讨会论文集［C］.中国纺织工程学会、浙江省纺织工程学会、浙江理工大学：中国纺织工程学会，2005：3.

[22] 周赳."真彩"提花织物的产品设计原理和方法［A］.中国纺织工程学会.第八届陈维稷优秀论文奖论文汇编［C］.：中国纺织工程学会，2005：4.

[23] 李启正，周赳，沈干.数码六色经提花织物的设计原理与方法［J］.浙江理工大学学报，2006（02）：138–141.

[24] 周赳，吴文正.无彩数码提花织物的创新设计原理和方法［J］.纺织学报，2006（04）：1–5.

[25] 周赳，吴文正.有彩数码提花织物的创新设计原理和方法［J］.纺织学报，2006（05）：6–9.

[26] 周赳，吴文正，沈干.提花织物结构设计的一一对应原则［J］.纺织学报，2006（07）：4–7.

[27] ZHOU J，WU W Z.Principle and Method for Structural Design of Digital Woven Fabric［J］.Journal of DongHua University，2006（04）：7–12.

[28] 周赳，吴文正.数码多色经提花织物的创新设计原理和方法［J］.上海纺织科技，2006（09）：1–3+17.

[29] 周赳，吴文正.基于数码技术的机织物组织设计原理和方法［J］.纺织学报，2007（04）：48–51.

[30] 周赳，吴文正.数码机织物组织结构的组合设计原理和方法［J］.纺织学报，2007（05）：47–50.

[31] 周赳，吴文正.数码提花织物的组合全显色结构设计［J］.纺织学报，2007（06）：59–62+69.

[32] ZHOU J，WU W Z，SITU Y X，et al.Innovative Principle and Method for Digital Jacquard Fabric Designing［J］.Journal of Donghua University（English Edition），2007（03）：341–346.

[33] 周赳，吴文正.数码提花织物创新设计的实质［J］.纺织学报，2007（07）：33–37.

[34] 周赳，吴文正.仿真数码提花织物的设计原理和方法［J］.纺织学报，2007（08）：46–49.

[35] 周赳，吴文正.花纹闪色数码提花织物设计原理和方法［J］.纺织学报，2007（09）：53–56.

[36] 周赳，吴文正.无彩数码提花织物结构设计的实践与分析［J］.纺织学报，2007（10）：34–37.

[37] 周赳，吴文正.基于数码技术的提花织物产品创新研究［A］.中国纺织工程学会.金昇杯第二届全国棉纺织行业中青年科技工作者论坛论文集［C］.中国纺织工程学会：中国纺织工程学会，2007：5.

[38] 周赳，李启正.数码多色经提花织物的规范化设计原理和方法［A］.中国纺织工程学会.第十届陈维稷优秀论文奖论文汇编［C］.：中国纺织工程学会，2007：4.

[39] 周赳，吴文正.纺织品创新设计中科学与艺术关系的研究［J］.丝绸，2008（01）：10–13.

[40] 周赳，吴文正.双面花纹提花织物结构设计原理和方法［J］.东华大学学报（自然科学版），2008（01）：44–47+55.

[41] 周赳，吴文正.中国古代织锦的技术特征和艺术特征［J］.纺织学报，2008（03）：47–50.

[42] 周赳，吴文正.科学与艺术相结合的数码提花织物设计创新［J］.丝绸，2008（03）：7–10.

[43] 周赳，屠永坚.有彩数码提花织物结构设计的实践与分析［J］.纺织学报，2008（04）：54-57.

[44] 周赳，蒋烨瑾.基于数码技术的提花织物产品创新［J］.纺织学报，2009，30（11）：53-56.

[45] 周赳，蒋烨瑾.基于组合结构的黑白仿真提花织物设计［J］.纺织学报，2010，31（10）：24-28.

[46] 康美蓉，周赳.基于数码技术的传统织锦缎改进设计［J］.纺织学报，2011，32（01）：25-28.

[47] 黄伟斌，罗来丽，周赳.四色经高密度数码提花丝织物的设计实践［J］.丝绸，2011，48（01）：34-36.

[48] 屠永坚，周赳.真丝提花面料数码仿印技术研究与产品开发.浙江省，浙江巴贝领带有限公司，2011-04-16.

[49] 胡丁亭，罗来丽，周梦岚，等.叠花效果数码提花织物设计实践［J］.丝绸，2011，48（05）：28-31.

[50] 黄伟斌，罗来丽，周赳.高密度多色经提花丝织物的数码化设计［J］.纺织学报，2011，32（06）：56-60.

[51] 周赳，蒋烨瑾.基于数码技术的提花织物产品创新［A］.中国纺织工程学会."丰源杯"全国浆纱、织造学术论坛暨2011织造年会论文集［C］.中国纺织工程学会：中国纺织工程学会，2011：4.

[52] 罗来丽，胡丁亭，唐澜倩，等.基于全显色结构的三组纬提花织物混色特征研究［J］.丝绸，2011，48（10）：28-32.

[53] 张爱丹，周赳.基于重纬结构的双面异效提花织物设计原理［J］.纺织学报，2011，32（12）：38-41.

[54] 罗来丽，王春燕，周赳.基于全显色结构的二组纬提花织物的混色特征［J］.纺织学报，2012，33（04）：39-44.

[55] 龚素乐，周赳.发挥专任教师在大学生学风建设中的积极作用［J］.中国高等教育，2012（12）：58-59.

[56] 王雪琴，翁鸣，祝成炎，等.纺织工程专业双方案"三阶进级型"双语教学改革［J］.纺织服装教育，2012，27（04）：352-355.

[57] 周梦岚，周赳.敦煌艺术风格数码提花织物的设计实践［J］.丝绸，2012，49（11）：46-50.

[58] 周赳，唐澜倩.基于彩色图像的灰度仿真数码提花织物设计［J］.纺织学报，2013，34（02）：69-72.

[59] 周赳，胡丁亭.基于分层组合模式的叠花效果数码提花织物设计［J］.纺织学报，2013，34（04）：41-44.

[60] 卞幸儿，林旭，周赳，等.仿贴布绣印花工艺研究与产品开发［J］.丝绸，2013，50（05）：50-54.

[61] 卞幸儿，林旭，周赳，等.仿贴布绣印花工艺研究与产品开发［A］.中国纺织工程学会."佶龙杯"第六届全国纺织印花学术研讨会论文集［C］.中国纺织工程学会：中国纺织工程学会，

2013：5.

[62] 金耀，周赳.高档提花织物敏捷生产关键技术和产业化应用.浙江省，浙江巴贝领带有限公司，2014-01-04.

[63] 柳洁渊，周赳.基于半遮盖结构的数码提花织物设计实践［J］.丝绸，2014，51（02）：51-53.

[64] 卞幸儿，林旭，周赳，等.仿贴布绣印花工艺研究与产品开发［A］.中国纺织工程学会.2014全国服装服饰图案设计与印制技术研讨会论文集［C］.中国纺织工程学会：中国纺织工程学会，2014：5.

[65] 许雅婷，周赳.基于全显色结构的提花纹理设计研究与实践［J］.丝绸，2014，51（05）：49-53.

[66] 赵庆会，周赳.传统团花纹样研究及在现代家纺产品设计中的应用［J］.丝绸，2014，51（11）：57-61.

[67] 龚素瓅，周赳.提升纺织企业产品设计人员创新能力的路径探析［J］.浙江理工大学学报，2014，32（12）：515-519.

[68] 张袁汇，周赳.基于自然意象仿生的模糊效果提花织物设计研究与实践［J］.现代装饰（理论），2015（02）：12-14.

[69] 罗秉芬，周赳.基于提花纹理的精准印花面料创新设计［J］.丝绸，2015，52（03）：37-40.

[70] 王国书，周赳.基于网络的品牌服装设计营销模式研究［J］.丝绸，2015，52（02）：69-73.

[71] 周赳，张萌.基于全显色结构的双面花纹提花织物设计［J］.纺织学报，2015，36（05）：39-43.

[72] 屠永坚.真丝提花数码化分层设计新技术系列成果转化推广.浙江省，浙江巴贝领带服饰设计研究有限公司，2015-05-21.

[73] 周赳，赵庆会.基于分层组合设计模式的纹样设计原理与方法［J］.纺织学报，2015，36（06）：37-41.

[74] 王国书，周赳.基于网络的品牌纺织品"设计营销一体化"模式研究［J］.浙江理工大学学报，2015，34（08）：302-306.

[75] 张袁汇，周赳，屠永坚."千鸟格风格"提花织物创新设计研究与实践［J］.丝绸，2015，52（12）：43-47.

[76] 周赳，王国书，屠永坚，等.事件引导下的纺织品创新设计与实践［J］.纺织学报，2016，37（04）：43-48.

[77] 周赳，段丽娜，屠永坚.双经双纬渐变显色提花织物设计原理与方法［J］.纺织学报，2016，37（06）：36-41+47.

[78] 张爱丹，周赳.Red-Green-Blue分色域仿真的数码提花织物设计［J］.纺织学报，2016，37（07）：61-65.

[79] 陶晨，周赳，奚柏君.织物图案连续性识别［J］.纺织学报，2016，37（08）：37-40.

[80] 周赳，罗秉芬，叶莹洁.以影光组织为基础的高花效果提花织物设计［J］.纺织学报，2017，38（05）：49-52.

[81] 周赳，张萌，金诗怡.组合半遮盖提花结构设计原理与方法［J］.纺织学报，2017，38（06）：40-45.

[82] 亓艺，张爱丹，周赳.基于二纬组合全显结构的扎染艺术风格提花织物设计［J］.丝绸，2017，54（09）：57-60.

[83] 张爱丹，周赳.一纬全显织物结构设计要素与其显色规律的关系［J］.纺织学报，2017，38（09）：40-44.

[84] 裘钱熠，周赳.基于结构变化的欧普艺术风格提花织物设计研究与实践［J］.丝绸，2018，55（03）：55-59.

[85] 周赳，白琳琳.纬二重渐变全遮盖结构设计研究与实践［J］.纺织学报，2018，39（01）：32-38.

[86] 周赳，龚素璱，陈建勇.接轨"时尚纺织"的纺织品设计人才培养改革与实践［J］.浙江理工大学学报（社会科学版），2018，40（01）：66-71.

[87] 周赳.中国古代三大名锦的品种梳理及美学特征分析［J］.丝绸，2018，55（04）：93-105.

[88] 彭稀，周赳.基于蜂巢和全显色组织的肌理效果提花织物设计［J］.丝绸，2018，55（05）：73-77.

[89] 张萌，周赳，柳洁渊.基于半遮盖结构的数码提花织物创新设计［J］.丝绸，2018，55（09）：68-73.

[90] 张爱丹，周赳.全显技术组织对三纬组合织物结构混色规律的影响［J］.纺织学报，2018，39（10）：44-49.

[91] 潘茗姝，周赳.纺织品的情感化设计研究［J］.美术大观，2018（10）：108-109.

[92] 金诗怡，周赳.织印结合的色织剪花面料创新设计［J］.丝绸，2019，56（01）：61-65.

[93] 张萌，周赳.双面双层结构提花织物的表里换层设计与实践［J］.纺织学报，2018，39（12）：41-46.

[94] 周赳，龚素璱."积极课堂"教学模式改革研究与实践——以"纺织品设计学"课程为例［J］.浙江理工大学学报（社会科学版），2019，42（05）：578-584.

[95] 陶晨，段亚峰，徐蓉蓉，等.蓝印花布纹样建模与重构［J］.纺织学报，2019，40（03）：153-159+167.

[96] 亓艺，周赳.音乐主题纤维艺术的创新设计研究与实践［J］.设计，2019，32（07）：18-20.

[97] 张爱丹，周赳.组合全显色提花织物的纹理设计原理与方法［J］.纺织学报，2019，40（05）：36-40+52.

[98] 南海云，周赳.糊料在真丝织物数码印花上的应用研究［J］.丝绸，2019，56（07）：15-21.

[99] 应双双，付东，范运舫，等.基于高光谱成像技术的纺织数码印花颜色测量方法［J］.浙江理工大学学报（自然科学版），2020，43（02）：151-157.

[100] 张爱丹，周赳.基于图像色网点化设计的织物结构呈色特征［J］.纺织学报，2019，40（09）：56-61.

[101] 周赳，金诗怡，肖元元.浙江丝绸历史经典产业的文化传承与创新发展［J］.丝绸，2019，56（10）：81-97.

[102] 肖元元，叶莹洁，周赳.仿蕾丝浮凸花纹效果提花面料的设计研究［J］.丝绸，2020，57（01）：116-120.

[103] 刘志娟，周赳.双纬组合渐变显色的双层提花织物设计［J］.丝绸，2020，57（02）：103-107.

[104] 周赳，肖元元，陈冬芝.浙江丝绸专业人才培养的历史沿革与当代创新［J］.浙江理工大学学报（社会科学版），2020，44（03）：259-271.

[105] 周赳，陆爽怿.数码提花织物分层组合设计原理及其实践［J］.纺织学报，2020，41（02）：58-63.

[106] 张爱丹，周赳.聚集态网点结构提花织物的灰度仿真特性［J］.纺织学报，2020，41（03）：62-67.

[107] 郭宇飞，范运舫，付东，等.色纺段彩纱的呈色机理及其织物外观风格仿真设计［J/OL］.现代纺织技术：1-9［2020-09-03］. http：//kns.cnki.net/kcms/detail/33.1249.TS.20200326.0948.002.html.

[108] 金诗怡，周赳.具有双层效果的提花—印花—剪花织物的设计［J］.纺织学报，2020，41（06）：48-54.

[109] 应双双，裘柯槟，郭宇飞，等.纺织品色彩管理色表测量数据的误差优化［J］.纺织学报，2020，41（08）：74-80.

[110] 周赳，吴文正，龚素瓅.全显色提花织物结构设计方法：中国，1710171［P］.2005-12-21.

[111] 周赳，吴文正，龚素瓅.闪色织物设计方法：中国，1730749［P］.2006-02-08.

[112] 周赳，吴文正，龚素瓅.数码图像设计仿真织物的方法：中国，1772989［P］.2006-05-17.

[113] 周赳，吴文正.全显色织物的组织结构设计方法：中国，1793459［P］.2006-06-28.

[114] 周赳，蒋烨瑾.一种灰度仿真的提花织物设计方法：中国，101781823A［P］.2010-07-21.

[115] 周赳，唐澜倩，胡丁亭.一种彩色图案设计黑白仿真效果提花织物的方法：中国，102425024A［P］.2012-04-25.

[116] 周赳，柳洁渊，胡丁亭，等.一种基于组织点半遮盖技术的提花织物设计方法：中国，102517758A［P］.2012-06-27.

[117] 周赳，张萌.一种双面全显色的提花织物结构设计方法：中国，102828319A［P］.2012-12-19.

[118] 周赳，张爱丹，许雅婷.基于组合全显色结构的肌理效果提花织物设计方法：中国，104073949A［P］.2014-10-01.

[119] 周赳，罗秉芬.一种基于全显色结构的织印结合提花织物设计方法：中国，104532439A［P］.2015-04-22.

[120] 张爱丹，周赳，张萌.一种三组纬组合非遮盖织物组织结构设计方法：中国，105696148A［P］.2016-06-22.

[121] 周赳，刘志娟，段丽娜.双经双纬渐变显色提花织物结构设计方法：中国，105780245A［P］.2016-07-20.

[122] 周赳，张萌.双面全显色提花织物织造方法：中国，105908333A［P］.2016-08-31.

[123] 周赳，白琳琳. 纬二重全遮盖提花织物及其织造方法：中国，105926139A［P］.2016-09-07.

[124] 周赳，白琳琳. 纬三重全遮盖提花织物及其织造方法：中国，105951276A［P］.2016-09-21.

[125] 陶晨，周赳.一种蓝印花布纹样设计方法：中国，106503345A［P］.2017-03-15.

[126] 陶晨，周赳.一种纺织面料摩擦声波辨别器的构建方法：中国，107273923A［P］.2017-10-20.

[127] 周华，周赳，李加林，等.数码提花机织物多基色分区混色模型的构建及其应用方法：中国，107345331A［P］.2017-11-14.

[128] 周华，周易，陈洁，等.用于织物色阶转换的对称多阈值误差扩散方法及其应用：中国，107516299A［P］.2017-12-26.

[129] 周赳，刘志娟.单纬渐变显色的双经三纬提花织物织造方法：中国，107988682A［P］.2018-05-04.

[130] 周赳，刘志娟.双纬渐变显色的双经三纬提花织物织造方法：中国，108035048A［P］.2018-05-15.

[131] 周赳，白琳琳，罗秉芬.一种基于影光组织的高花效果提花织物设计和织造方法：中国，108691057A［P］.2018-10-23.

[132] 周赳，张萌.一种附加纬接结双面全显色提花织物结构设计方法：中国，108691060A，［P］.2018-10-23.

[133] 周赳，金诗怡.一种基于剪花工艺的织印结合提花织物织造方法：中国，109868540A，［P］.2019-06-11.

[134] WU W Z, ZHOU J. Innovative Layered-combination Mode for Digital Jacquard Fabric Design［J］. Textile Research Journal, 2009, 79（8）：737-743.

[135] WU W Z, ZHOU J. A Study on Figured Double-face Jacquard Fabric with Full-color Effect［J］. Textile Research Journal, 2009, 79（10）：930-936.

[136] WU W Z, ZHOU J. Full-colour Compound Structure for Digital Jacquard Fabric Design［J］. Journal of The Textile Institute, 2010, 101（1）：52-57.

[137] BAI LL, ZHOU J. Double-faced Shading Effect Dased on Two Wefts Full-backed Structure for Traditional Weft-backed Woven Fabrics ［J］. International Journal of Clothing Science and Technology, 2020：32（2）：231-243.

[138] ZHANG A D, ZHOU J.Hierarchical Combination Design of Shaded-weave Database for Digital Jacquard Fabric ［J］. Journal of The Textile Institute, 2019, 110（3）：405-411.

[139] ZHANG A D, ZHOU J.Color Rendering in Single-layer Jacquard Fabrics Using Sateen Shaded Weave Databases Based on Three Transition Directions ［J］. Textile Research Journal, 2018, 88（11）：1291-1298.

[140] TAO C, ZHOU, J, YIN M. Automatic Identification of Textile Pattern Consecutiveness Based on Similarity Space［J］.Textile Research Journal, 2017, 87（2）：224 - 231.

[141] TAO C, ZHOU J, YIN M. Silhouette Identification for Appareled Bodies［J］. Fibres & Textiles in Eastern Europe, 2016, 24（5）：119-124.

[142] LI Q Z, ZHOU J, SHEN G, et al. Design of Multicolored Warp Jacquard Fabric Based on Space Color Mixing［C］, Proceedings of The Second International Conference on Advanced Textile Materials & Manufacturing Technology, 2010, ：243-246.

[143] ZHOU J, WU W Z, JIANG Y J. Design Creations of Black-and-white Simulative Effect Digital Jacquard Fabric［C］, Proceedings of The Second International Conference on Advanced Textile Materials & Manufacturing Technology, 2010：252-257.

[144] ZHOU J, Research and Creation of Printing-like Effect Digital Jacquard Fabric［J］. Advanced Materials Research, 2011, 295-297：2568-2571.

[145] ZHOU J, TANG L Q, HU D T. Grey Simulative Effect Digital Jacquard Fabric Design with Full-color Compound Structure［J］. Advanced Materials Research, 2011, 332-334：663-666.

[146] DEBELI D, ZHOU T, LIU J Y. Design Structures in Nature as One Source for African Contemporary Textile Design Collections, Advanced Materials Research, 2014, 933：599-602.

[147] WU WZ, ZHOU J. Innovative Jacquard Textile Design Using Digital Technologies［M］. UK & USA：The Textile Institute, Woodhead Publishing Limited, 2013. 02.

[148] 周赳, 周华, 李启正. 数码纺织技术与产品开发［M］.北京：中国纺织出版社, 2012. 10.

[149] 周赳, 张爱丹.织花图案设计［M］.上海：东华大学出版社, 2015. 11.